中国古代建筑艺术鉴赏

张义忠　赵全儒　编著

中国电力出版社
CHINA ELECTRIC POWER PRESS

内容提要

本书以类型学为体例，内容包括城市建筑艺术、宫殿、坛庙、陵墓建筑艺术、民居建筑艺术、宗教建筑艺术、园林建筑艺术、学宫与书院建筑艺术、桥梁艺术。每一类建筑都基本介绍了其历史发展、艺术特征、典型实例鉴赏等内容，集学术性与趣味性于一体，图文并茂，通俗易懂。

本书既可作为建筑、艺术、历史文化、旅游等相关专业的学生提高艺术修养的参考书，又可供广大建筑艺术爱好者和旅游爱好者阅读，提高艺术情趣。

图书在版编目（CIP）数据

中国古代建筑艺术鉴赏 / 张义忠，赵全儒编著. —北京：中国电力出版社，2012.9（2019.9重印）
ISBN 978-7-5123-2343-8

Ⅰ. ①中… Ⅱ. ①张… ②赵… Ⅲ. ①建筑艺术－鉴赏－中国－古代 Ⅳ. ①TU-85

中国版本图书馆CIP数据核字（2011）第233069号

中国电力出版社出版发行
北京市东城区北京站西街19号　100005　http://www.cepp.sgcc.com.cn
责任编辑：关　童
责任印制：蔺义舟　　责任校对：李　亚
三河市万龙印装有限公司印刷・各地新华书店经售
2012年9月第1版・2019年9月第5次印刷
787mm × 1092mm　1/16・16.25印张・406千字
定价：58.00元

前　言

建筑艺术为五大艺术之首（建筑、音乐、绘画、诗歌、雕塑），它既是大众艺术，又是高雅艺术，人们可以不听音乐，不看戏剧，不欣赏画展，不读小说诗歌，但却不可能离开建筑，不可能对矗立在自己眼前的建筑视而不见。它既不可避免，又难于读懂。人们对其既熟悉又陌生，如同《体验建筑》（Experimenting Architecture）中所说："未经训练的眼睛对许多东西视而不见一样，不经训练的建筑经验只是身体使用，只是个人的，必须的，却未必愉快。"

建筑是时代的一面镜子，它以独特的艺术语言熔铸，反映出一个时代、一个民族的审美追求，建筑艺术在其发展过程中，不断显示出人类所创造的物质精神文明，以其触目的巨大形象而被誉为"凝固的音乐"。

中国古代建筑艺术属特定时空的建筑艺术，区别于现代建筑艺术与外国建筑艺术，有其特定的地域、民族和时代特点，它受到生产力水平、生产关系状况、风俗习惯、审美标准等多方面的影响。

中国古代建筑是中国传统文化的有形物质载体，中国建筑体系是以木结构为特色的独立的建筑体系，在城市规划、建筑组群、单体建筑以及材料、结构等方面的艺术处理均取得了辉煌的成就，是人们弘扬民族文化，提高艺术素养的重要题材。本书的目的在于引导读者欣赏建筑，建立建筑艺术观，重在建筑对人的感悟与启迪。

随着教育模式研究的深入，"应试教育"逐步向"素质教育"过渡。审美素质教育在大学"学分制"中占有一定的比例。2000年我校非专业公共选修课开始实施，在遴选课程上报时，本人结合自1992年以来给建筑学专业学生主讲中国建筑史的工作基础，在全校开设了中国古代建筑艺术欣赏课程，收到良好的效果，该课不仅一直延续至今，而且应邀为历史文化学院旅游管理专业开讲此课。十年来课程内容不断丰富完善，2007年产生编著成书的念头。三年来，充分利用出差机会，到有价值的传统建筑所在地参观、拍照，获取第一手资料，同时充分利用图书馆和网络资源，广泛收集资料，博览相关书籍，在原有讲稿的基础上，又前后三易其稿，于2010年元月交至出版社。

张义忠为本书主编，同时具体编写第一～四、八、九、十一章，南阳理工大学艺术学院赵全儒副教授负责编写第五～七章，水利部海河水利委员会杨洁工程师负责编写第十、十二章。本书为河南大学教材建设基金资助项目。

本书以类型学为体例，内容包括城市建筑艺术、宫殿、坛庙、陵墓建筑艺术、民居建筑艺术、宗教建筑艺术、园林建筑艺术、学宫与书院建筑艺术、桥梁建筑艺术。每一类建筑都基本介绍了其发展历史、艺术特征、典型实例鉴赏等内容。该体例的特点力求将某一类型建筑艺术纵向发展历程给以明晰的展示，有利于鉴赏者对该类建筑艺术有全面系统的了解。本书集学术性与趣味性于一体，图文并茂，通俗易懂。

本书既可作为建筑、艺术、历史文化、旅游等相关专业的学生提高艺术修养的参考书，又可供广大建筑艺术爱好者和旅游爱好者阅读，提高艺术情趣。

由于作者水平有限，如书中有不妥之处，还望不吝赐教！

编者

目 录

第一章 中国古代建筑艺术概论

一、中国古代建筑艺术时间界定

建筑艺术伴随着建筑的产生而产生。中国古代建筑自先秦至19世纪中叶以前基本上是一个封闭的、独立的体系，中国建筑中具有独立审美价值的特征形式和风格，两千多年间变化不大，通称为中国古代建筑艺术。19世纪中叶至中华人民共和国成立，随着社会性质的改变，外国建筑特别是西方建筑的大量输入，使中国建筑与世界建筑有了较多的碰撞和交流，建筑风格发生了急剧变化，出现了折衷的艺术风格，失去了中国建筑艺术的纯粹性，通称为中国近代建筑艺术。本书所指的中国古代建筑艺术是1840年鸦片战争以前中国具有独立审美价值的一部分。

二、中国古代建筑艺术内容

中国古代建筑艺术在封建社会中发展成熟，它以汉族木结构建筑为主体，也包括各少数民族的优秀建筑，是世界上延续历史最长、分布地域最广、风格最鲜明的一个独特的艺术体系。中国古代建筑对于日本、朝鲜和越南的古代建筑有直接影响，17世纪以后，也对欧洲产生过影响。

（一）艺术特征

1. 基本特征

和欧洲古代建筑艺术相比，中国古代建筑艺术有以下三个最基本的特征：

（1）审美价值与政治伦理价值的统一。中国古代建筑艺术的政治伦理内容，要求它表现出鲜明的性格和特定的象征涵义，为此而使用的手法很多：利用环境渲染出不同情调和气氛，使人从中获得多种审美感受；规定不同的建筑等级，包括体量、色彩、式样、装饰等，用以表现社会制度和建筑内容；尽量利用许多其他的附属艺术，直至匾联、碑刻的文字，来揭示、说明建筑的性格和内容。重要的建筑，如宫殿、坛庙、寺观等，还有特定的象征主题，例如秦始皇营造咸阳，以宫殿象征紫薇，渭水象征天河，上林苑掘池堆山象征东海蓬莱；清康熙、乾隆营造圆明园、避暑山庄和承德外八庙，模拟全国重要建筑和名胜，象征宇内一统；明堂上圆下方，五室十二堂，象征天地万物；某些喇嘛寺的构图象征须弥山佛国世界等。

（2）植根于深厚的传统文化，表现出鲜明的人文主义精神。建筑艺术的一切构成因素，如尺度、节奏、构图、形式、性格、风格等，都是从当代人的审美心理出发，为人所能欣赏和理解，没有大起大落、怪异诡谲、不可理解的形象。

（3）总体性、综合性很强。古代优秀的建筑作品，几乎都是动员了当时可能构成建筑艺术的一切因素和手法综合而成的一个整体形象，从总体环境到单座房屋，从外部序列到内部空间，从色彩装饰到附属艺术，每一个部分都不是可有可无的，抽掉了其中一项，都会损害了整体效果。

2. 基本特征的具体表现

（1）重视环境整体经营。从春秋战国开始，中国就有了建筑环境整体经营的观念。《周礼》中关于野、都、鄙、乡、闾、里、邑、丘、甸等的规划制度，虽然未必全都成为事实，但至少说明当时已有了系统规划的大区域规划构思。《管子·乘马》主张，“凡立国都，非于大山之下，必于广川之上”，说明城市选址必须考虑环境关系。古代城市都注重将城市本体与周围环境统一经营。秦咸阳北包北坂，中贯渭水，南抵南山，最盛时东西达到二三百里，是一个超级尺度的城市环境。长安（今陕西西安）、洛阳（北魏）、建康（今江苏南京）、北京（明清）等著名都城，其经营范围也都远远超过城墙以内。即使一般的府、州、县城，也将郊区包容在城市的整体环境中统一布局。重要的风景名胜，如五岳五镇、佛道名山、邑郊园林等，也都把环境经营放在首位。帝王陵区，更是注重风水地理。

（2）单体形象融于群体序列。中国古代的单体建筑形式比较简单，大部分是定型化的式样，单体建筑的艺术造型，主要依靠优美的曲线屋顶、灵活多变的室内空间、绚丽的色彩和成熟的形式美法则的利用表现出来。孤立的单体建筑不构成完整的艺术形象，建筑的艺术效果主要依靠群体序列来取得。中国建筑群以庭院为基本单元，以轴线组织方法为主体，群体间的联系、过渡、转换，构成了丰富的空间序列。这种序列由前序、过渡、高潮、结尾几个部分组成，抑扬顿挫、一气贯通。中国建筑艺术恰似一幅手绢画，从逐渐展开的序列空间中才能了解它的全貌。一座殿宇，在序列中作为陪衬时，形体不会太大，但若作为主体，则可能很高大。例如明清北京宫殿中单体建筑的式样并不多，但通过不同的空间序列转换，各个单体建筑才显示了自身在整体中的独立性格。

（3）自然式园林具有诗情画意。中国园林是中国古代建筑艺术的一项突出成就，也是世界各系园林中的重要典型。中国园林以自然为蓝本注入富有文化素养的人的审美情趣，采取建筑空间构图的手法，使自然美典型化，变成园林美。其中所包含的情趣就是诗情画意，所采用的空间构图手法，就是自由灵活、运动流畅的序列设计。中国园林讲究“巧于因借，精在体宜”，重视成景和得景的精微推求，以组织丰富的观赏画面。同时，还模拟自然山水，创造出叠山理水的特殊技艺，无论土山石山，或山水相连，都能使诗情画意更加深浓，趣味隽永。

（4）构造技术与艺术形象统一。中国古代建筑的木结构体系适应性很强。这个体系以四柱二梁二枋构成一个称为间的基本框架，间可以左右相连，也可以前后相接，又可以上下相叠，还可以错落组合，或加以变通而成八角、六角、圆形、扇形或其他形状。屋顶构架有抬梁式和穿斗式两种，无论哪一种，都可以不改变构架体系而将屋面做出曲线，并在屋角做出翘角飞檐，还可以做出重檐、勾连、穿插等式样。单体建筑的艺术造型，主要依靠间的灵活搭配和式样众多的曲线屋顶表现出来。此外，木结构的构件便于雕刻彩绘，以增强建筑的艺术表现力。因此，中国古代建筑的造型美，很大程度上也表现为结构美。

（二）艺术风格

1．类型风格

中国古代建筑类型虽多，但可以归纳为以下四种基本风格：

（1）庄重严肃的纪念型风格。大多体现在礼制祭祀建筑、陵墓建筑和有特殊涵义的宗教建筑中。其特点是群体组合比较简单，主体形象突出，富有象征涵义，整个建筑的尺度、造型和涵义内容都有一些特殊的规定。例如古代的明堂辟雍、帝王陵墓、大型祭坛和佛教建筑中的金刚宝座、戒坛、大佛阁等。

（2）雍容华丽的宫室型风格。多体现在宫殿、府邸、衙署和一般佛道寺观中。其特点是序列组合丰富，主次分明，群体中各个建筑的体量大小搭配恰当，符合人的正常审美尺度；单座建筑造型比例严谨，尺度合宜，装饰华丽。

（3）亲切宜人的住宅型风格。主要体现在一般住宅中，也包括会馆、商店等人们最经常使用的建筑。其特点是序列组合与生活密切结合，尺度宜人而不曲折；建筑内向，造型简朴，装修精致。

（4）自由委婉的园林型风格。主要体现在私家园林中，也包括一部分皇家园林和山林寺观。其特点是空间变化丰富，建筑的尺度和形式不拘一格，色调淡雅，装修精致；更主要的是建筑与花木山水相结合，将自然景物融于建筑之中。

以上四种风格又常常交错体现在某一组建筑中，如王公府邸和一些寺庙，就同时包含有宫室型、住宅型和园林型三种类型，帝王陵墓则包含有纪念型和宫室型两种。

2．地域民族风格

中国地域辽阔，自然条件差别很大，地区间（特别是少数民族聚居地和山区）的封闭性很强，所以各地方、各民族的建筑都有一些特殊的风格，大体上可以归纳为以下八类：

（1）北方风格。集中在淮河以北至黑龙江以南的广大平原地区。组群方整规则，庭院较大，但尺度合宜；建筑造型起伏不大，屋身低平，屋顶曲线平缓；多用砖瓦，木结构用料较大，装修比较简单。总的风格是开朗大度。

（2）西北风格。集中在甘肃、宁夏的黄土高原地区。院落的封闭性很强，屋身低矮，屋顶坡度低缓，还有相当多的建筑使用平顶。很少使用砖瓦，多用土坯或夯土墙，木装修更简单。这个地区还常有窑洞建筑，除靠崖凿窑外，还有地坑窑、平地发券窑。总的风格是质朴敦厚。但在回族聚居地建有许多清真寺，它们体量高大，屋顶陡峻，装修华丽，色彩浓重，与一般民间建筑有明显的不同。

（3）江南风格。集中在长江中下游的河网密布地区。组群比较密集，庭院比较狭窄。城镇中大型组群（住宅、会馆、店铺、寺庙、祠堂等）很多，而且带有楼房；小型建筑（一般住宅、店铺）自由灵活。屋顶坡度陡峻，翼角高翘，装修精致富丽，雕刻彩绘很多。总的风格是秀丽灵巧。

（4）岭南风格。集中在珠江流域山岳丘陵地区。建筑平面比较规整，庭院很小，房屋高大，门窗狭窄，多有封火山墙，屋顶坡度陡峻，翼角起翘较大。城镇村落中建筑密集，封闭性很强。装修、雕刻、彩绘富丽繁复，手法精细。总的风格是轻盈细腻。

（5）西南风格。集中在西南山区，有相当一部分是壮、傣、瑶、苗等民族聚居的地区。多利用山坡建房，为下层架空的干栏式建筑。平面和外形相当自由，很少成组群出现。梁柱等结构构件外露，只用板壁或编席作为维护屏障。屋面曲线柔和，拖出很长，出檐深远，上铺木瓦或草秸。不太讲究装饰。总的风格是自由灵活。其中云南南部傣族佛寺空间巨大，装饰富丽，佛塔造型与缅甸类似，民族风格非常鲜明。

（6）藏族风格。集中在西藏、青海、甘南、川北等藏族聚居的广大草原山区。牧民多居褐色长方形帐篷。村落居民住碉房，多为2～3层小天井式木结构建筑，外面包砌石墙，墙壁收分很大，上面为平屋顶。石墙上的门窗狭小，窗外刷黑色梯形窗套，顶部檐端加装饰线条，极富表现力。喇嘛寺庙很多，都建在高地上，体量高大，色彩强烈，同样使用厚墙、平顶，重点部位突出少量坡顶。总的风格是坚实厚重。

（7）蒙古族风格。集中在蒙古族聚居的草原地区。牧民居住圆形毡包（蒙古包），贵族的大毡包直径可达10余米，内有立柱，装饰华丽。喇嘛庙集中体现了蒙古族建筑的风格，它来源于藏族喇嘛庙原型，又吸收了邻近地区回族、汉族建筑艺术手法，既厚重又华丽。

（8）维吾尔族风格。集中在新疆维吾尔族居住区。建筑外部完全封闭，全用平屋顶，内部庭院尺度亲切，平面布局自由，并有绿化点缀。房间前有宽敞的外廊，室内外有细致的彩色木雕和石膏花饰。总的风格是外部朴素单调，内部灵活精致。维吾尔族的清真寺和教长陵园是建筑艺术最集中的地方，体量巨大，塔楼高耸，砖雕、木雕、石膏花饰富丽精致。还多用拱券结构，富有曲线韵律。

3. 时代风格

由于中国古代建筑的功能和材料结构长时期变化不大，所以形成不同时代风格的主要因素是审美倾向的差异；同时，由于古代社会各民族、地区间有很强的封闭性，一旦受到外来文化的冲击，或各地区民族间的文化发生了急剧的交融，也会促使艺术风格发生变化。根据这两点，可以将商周以后的建筑艺术分为以下三种典型的时代风格：

（1）秦汉风格。秦统一全国，将各国文化集中于关中，汉继承秦文化，全国建筑风格趋于统一。代表秦汉风格的主要是都城、宫室、陵墓和礼制建筑。其特点是：都城区划规则，居住里坊和市场以高墙封闭；宫殿、陵墓都是很大的组群，其主体为高大的团块状的台榭式建筑；重要的单体多为十字轴线对称的纪念型风格，尺度巨大，形象突出；屋顶很大，曲线不显著，但屋面已有了“反宇”；雕刻色彩装饰很多，题材诡谲，造型夸张，色调浓重；重要建筑追求象征涵义，虽然多有宗教性内容，但都能为人所理解。秦汉建筑奠定了中国建筑的理性主义基础，伦理内容明确，布局铺陈舒展，构图整齐规则，同时表现出质朴、刚健、清晰、浓重的艺术风格。

（2）隋唐风格。魏晋南北朝是中国建筑风格发生重大转变的阶段。秦汉以来传统的理性精神中揉入了佛教的和西域的异国风味，以及南北朝以来的浪漫情调，形成了理性与浪漫相交织的盛唐风格。其特点是：都城气派宏伟，方整规则；宫殿、坛庙等大组群序列恢阔舒展，空间尺度很大；建筑造型浑厚，轮廓参差，装饰华丽；佛寺、佛塔、石窟寺的规模、形式、色调异常丰富多彩，表现出中外文化密切交汇的新鲜风格。

（3）明清风格。五代至两宋，中国封建社会的城市商品经济有了巨大发展，城市生活内容和人的审美倾向也发生了很显著的变化，随之也改变了艺术的风格。五代十国和宋辽金元时期，国内各民族、各地区之间的文化艺术再一次得到交流融汇；元代对西藏、蒙古地区的开发，以及对阿拉伯文化的吸收，又给传统文化增添了新鲜血液。明代继元又一次统一全国，清代最后形成了统一的多民族国家。中国建筑终于在清朝盛期（18世纪）形成最后一种成熟的风格。其特点是：城市仍然规格方整，但城内封闭的里坊和市场变为开敞的街巷，商店临街，街市面貌生动活泼；城市中或近郊多有风景胜地，公共游览活动场所增多；重要的建筑完全定型化、规格化，但群体序列形式很多，手法很丰富；民间建筑、少数民族地区建筑的质量和艺术水平普遍提高，形成了各地区、各民族多种风格；私家和皇家园林大量出现，造园艺术空前繁荣，造园手法最后成熟。总之，明清建筑继承了前代的理性精神和浪漫情调，按照建筑艺术特有的规律，终于最后形成了中国建筑艺术成熟的典型风格——雍容大度，严谨典丽，机理清晰，而又富有人情趣味。

第二章
如何鉴赏中国古代建筑艺术

一、建筑艺术的产生与发展

（一）建筑概念

建筑是人类按一定的建造目的、运用一定的建筑材料、把握一定的科学技术与美学“语汇”所进行的大地营构。建筑即为空间的营造。两千多年前，老子在《道德经》第十一章中写道：“三十辐共一毂，当其无，有车之用。埏埴以为器，当其无，有器之用。凿户牖以为室，当其无，有室之用。故有之以为利，无之以为用。”堪为空间论之始。

在原始社会早期，原始人群曾利用天然崖洞作为居住处所，或构木为巢。到了原始社会晚期，在北方黄河流域，我们的祖先在利用黄土层为壁体的土穴上，用木架和草泥建造简单的穴居或浅穴居，以后逐步发展到地面上（图2–1、图2–2），在长江流域，由巢居逐步发展为干栏式木构建筑（图2–3、图2–4）。

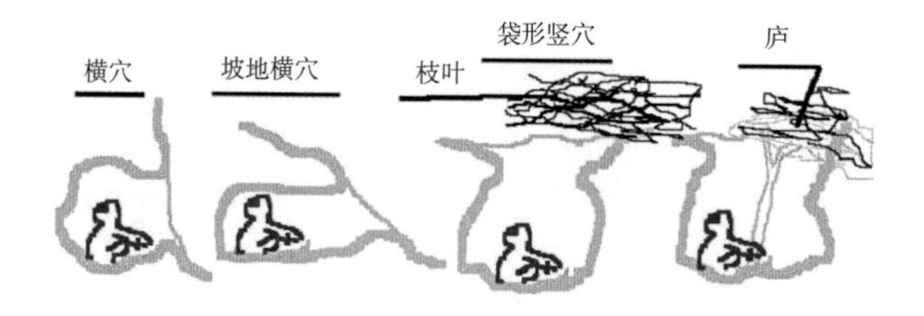

图2-1　穴居一

图2-2　穴居二

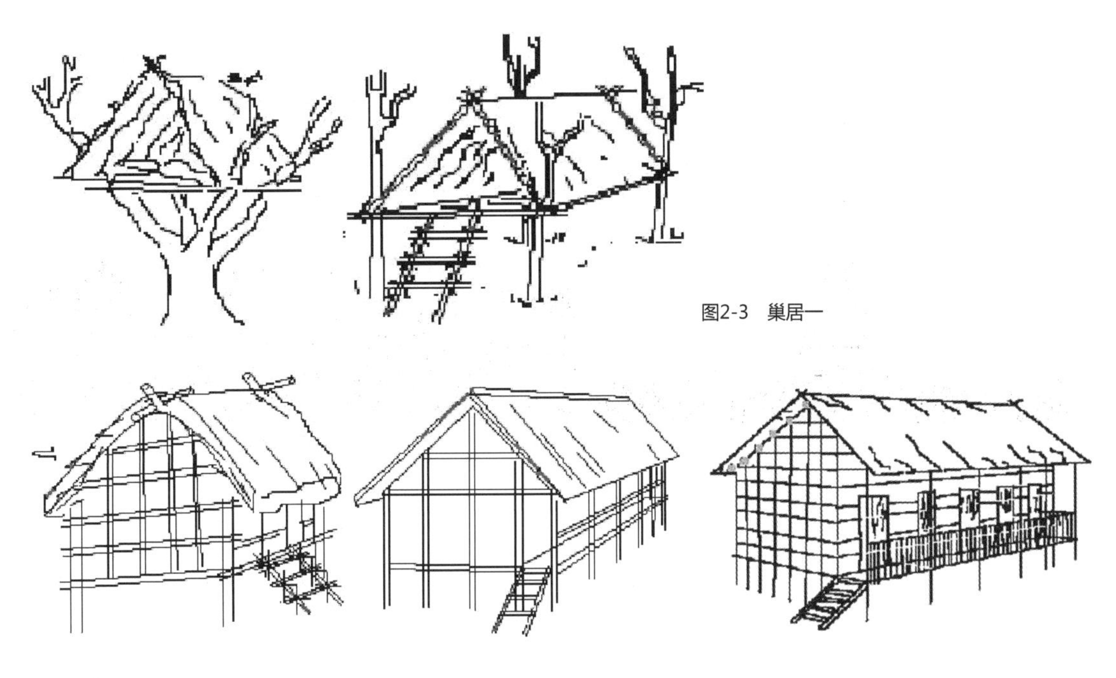

图2-3　巢居一

图2-4　巢居二

（二）建筑艺术的产生

近年来，祭坛和神庙这一批原始社会公共建筑遗址的考古发现，使人们对五千年前神州大地上先民们的建筑水平有了新的了解。原始社会的人们为了表示对神的祇敬，开始创造出一种超常的建筑形式。这种建筑已不仅仅具有遮风避雨的功能，不再仅仅是物质生活手段，同时也成了社会意识形态的一种表征方式和物化形态，有了作为美的欣赏对象的精神作用。这一变化促进了建筑艺术的产生和向更高层次发展的方向。

（三）建筑与文化

1．建筑是人类文明的标志

建筑是人类文化的载体。中国文明史，中国的秦皇汉武，唐宗宋祖的伟业丰功，随着历史的车轮滚滚向前，如大江东去，但中国的宫殿、万里长城，成为民族的象征。在世界七大奇迹名单上，大多是建筑成为人类文明有力的证明，如：埃菲尔铁塔——法国的象征；悉尼歌剧院——澳大利亚的标志（图2–5、图2–6）。

2．中西文化特点在建筑上的体现

在世界范围内，地域的差异、民族文化的不同带来建筑差异。在中国范围内，环境的多元化带来建筑的多元化，从热带、亚热带、温带、亚寒带、寒带建筑差异，民居的丰富多彩即为典型体现。中国的传统文化与西方文化在出发点上不同。西方传统哲学所探讨的问题基于："我们为什么来到这个世界上"，因而建立了一套以神话为中心的哲学，直到18世纪启蒙运动之后才开始注入以人为本的观念。中国传统哲学强调"我们怎么在这个世界上生存"，于是早在春秋时代就有了以人为本的思想。相对应在建筑上，其他各民族的主要建筑多半是供养神的教堂，如希腊的神庙，伊斯兰建筑，哥特式教堂等。而中国的主要建筑大多是宫殿，是供世上活着的人居住的场

图2-5 埃菲尔铁塔

图2-6 悉尼歌剧院

所。大概从新石器时代所谓的“大房子”开始，中国祭拜神灵就在与世间生活紧相联系的居住中心，而不在脱离世俗生活的特别场所。自儒学代替宗教之后，在观念、情感和仪式中，更进一步发展和贯彻了这种人神同在的倾向。入世的，与世间生活联系在一起的宫殿宗庙建筑成了中国建筑的主体。这些建筑不是高耸入云，指向神秘的上苍观念，而是平面铺开，引向现实的人间联想；不是使人产生恐惧感的内部空间，而是尺度平和，更接近人的庭院空间的套接。中国建筑的空间意识中，不是去获得某种神秘紧张的灵感、顿悟或者激情，而是提供某种明确、实用的观念情调；不注重强烈的刺激，而是注重生活情感的渲染熏陶。中国建筑文化是东方所独具的一种“大地文化”。

中国传统文化的主体，无论是精英文化的诸子百家，还是作为民俗文化的民间信仰和风俗，大多可以归纳到“以耕作居于支配地位、社会分工不发达、生产过程周而复始”的农业文明的范畴之中。这种农耕文化以其深刻的影响力，无孔不入地左右着社会生活的各个方面。建筑，尤其是官式建筑，作为社会文化的载体，在许多方面表露出与农耕文化相应的特征。

3．建筑体现文化的交流

建筑体现文化的交流，如：秦统一六国，写仿六国宫殿；汉开辟丝绸之路，佛教传入中国，宗教建筑成为传统建筑的奇葩；唐鉴真东渡，文成公主入西域，明郑和下西洋带来建筑文化的交流；清初，汉、藏、满融合出现建筑多元化。

二、建筑艺术特征

（一）形体与空间的艺术

建筑有形体和空间的双重属性，二者既有独立审美意义，又不可分割开来。建筑艺术即为形体和空间的综合艺术。

（二）环境艺术

赖特提出了“有机建筑论”。他说：建筑应该与自然有一种协调的、结合的感觉，使自己成为环境中有机的一部分，给环境增加光彩，而不是损害它。建筑就像植物的有机生长一样

“从属于自然环境，从地上长出来，迎着太阳。”赖特还说他是从中国哲学家老子的思想中学到这种观念的。将“有机”广义化，环境并非自然环境，以扩展至文化环境，这使建筑的环境艺术更加宽泛。“流水别墅”，背靠陡崖，生长在小瀑布之上的巨石之间。其水泥的大阳台叠摞在一起，大阳台宽窄厚薄长短各不相同，参差穿插着，好像从别墅中争先恐后地跃出，悬浮在瀑布之上。那些悬挑的大阳台是别墅的亮点。在最下面一层，也是最大和最令人心惊胆颤的大阳台上有一个楼梯口，从这里拾级而下，正好接临在小瀑布的上方，溪流带着潮润的清风和淙淙的音响飘入别墅，这是赖特永远令人赞叹的神来之笔。平滑方正的大阳台与纵向的粗石砌成的厚墙穿插交错，宛如蒙德里安高度抽象的绘画作品，在复杂微妙的变化中达到一种诗意的视觉平衡。室内也保持了天然野趣，一些被保留下来的岩石好像是从地面下破土而出，成为壁炉前的天然装饰，一览无余的带形窗使室内与四周浓密的树林相互交融。自然的音容从别墅的每一个角落渗透进来，而别墅又好像是从溪流之上滋生出来的，这一戏剧化的奇妙构想是赖特的有机建筑的最好诠释。

（三）四维空间艺术

《淮南子》所言“上下四方曰宇，古往今来为宙”。从人工建筑角度看，建筑象法自然宇宙，中国建筑的时空意识古已有之。无论宫殿、寺庙，或是作为建筑群体的城市、村镇，或分散于乡野田园中的民居，也一律常常体现出一种关于“宇宙图景”的感觉，以及作为方位、时令、风向和星宿的象征主义。

1. 时间的艺术

建筑物及其有形的长宽高构成了三维的空间存在，时间的介入使建筑物充满了无限生机。人们对建筑形象的情感表现随着日出日落，四季交替的时间推移而不断的变化，如香山红叶只有在秋季才有最迷人的魅力。

2. 光的艺术

随着时间的变化，季节的更替，光的强弱发生了变化，建筑的形象也随之改变。人们就是在这样不断变化的形和影中感受光带给我们的奇妙世界。正如日本著名建筑大师安藤忠雄所说：“建筑设计就是要截取无所不在的光，并在特定场合去表现光的存在。建筑将光凝缩成最简约的存在，建筑空间的创造即是对光之力量的纯化和浓缩。”大面积的明暗对比和光影变化，反映着光与建筑的完美交融。光是建筑艺术的灵魂。

（四）生活的艺术

艺术源于生活，是建立在生活上的、对生活的美化。人们生活水平不断提高，带动了艺术不断向前发展。建筑是人类改造自然最早的实践活动。通过这种实践活动，使生活充满新意，更加个性化。从穴居到地面建筑，从建筑设计到城市规划，审美的要求和维度已不同程度地渗透到生活之中。生活质量的提升必然伴随一个深刻的审美过程。人们对生活的美好向往印记在他们赖以生存的建筑空间中，如作家国戈里所说“让我走进城市看一看，我就知道这个城市的人民在思考着什么”。下面将举例说明艺术在生活中的体现。

（1）鲁宾之壶（图2–7）。鲁宾之壶为一液体容器，在满足物质功能的同时，人们将造型设计为人侧面像型，赋予容器一定的美感艺术价值。这种源于生活，又高于生活的处理使鲁宾之壶成为经典美学中图底关系的典范。

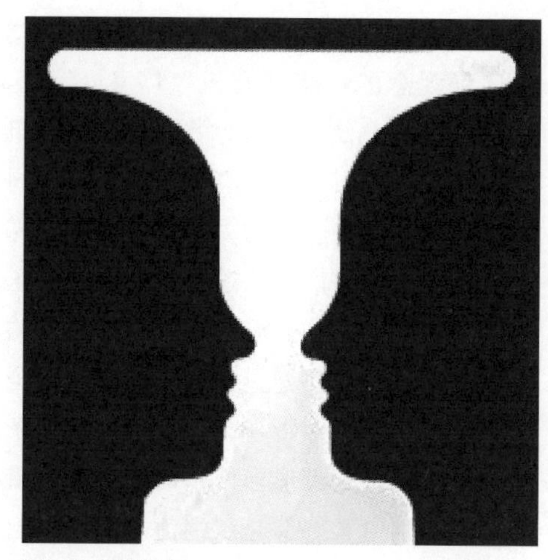
图2-7 鲁宾之壶

（2）美人靠（图2-8）。“美人靠”是徽州民宅楼上天井四周设置的靠椅的雅称。徽州古民宅往往将楼上作为日常的主要憩息和活动的场所。它是江南水性的文化在木质实用器物上的反映，是美与实用性能的完美结合。美人靠大都安置在小镇的临河一线，要么在古色古香的桥上，要么在廊棚下，要么在亭台楼阁间。

（3）仰月千年环（图2-9）。过去，无论是帝王将相的皇宫、宅邸，还是平民百姓的小家小院，一般都要有一座院门。两扇院门中央门缝两侧，在一人来高的地方都装有一个类似门把手的物件，可以是门环，也可以是菱形的门坠，而衔着门环或吊着门坠，固定镶扣在大门上的底座称为铺首。铺首、门环都是大门上不可或缺的重要组成部件。

根据史料记载和考古证实，至迟在汉代，中国已经使用铺首，距今已有两千多年的历史了。铺首的造型多种多样，既有简单形状的，也有异常繁复逼真的凶猛奇兽的头部形状的。小的铺首直径只有几厘米，大的直径有几十厘米。门环造型亦丰富多彩，有点形如月牙，倒悬空中，人们赋予它很美的名字——仰月千年环。它们既能作为门拉手及敲门物件，又具有装饰、美化大门门面的艺术效果。

（4）庑殿、歇山等屋顶（图2-10）。屋顶是中国古代建筑最重要的构成部分。屋顶形式最多，变化最丰富。它始于排水的使用功能，后来逐渐成为封建等级的标志，构件寓意深刻，装饰性强，是审美与使用的完美结合。

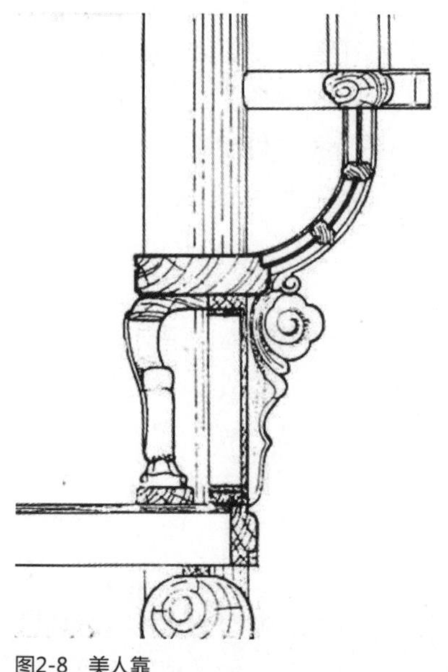
图2-8 美人靠

图2-9 仰月千年环

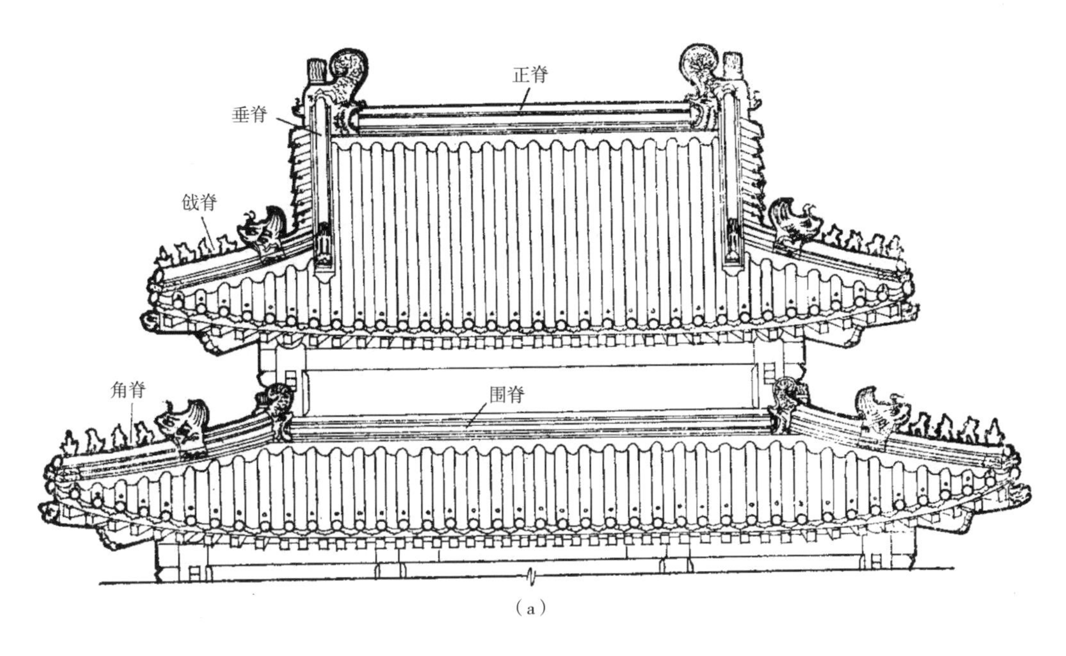

（a）

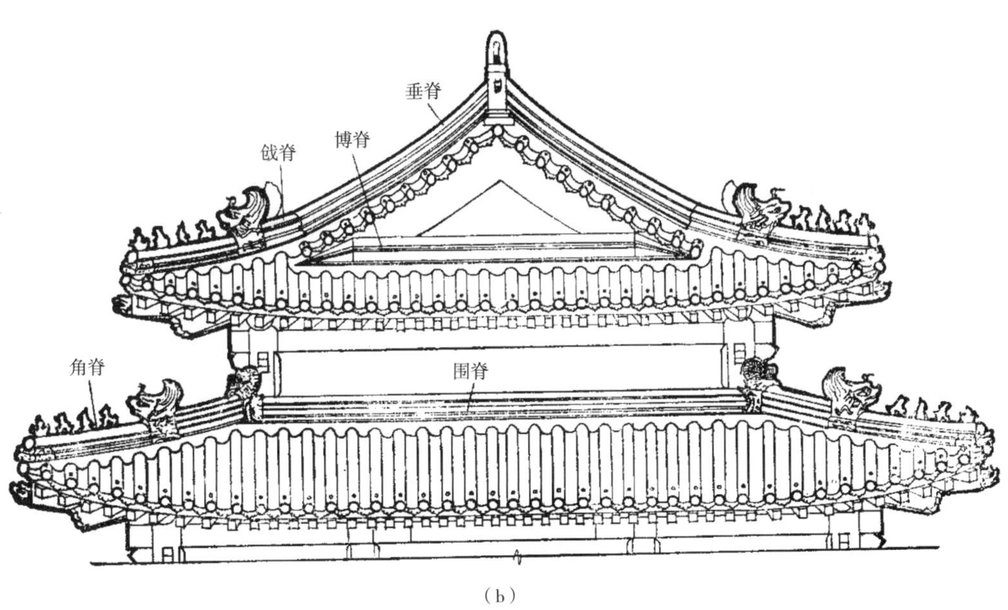

（b）

（a）正立面；（b）侧立面

图2-10　歇山屋顶

（五）综合艺术——非纯视觉艺术

建筑作为包容人类生活和文化的容器，虽然随物质文明、社会进化，以及精神、文化要求而世代更新，却一直没有脱开所谓“实用”的范围。这一点使之具有异乎所谓美术的审美特性，亦使之成为与人最接近、既具有如雕塑、绘画等纯艺术的特色，又具有其他艺术所不能涵盖的部分，其复杂性使建筑艺术成为综合艺术。

三、中国古代建筑艺术特征

中国古代建筑艺术主要由工匠世代相传、惨淡经营而创造。中国古代单体建筑的完整性和逻辑性，群体构成与空间营造上的精妙深邃，结构体系、细部装饰上穷思竭虑的艺术特征显示了与西方不同的风貌性格。中国古代建筑艺术和它所成长的土壤——中国人的伦理观念、宗教态度、心理气质、艺术趣味和自然观等紧密相连，只有了解这一文化基础，才能对它有清晰的把握。

（一）传统的美学思想

中国的建筑艺术，堪称儒、道互补的产物。一方面，中国建筑中的理性秩序，严格的等级规则，是典型的儒家气质。天人相互依存、相互促进，具有同构同源的特征。另一方面，是道的意境渗入建筑，来缓和冲淡儒家的刻板和严肃。老子所讲“人法地，地法天，天法道，道法自然”，强调“无为而无不为”，认为只要以“无为”的态度拥入到大自然，就能达到“天人合一”的人生境界和审美境界，这两种美学思想的互补互渗，使中国建筑呈现出一种既亲切理智，又空静淡远，既恢宏大度，又意韵深长的艺术风格。

中国传统建筑具有强烈的“尚中”意识，它集中体现在对中轴线的强化和运用上。中轴线南北贯穿，建筑物左右对称，秩序井然。无论是在城市规划，还是营造宫殿、寺庙、民居、陵墓的设计中，对称之美无所不在、随处可见。“中”的概念已不仅是一个地理方位的词，而发展成了整个中华民族的一种凝固的民族意识、历史意识与空间意识。可以说，在中国古代建筑中，几乎无处不渗透着这种尚中的美学思想。

1．清楚的伦理内涵

中国古代建筑，无论是宫殿、民宅、坛庙和园林乃至整个城市，中国传统伦理文化所注重的皇权至上的政治伦理观、尊卑有序的等级道德观、群体意识及和谐精神等伦理思想都得到了深刻体现。早在先秦时期，房屋的间数、高度、建筑材料乃至装饰纹样和色彩等方面，依据等级制度进行了明文规定，如色彩中“天子丹、诸侯黝、大夫苍、仕黈（tuò）”。

首先，作为中国建筑发展最为成熟、成就最高的宫殿，处处以等级化、模式化的布局来反映封建专制主义下森严的等级制度，表现帝王“九五之尊”的社会地位和绝对权威。如北京故宫的布局中依“前朝后寝”的古制沿南北轴线布局，前朝主要布置象征中心的大殿，是帝王发号施令和处理国家政务的地方，故建筑的等级最高，气势最宏大，装饰最华丽，以此渲染皇权的至尊。成书于春秋时期的《周礼・考工记・匠人营国》篇中规定：“匠人营国，方九里，旁门三门，国中九经九纬，经涂九轨，左祖右社，面朝后市，市朝一夫。”这就是说，祖庙居东，社稷坛在西，朝廷在前，商市居后，宫室居中心。整个一座北京城的布局就强烈显示了中国古代以皇权为中心的政治伦理意识：皇宫位居轴线中段，太庙、社稷坛分列宫前左右，显示族权和神权对皇权的拱卫；城外四面分设天、地、日、月四坛，与高大的城墙城楼一起，呼应皇宫；周围大片低矮的民居则是陪衬。

其次，我国的民居建筑无论是北方的四合院还是南方的天井院，其布局方式也体现出中国古代宗法制度下“父尊子卑、长幼有序、男女有别”的家族伦理和人与人的不平等关系。以华北地区传统住宅建筑的典型北京四合院为例，在前院设“倒座”，作为仆役住房和客房。后院有堂屋和东西厢房。位于中轴线上的堂屋属最高等级，为长辈起居处，厢房则为晚辈住所，父子、夫妇、男女、长幼及内外秩序严格，尊卑有序，不可僭越，充分体现了传统伦理观念。

2. 顺应自然，高于自然

中国古代两大主流哲学派别——儒家与道家都主张“天人合一”的思想。在长期的历史发展过程中，这种思想促进了建筑与自然的相互协调与融合，从而使中国建筑有一种和环境融为一体的，如同从地中生出一般的气质。顺应自然即随地势高下、基址广狭以及河流、山丘、道路的形式，随意布置建筑与村落城镇。因此，我国山地多错落有致的村落佳作，水乡面水临流的民居妙品，佛道名山则有无数依山就势建筑群的神来之笔。唐代柳宗元在论述景观建筑时提出了“逸其人、因其地、全其天”的主张，就是提倡因地制宜、节省人力、保存自然天趣。三者之中，“因其地”是关键。

当然，顺应自然并非无所作为。在荀子看来，人既依赖于自然又高于自然。所谓高于自然，这是荀子“明于天人之分”命题的核心、要义，也是荀子的人之生存意义理论。在中国古典园林体现的最为典型。园林巧妙而高超地运用建筑、山水、花木、书画艺术等，构成了一个完美的综合艺术体。

（二）单体与群体的艺术

中国建筑单体的内部空间很不发达，而且往往由于上部梁架的复杂交织和室内外空间的交流，使它的界面很不明确。中国建筑的空间美，毋宁说主要存在于室外空间的变化之中。就建筑单体而言，它是外部空间，但就围墙所封闭的整个建筑群而言，它又是内部空间。但这个空间只有两个量度——它是露天的。即使在水平方向，它也随时可以通过空廊、半空廊、檐廊、亭子和门窗渗透到其他内外空间中去，它的大小和形状都是“绘画”性的，没有绝对明确的体形和绝对肯定的体积。这种既存在又不肯定，似静止而又流动的渗透性空间，就是所谓“灰空间”，好像国画中的虚白和虚白边缘的晕染，空灵俊秀，实具有无穷美妙的意境。

中国建筑单体不是独立自在之物，只是作为建筑群的一部分而存在的。就像中国画中任何一条单独的线，如果离开了全画，就毫无意义一样，建筑单体一旦离开了群体，它的存在也就失去了根据。中国的古建筑群，就像一幅长卷画，只有在逐渐展开中才能了解它的全貌。走进一所中国古建筑群，只能从一个庭院走进另一个庭院，必须全部走完才能看完。北京的故宫就是最杰出的一个范例，人们从天安门进去，每通过一道门，进入另一庭院；由庭院的这一头走到那一头，一院院、一步步景色都在变换，给人以深切的感受。

中国古代建筑的特点是简明、真实、有机。“简明”是指平面以“间”为单位，由间构成单座建筑，而“间”则由相邻两榀屋架构组成，因此建筑的平面轮廓与结构布置都十分简洁明确，人们只需观察柱网布置，就可大体知道建筑室内空间及上部结构的基本情况。这为设计施工带来了方便。单座建筑最常见的平面是由3、5、7、9等奇数的开间组成的长方形（图2-11）。在园林与风景区则有方形、圆形、三角形、六角形、八角形、花瓣形等平面以及种种别出心裁的形势。

在平面布局方面产生了一种简明的组织规律，就是以“间”为单位构成单座建筑，再以单座建筑组成庭院，进而以庭院为单元组成各种形式的组群（图2-12～图2-15）。这种族群布局大都采用均衡对称的方式。当一个庭院建筑不能满足要求时，往往采用纵向扩展，横向扩展或纵横扩展的方式，庭院深深就是对中国建筑群的确切描述。这种方式中，有一个重要的角色——院落。很多建筑的形式都是为了形成院落而诞生的。当然也有学者评价中国的这种方式只是原始的方式，最早的群落都是以这种方式发展。这并非全无道理，但是为何这种原始的方式可以沿用千年？这其中肯定有从建筑平面图上体会不到的意味。

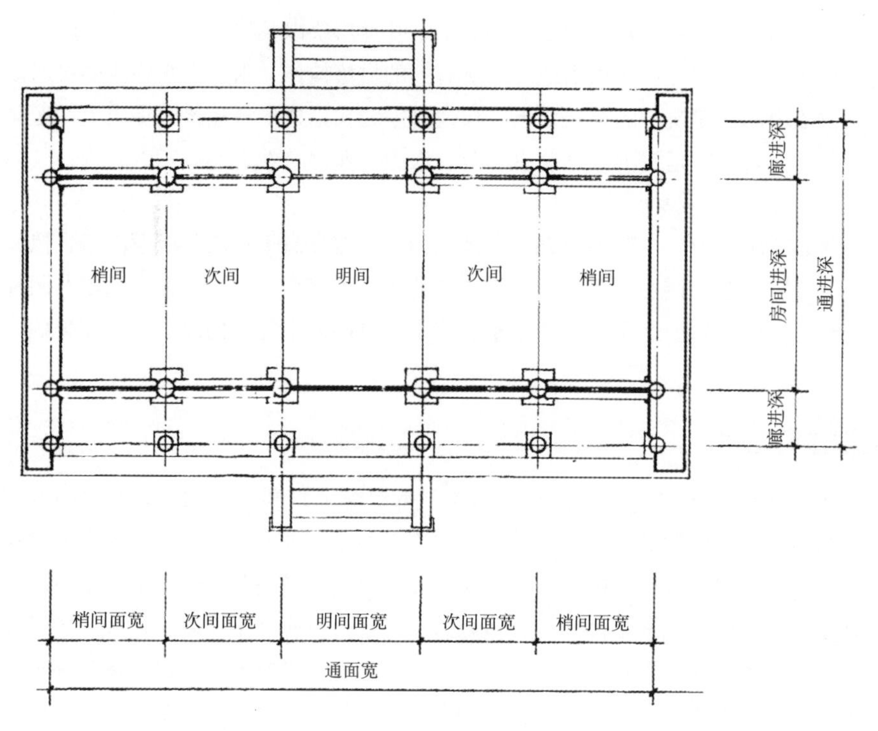

图2-11　间

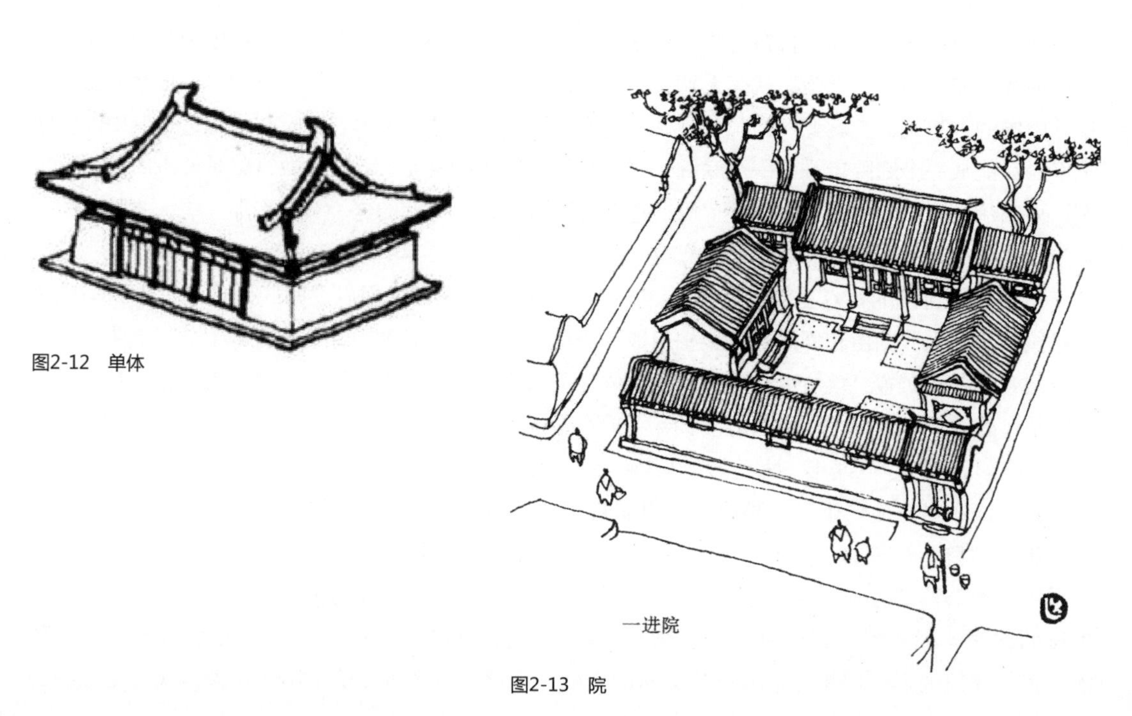

图2-12　单体

图2-13　院

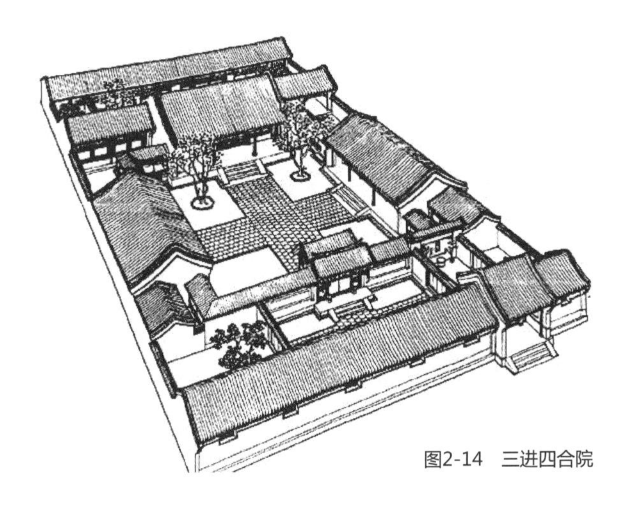
图2-14　三进四合院

图2-15　建筑群

（三）传统建筑的价值

1. 历史价值

历史价值也有称作历史意义。历史价值在于建筑本身所反映出的它所产生的当时社会的情况，比如当时的政治情况，军事情况，经济情况，生产力发展水平情况，科学技术水平的情况，文化艺术的成就，当时的文艺特点以及人民的生活习俗、宗教信仰等等。例如赵州桥，它是世界上最早的敞肩式石拱桥，它的价值如此之大，就在于它是距今1300多年前所建造的，它反映了当时的科学技术水平。

2. 科学技术价值

一方面，科学技术价值所反映的是时代的科学技术水平。它们是科学技术（包括自然科学和社会科学）发展的实物例证。从许多具有科学价值的建筑中我们可以看出科学进展的历程。另一方面，许多前人辛勤劳动，创造发明的成果还可以为今天的科学技术研究借鉴；有些古代的科学技术成果今天还可以应用；有许多科技成果尚待我们从建筑物上去阐发探寻。

3. 美学艺术价值

美学艺术价值主要表现在造型的优美、制作工艺的精巧和色彩的运用等几个方面。建筑的美学艺术价值主要在于：

（1）反映这一建筑产生时的时代艺术风格、工艺技术水平、审美的观点，同时还能反映出当时的社会政治经济等方面的情况。

（2）这些艺术性建筑都是历史上建筑大师、劳动人民血汗和智慧的结晶，其中有许多宝贵的经验，值得参考借鉴。

（3）许多艺术性的建筑有它永不磨灭的魅力，永远为人们所欣赏和品评。

4. 启迪价值

传统建筑是特定历史背景下的产物，体现着时代生产力发展的水准，既有时代的进步性，亦有时代的局限性。例如传统建筑中门窗施工安装的倒拖法（图2-16），使建筑在装配体系下保证结构和形象的完整性；人们通过观察、总结和思考，借助潮汐现象和水的浮力科学完成了桥梁施工。这些优秀的建筑是人民智慧的结晶，对我们改造自然的实践有着重要的启迪价值。

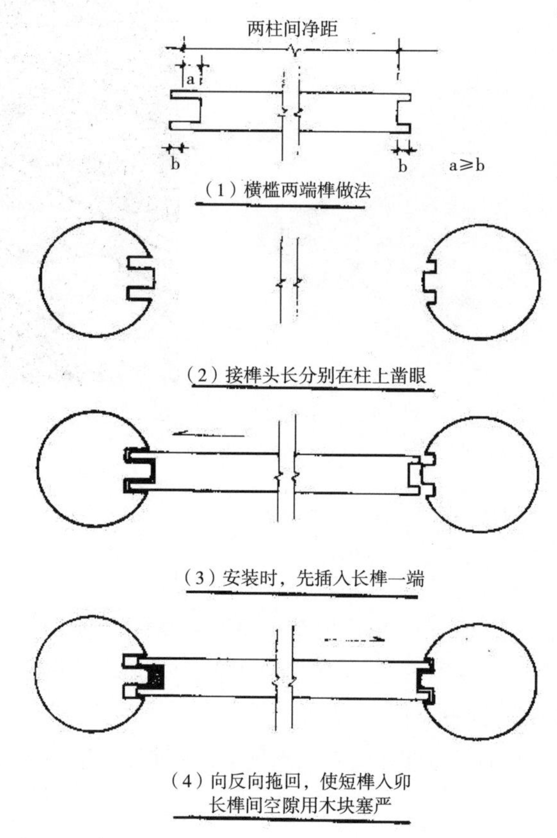

图2-16　倒拖法

四、鉴赏建筑艺术的条件及其影响因素

审美能力几乎是人类与生俱来的一种本能，但从自然而然地受到感染到主动地鉴赏，却是一个升华的过程，需要发挥更多的主观能动性。鉴赏者需要具备一定的条件，或者说必须先有一定的修养，才能更好地鉴赏。鉴赏就是接受者和创作者的心灵共鸣，一种心心相印、圆融无碍的知音会意。鉴赏同时又是一个再创作的过程，再创作的主体就是鉴赏者，他的个人经历、文化和艺术素养、在鉴赏过程中对于此一对象与彼一对象的联想融汇能力，总之，一双能够发现美的“眼睛”，将起到重要的作用。

（一）鉴赏所必须具备的一些基本条件

（1）对形式美法则的了解与掌握。多样统一是美学规律在造型艺术上的具体体现。多观察与分析，主动与对象对话，对其他艺术门类鉴赏体会的借鉴。

（2）要具备一些建筑学的知识。艺术美与生活美（技术美、环境美）的统一，建筑的善和真的统一。

（3）体会情绪意境。通过对形式美的鉴赏，积极进行物我双方的交流和再创造，达到与建筑艺术作品整体形象的共鸣。

（4）发掘作品的文化内涵。联系作品所处的时代的、民族的、地域的广阔文化环境去认识作品。

鉴赏西方建筑，就像是鉴赏雕刻，它本身是独立的，人们围绕在它的周围，其外界面就是供人玩味的对象。在外界面上开着门窗，它是外向的，放射的，鉴赏方式重在“可望”。中国的建筑群却是一幅“画”，其外界面是围墙，只相当于画框，没有什么表现力，不是主要的鉴赏对象。人们必须置身于其中，才能见到它的面貌，所以不是人围绕建筑而是建筑围绕人。中国的建筑是内向的、收敛的，其鉴赏方式不在静态的“可望”，而在动态的“可游”。人们漫游在“画面”中，步移景换，情随境迁，玩味各种“线”的疏密、浓淡、断续的交织，体察“线”和“线”以外的空白庭院的虚实交映，从中体悟全“画”的神韵。

（二）鉴赏受世界观的支配

世界观是在社会实践的基础上产生和逐渐形成的。人们在实践活动中，首先形成的是对于现实世界各种具体事物的看法和观点。生活阅历、思想观念、艺术素养、情感倾向、审美标准、教育水平、宗教信仰的差异带来欣赏层面和角度的差异。

（三）历史观——时代性

时间反映了物质运动的持续性和顺序性，每个时代有每个时代的特征和任务以及思想和理论，对建筑时代背景的了解是准确认识和把握建筑艺术特征的起点。不同建筑师之间的风格区别也不能不受到他们所共同生活的特定时代的审美需要和艺术发展的制约。如中国汉魏“形简意丰”，盛唐“雄浑壮丽”，均反映了不同的时代风格。

1. 生产力状况

生产力是社会发展的最初源泉。中国古代建筑所表征的技术特征无不体现时代生产力发展的水准。中国古代社会是一个农业文明的社会，生产力发展比较缓慢，建筑技术表现出一种渐进性。在石器时代，由于生产力低下，以木材为基础的建筑构造核心——榫卯的加工简陋粗糙，建筑形态单一原始；进入青铜器和铁器时代，由于加工工具的进步，榫卯走向多元与精致，为建筑艺术向更高的层次发展奠定了基础；随着殷商夯土技术的成熟，高台建筑盛行；伴随西周瓦的出现，建筑逐渐摆脱“茅茨土阶”的阶段，走向更高的层次；汉代多层木构造技术的解决，建筑向高空发展成了可能。

2. 生产关系状况

生产关系有着各种各样内容，它包括政治关系、经济关系、文化关系等。它的上层建筑类型对建筑艺术发展走向有着积极的影响。中国古代社会由低级到高级依次经历原始公有制、奴隶制、封建制几个不同的阶段，各阶段由于生产关系的不同，建筑表现出不同的价值倾向。“大房子”的出现是原始部落公有制的必然结果；巨大高台建筑的盛行，除了夯土技术成熟之外，更在于奴隶的集结；规模宏大、气势雄伟的宫殿建筑群是封建中央集权政治的物质化表现。春秋战国，百家争鸣，建筑出现多元化；魏晋南北朝，社会动荡，促进了宗教建筑的发展；北宋前期，经济文化繁荣，城市结构发生根本的变化。

五、提高艺术鉴赏能力的途径和方法

（1）在艺术鉴赏的实践中提高欣赏能力，“操千曲而后晓声，观千剑而后识器”。

（2）加强艺术理论和艺术知识的学习，包括艺术的一般规律，门类艺术的特征、形式法则等。

（3）提高全面文化素养，丰富生活阅历，是提高艺术鉴赏能力的前提条件。

总之，做生活中的有心人，处处留心皆学问。

第三章

中国古代建筑的基本构成及特征

一、基本构成及型制

（一）基本构成

我国木构建筑由屋顶、屋身、台基三部分组成，其结构体系主要有穿斗式、抬梁式和井干式三种（图3–1）。除此以外还有不少变体和局部利用斜杆组成三角形稳定构架的做法（图3–2）。

由于结构为木框架体系，受力的柱子和维护的墙体分工明确，该体系从南到北有广泛的适用性。我国北方地区气候寒冷，为了防寒保温，建筑物的墙体较厚，屋面设保温层（一般用土加石灰构成），再加上对雪荷载的考虑，建筑物的椽檩枋的用料粗大（图3–3），建筑外观也显得浑厚凝重（图3–4）；反之，南方气候炎热，雨量丰沛，房屋通风、防雨、遮阳等问题更为重要，墙体薄（或仅用木板、竹笆墙），屋面轻，出檐大，用料细，建筑外观也显得轻巧（图3–5）。

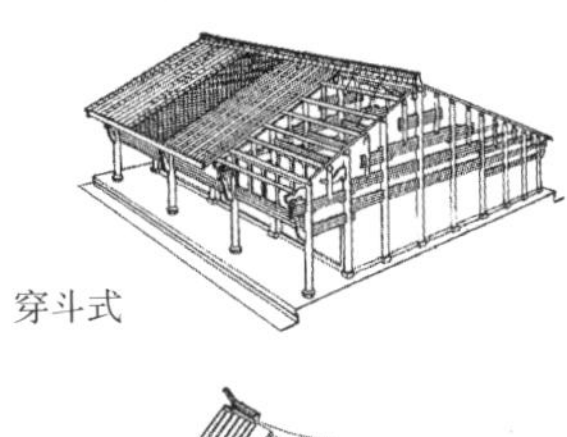

穿斗式

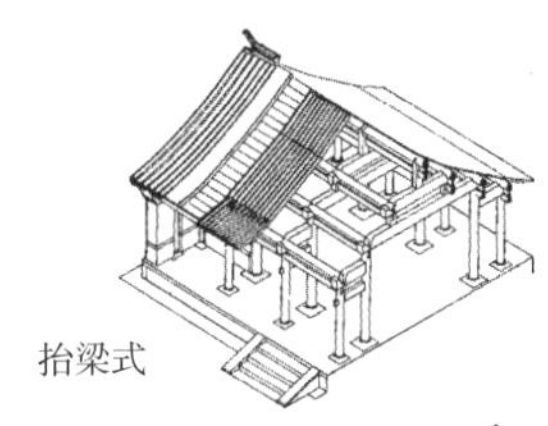

抬梁式

井干式

图3-1　三种结构体系图示

图3-2　三角形稳定构架细部实景

图3-3　济渎庙大门粗大的木构件

图3-4 北京太庙大殿

图3-5 苏州拙政园见山楼

1. 屋顶及其组合

（1）中国古代建筑的屋顶形式丰富多彩。

早在汉代已有庑殿、歇山、悬山、囤顶、攒尖几种基本形式，并有了重檐顶。以后又出现了勾连搭、单坡顶、十字坡顶、盝顶、拱券顶、穹窿顶等许多形式。中国古代木构建筑的屋顶千变万化，瑰丽多姿。它不仅为中国古建筑在美观上增加了不少神韵，而且对建筑物的风格也起着十分重要的作用。屋顶不仅是古代建筑艺术形象的决定性因素，而且是建筑等级的重要标志，其中以重檐庑殿顶、重檐歇山顶为级别最高，其次为单檐庑殿、单檐歇山顶。在地方建筑或民居上，还有盔顶、盝顶、单坡、囤顶等多种形式。

1）庑殿：四面斜坡，有一条正脊和四条斜脊，屋面稍有弧度，又称四阿顶。庑殿建筑是中国古建筑中的最高型制。在等级森严的封建社会，这种建筑形式常用于宫殿、坛庙一类皇家建筑（图3–6），是中轴线上主要建筑最常采取的形式。其他官府、衙属、商埠、民宅等，是绝不允许

图3-6 北京故宫乾清宫

采用庑殿这种建筑形式的。庑殿建筑的这种特殊政治地位决定了它用材硕大、体量雄伟、装饰华贵富丽，具有较高的技术价值和艺术价值。

2）歇山：是庑殿顶和悬山顶的结合，即四面斜坡的屋面上部转折成垂直的三角形墙面。有一条正脊、四条垂脊，四条戗脊组成，又称九脊顶。在外部形象看，歇山建筑是庑殿（或四角攒尖）建筑与悬山建筑的有机结合，仿佛一座悬山屋顶歇栖在一座庑殿顶上。

在形式多样的古建筑中，歇山建筑是其中最基本、最常见的一种建筑形式。歇山建筑屋面峻拔陡峭，四角轻盈翘起，玲珑精巧，气势非凡，它既有庑殿建筑雄浑的气势，又有攒尖建筑俏丽的风格。无论帝王宫阙、王公府邸、城垣敌楼、坛壝寺庙、古典园林及商埠铺面等各类建筑，都大量采用歇山这种建筑形式，就连古今最有名的复合式建筑，诸如黄鹤楼、滕王阁、故宫角楼等（图3–7），也都是以歇山为主要形式组合而成的，足见歇山建筑在中国古建筑中的重要地位。

3）悬山：屋面双坡，两侧伸出山墙之外。屋面上有一条正脊和四条垂脊，又称挑山顶。出现年代较硬山为早（图3–8）。

4）硬山：屋面双坡，两侧山墙同屋面齐平，或略高于屋面，简单朴素，同时等级最低。宋《营造法式》中没有记载，宋代建筑遗物中也未见，基本可以推想其出现在宋代以后。明清时期硬山式广泛应用。无论住宅、园林、寺庙中都有大量的此类建筑（图3–9）。

5）卷棚：屋面双坡，没有明显的正脊，即前后坡相接处不用脊而砌成弧形曲面，增加罗锅瓦，又称罗锅脊或过龙脊（图3–10）。

6）攒尖：平面为圆形或多边形，上为锥形的屋顶，没有正脊，有若干垂脊交于上端。一般亭、阁、塔常用此式屋顶（图3–11）。

7）盔顶：是攒尖顶的一种变形，顾名思义形似古代战士的头盔。盔顶的顶和脊的上面大部分为突出的弧形，下面一小部分相反的向外翘起，就像头盔的下沿。代表建筑：岳阳楼（图3–12）。

8）盝顶：屋顶上有四条与屋檐平行的脊，四条屋脊构成一个长方形或正方形的平顶，其四个角有垂脊向下斜伸，共形成四块坡檐。可理解为庑殿顶中部水平切割后，

图3-7　北京故宫角楼

图3-8　香山香雾窟悬山顶垂花门

图3-9　传统硬山式北方民居

图3-10　苏州拙政园南轩

拿去上部剩下的形态（图3-13）。

9）单坡：就像一个硬山或者悬山式屋顶沿着脊背剖成了两半。这种屋顶多用在不太重要或是附属性的建筑上，陕西民居即为此种。

（2）单元屋顶穿插组合，形成更复杂多样的屋顶形态。

1）重檐：就是两个或两个以上的屋檐的叠加。一般来说，重檐大多是指一层建筑有两层或更多层屋檐。但有时一座多层建筑若每一层都有屋檐，总数相加大于等于二，人们也称作重檐。一般包括重檐庑殿顶、重檐歇山顶、重檐攒尖顶，指在相应的屋檐下还有一短檐，四角各有一条短垂脊，重檐建筑等级高于相应的单檐建筑（图3-14）。

图3-11　苏州虹饮山房六角攒尖亭

图3-12　湖南省岳阳楼

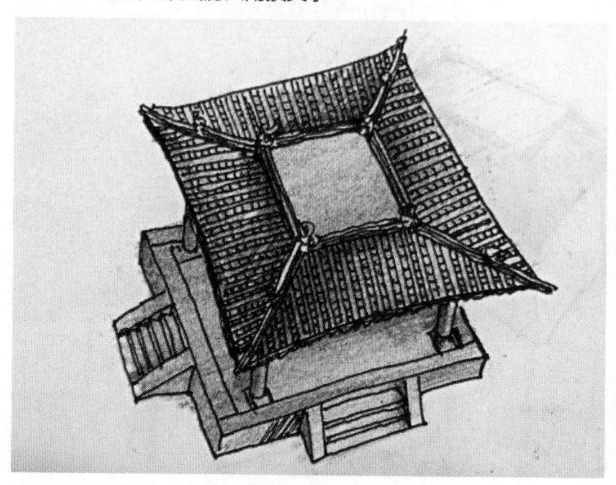

图3-13　盝顶

图3-14　福州市晋陀寺天王殿

2）十字脊：由两个屋顶垂直相交而成，可以是悬山式，也可以是歇山式。《清明上河图》中就有很多民居采用十字脊顶，其山面多采用悬山顶。后来宋代的《金明池夺标图》就出现了歇山式的十字脊顶，即四个山面都是歇山式，故又称“四面歇山顶”。

3）丁字脊：十字脊的一种特殊形式，十字交叉的四部分中有一部分被截去后所剩下的部分。

4）勾连搭：就是两个或两个以上的屋顶前后檐相连，连成一个屋顶。在这种勾连搭屋顶中有两种最为典型，即“一殿一卷式勾连搭”和“带抱厦式勾连搭”。仅有两个顶形成勾连搭而其中一个为带正脊的硬山悬山类，另一个为不带正脊的卷棚类，这样的勾连搭屋顶称作“一殿一卷式勾连搭”。勾连搭屋顶中，相勾连的屋顶大多是大小高低相同，但有一部分却是一大一小、有主有次、高低不同、前后有别的，这一类的称作“带抱厦式勾连搭”（图3–15、图3–16）。

图3-15　河南大学大礼堂

图3-16　北京四合院垂花门

2. 屋身

屋身是人们居住和生活的地方，包括柱子、门、墙、窗等。

柱子是建筑受力构件，同时也是建筑艺术构件（图3–17）。柱的形态，从断面来看，有圆、方、八角、束竹等多种；从立面来看，有直柱、收分柱、梭形柱等；材料多为木质，亦有石质。艺术处理方面柱子有收分、侧脚、升起的做法。柱头上有斗拱，柱根部有柱础，斗拱及柱础都有力学和装饰作用，种类繁多，艺术形态丰富多彩。

墙虽一般不起承重作用，但却是围合一个国家、城市、宫殿、居室的隔断。又因为墙壁不负重，故能按分间需要而灵活构筑。在寒冷的北方，墙壁较厚（图3–18）；在温暖的南方，墙壁则较薄，于是形成各式各样、可大可小的墙壁（图3–19）。

门是建筑的出入口，大至一座城，小至宫殿、寺庙、园林、民居等建筑，都有相应的门；生者有屋舍的门，死者有陵寝的门（图3–20）。一扇门不但阻隔了内外空间，也反映了主人的阶级身份和品味。

窗是与外在世界的某种程度的沟通。由内观外，由外窥内。糊一纸窗，或罩上窗纱，趣味横生。宋《营造法式》中窗的制作属小木作范畴，一般由窗框和棂条组成，类型繁多。

斗拱在中国木构架建筑的发展过程中起过重要作用，它的演变可以看作是中国传统木构架建筑形制演变的重要标志，也是鉴别中国古代木构架建筑年代的一个重要依据。斗拱是中国官式建筑所特有的结构之一。斗拱在宋代也称为“铺作”，因为是层层相叠铺设而成；在清代称“斗

图3-17　北京故宫太和门柱子近景

图3-18　山西乔家大院厚重的砖墙

图3-19　江南民居中富于变化的墙

图3-20　北京十三陵大红门

图3-21　转角铺作

图3-22　室内斗拱细部实景

科”或“斗拱”；在江南则称为“牌科”（图3–21、图3–22）。东汉和三国时期技术相当成熟，元以后其结构功能退化。斗拱在中国古建筑中起着十分重要的作用，主要有以下四个方面：

（1）力学作用。斗拱位于柱与梁之间，由屋面和上层构架传下来的荷载，主要通过斗拱传给柱子，再由柱传到基础，因此，它起着承上启下，传递荷载的作用（图3–23）。

（2）装饰作用。斗拱向外出挑，可把最外层的桁檩挑出一定距离，使建筑物出檐更加深远，造型更加优美、壮观。它自身构造精巧，造型美观，如盆景，似花篮，又是很好的装饰性构件

（图3–24）。

（3）封建等级标准。由于森严的封建等级制度，斗拱只出现在宫殿、庙宇等官式建筑上，斗拱已成为衡量建筑等级的标准之一（图3–25）。

（4）建筑度量单位。古代建筑宏观中的屋顶、屋身、台基的大小，微观中各构件的尺寸，均以斗拱中斗口的宽度为基本模数，进而形成模数系列，用于衡量建筑群乃至城市，是建筑中的基本单位，是一切计算的基础。

图3-23　蓟县独乐寺观音阁柱头科（斗拱与各构件的关系）

图3-24　开封市山陕甘会馆牌坊华丽的斗拱（极具装饰作用）

图3-25　藏经阁（斗拱的规格反映了一座建筑的等级）

3. 台基

台基又称基座（图3–26）。在建筑物中，系高出地面的建筑物底座。用以承托建筑物，并使其防潮、防腐，同时还可弥补中国古建筑单体建筑不甚高大雄伟的欠缺。台基分为普通台阶、须弥座台基，等级高的建筑采用多层须弥座台基（图3–27）。为解决台基与地面高差问题，产生了台阶或坡道（古叫礓蹉），台基较高情况下，为安全问题，产生了栏杆。以上台基以及台阶、栏杆是建筑雕刻的重点部位，形态变化万千，如宋式须弥座、清式须弥座、螭首、抱鼓石等，艺术形态丰富多彩。台基上则按柱网（柱子分布情况）安置石质柱础（图3–28），其作用是保护柱子不受地下水上升侵蚀而导致腐烂。

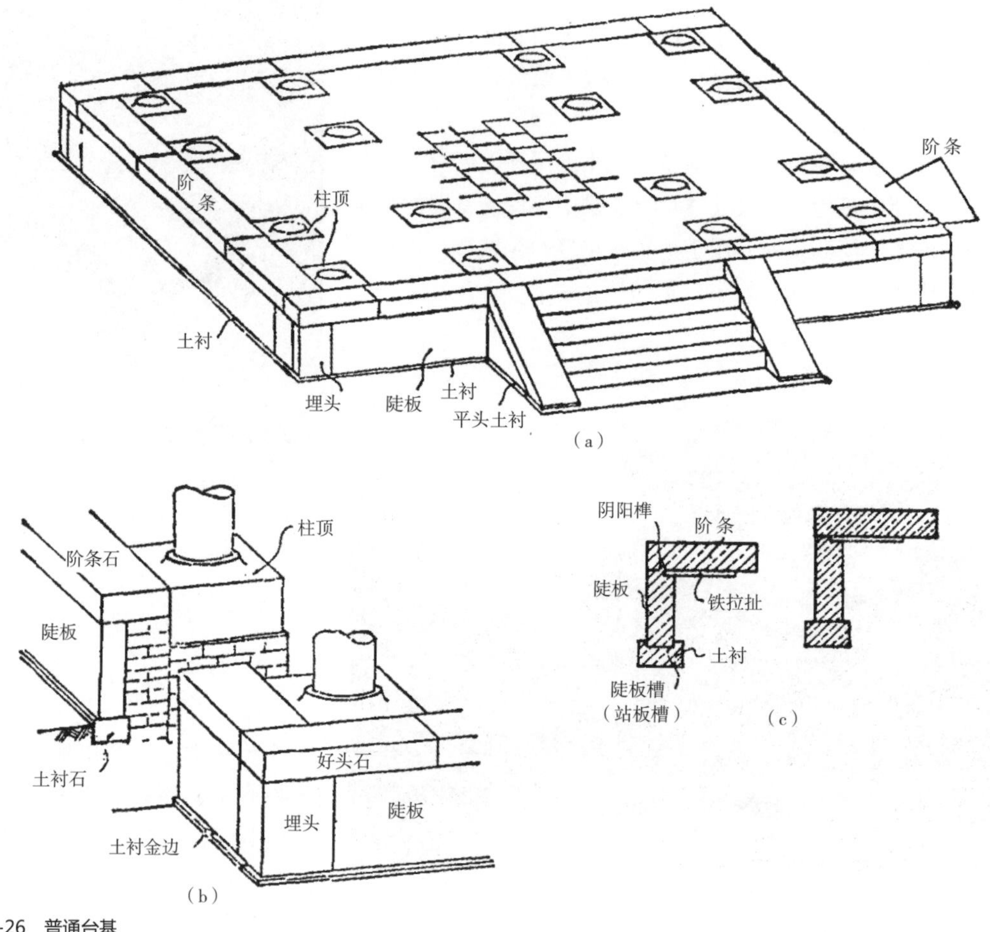

图3-26　普通台基

图3-27　曲阜孔庙大成殿的台基

图3-28　柱础

（二）型制

1. 单体

中国古代建筑单体虽然都由屋顶、屋身、台基三部分组成，但建筑的类型繁多，它们的使用功能、平面形态、立面造型，装饰风格都不尽相同，每一种有其特定的内涵和作用，或表现在特定的功用有特定的称谓，细分有以下主要类型：

图3-29 沈阳故宫大政殿

（1）殿：古代泛指高大的房屋，后专指供奉神佛或帝王受朝理事的大厅。如宫殿、佛殿等（图3–29）。

（2）堂：高于一般房屋，用于祭献神灵、祈求丰年（图3–30）。段注：“古曰堂，汉以后曰殿。古上下皆称堂，汉上下皆称殿。”——《说文》。

（3）厅：在古代园林、宅第中，多具有小型公共建筑的性质，用以会客、宴请、观赏花木。因此，室内空间较大，门窗装饰考究，造型典雅、端庄，前后多置花木、叠石，使人置身厅内就能欣赏园林景色（图3–31）。

（4）轩：以敞朗为特点的建筑物（图3–32）。

（5）馆：馆，客舍也。——《说文》（图3–33）。

（6）楼：两层或两层以上的房屋，或建在高处的建筑物（图3–34）。楼，重屋也。——《说文》。

（7）榭：建在高土台或水面（或临水）上的木屋（图3–35）。

（8）阁：一种架空的小楼房，中国传统建筑物的一种。其特点是通常四周设隔扇或栏杆回廊，供远眺、游憩、藏书和供佛之用（图3–36）。

（9）塔：佛教特有的高耸的建筑物，晋、宋译经时始造“塔”字。尖顶、多层，常有七级、九级、十三级等，形状有圆形的、多角形的，一般用以藏舍利、经卷等（图3–37）。

（10）亭：有顶无墙，供休息用的建筑物，多建筑在路旁或花园里（图3–38）。

（11）阙：古代宫殿、祠庙或陵墓前的高台，通常左右各一，台上起楼观。二阙之间有道路（图3–39）。

图3-30 宜宾丞相祠堂

图3-31 苏州同里耕乐堂桂花厅

图3-32 扬州个园宜雨轩

图3-33 苏州沧浪亭翠玲珑馆

图3-34 武汉黄鹤楼

图3-35 无锡寄畅园先月榭

图3-36 苏州拙政园留听阁

图3-37 开封佑国寺塔

图3-38 沧浪亭

图3-39 洛南某阙门

（12）门：房屋垣墙等建筑物在出入通口处所设的可开关转动的装置（图3–40）。

（13）廊：屋檐下的过道或独立有顶的通道（图3–41）。

（14）舫：古称两舟相并为舫，外观似旧时官船，俗称旱船，又名不系舟，多建于水际，供人在内游玩宴饮，观赏水景（图3–42）。

（15）斋：斋不同于堂之处，在于斋要位于园林僻静之地，不应敞显，便于人们聚气敛神（图3–43）。

（16）坛：中国古代主要用于祭祀天、地、社稷等活动的台型建筑。北京的天坛圜丘（图3–44）、地坛、日坛、月坛、祈谷坛、社稷坛等。坛既是祭祀建筑的主体，也是整组建筑群的总称。坛的形式多以阴阳五行等学说为依据。例如天坛、地坛的主体建筑分别采用圆形和方形，来源于“天圆地方”之说。天坛所用石料的件数和尺寸都采用奇数，是采用古人以天为阳性和以奇数代表阳性的说法。

（17）影壁：建在院落的大门内或大门外，与大门相对作屏障用的墙壁，又称照壁、照墙。影壁能在大门内或大门外形成一个与街巷既连通又有限隔的过渡空间。明清时代影壁从形式上分有一字形、八字形等。北京大型住宅大门外两侧多用八字墙，与街对面的八字形影壁相对，在门

图3-40　垂花门

图3-41　颐和园长廊

图3-42　苏州退思园旱船“闹红一舸”

图3-43　无锡寄畅园含贞斋

前形成一个略宽于街道的空间；门内用一字形影壁，与左右的墙和屏门组成一方形小院，成为从街巷进入住宅的两个过渡。南方住宅影壁多建在门外。农村住宅影壁还有用夯土或土坯砌筑的，上加瓦顶。宫殿、寺庙的影壁多用琉璃镶砌。明清宫殿、寺庙、衙署和宅第均有影壁，著名的山西省大同九龙壁就是明太祖朱元璋之子朱桂的代王府前的琉璃影壁。北京北海和紫禁城中的九龙壁也很有名。

（18）坊表：中国古代具有表彰、纪念、导向或标志作用的建筑物，包括牌坊、华表等。牌坊又称牌楼，是一种只有单排立柱，起划分或控制空间作用的建筑。在单排立柱上加额枋等构件而不加屋顶的称为牌坊，上施屋顶的称为牌楼，这种屋顶俗称为“楼”，立柱上端高出屋顶的称为“冲天牌楼”。牌楼建立于离宫、苑囿、寺观、陵墓等大型建筑组群的入口处时（图3–45），形制的级别较高。冲天牌楼则多建立在城镇街衢的冲要处，如大路起点、十字路口、桥的两端以及商店的门面。前者成为建筑组群的前奏，造成庄严、肃穆、深邃的气氛，对主体建筑起陪衬作用；后者则可以起丰富街景、标志位置的作用。江南有些城镇中有跨街一连建造多座牌坊的，多为“旌表功名”或“表彰节孝”。在山林风景区也多在山道上建牌坊，既是寺观的前奏，又是山路进程的标志。

华表为成对的立柱，起标志或纪念性作用。汉代称桓表。元代以前，华表主要为木制，上插十字形木板，顶上立白鹤，多设于路口、桥头和衙署前。明以后华表多为石制，下有须弥座；石柱上端用一雕云纹石板，称云板；柱顶上原立鹤改用蹲兽，俗称“朝天吼”。华表四周围以石栏。华表和栏杆上遍施精美浮雕。明清时的华表主要立在宫殿、陵墓前，个别有立在桥头的，如北京卢沟桥头。明永乐年间所建北京天安门前（图3–46）和十三陵碑亭四周的华表是现存的典型。

2. 平面形式

单体建筑的平面形式多为长方形、正方形、六角形、八角形、圆形。此外还有三角、五角、扇形、曲尺、工字、山字、田字、卐字等形式。这些不同的平面形式，对构成建筑物单体的立面形象起着重要作用。

图3-44 天坛圜丘

图3-45 北京十三陵石牌坊

图3-46 天安门前的华表

二、基本特征

（一）巧妙而科学的框架式结构

1. 特点

（1）承重与围护结构分工明确，建筑物具有灵活性和适应性。中国古代建筑主要是木构架结构，即采用木柱、木梁构成房屋的框架，屋顶与房檐的重量通过梁架传递到立柱上。柱墙分工明确，墙壁只起隔断的作用，而不是承担房屋重量的结构部分。这种结构赋予建筑物极大的灵活性。这种结构，可以使房屋在不同气候条件下，满足生活和生产所提出的千变万化的功能要求，具有极强的适应性。“墙倒屋不塌”这句古老的谚语，概括地指出了中国建筑这种框架结构重要的特点。同时，由于房屋的墙壁不负荷重量，门窗设置有极大的灵活性（图3-47）。

（2）构件间采用榫卯构造，有利于建筑物防震、抗震。木构架结构很类似今天的框架结构，由于木材具有的特性，且构架的结构所用斗拱和榫卯又都有若干伸缩余地，因此在一定限度内可减少地震对这种构架所产生的危害（图3-48）。

（3）斗拱既有力学作用，又有装饰作用。在官式建筑屋顶与屋身之间的柱头上的斗拱既有支承荷载梁架的作用，又有装饰作用。只是到了明清以后，由于结构简化，将梁直接放在柱上，致使斗拱的结构作用几乎完全消失，几乎变成了纯粹的装饰品。

2. 类型

中国古代木构架有抬梁、穿斗、井干三种不同的结构方式。抬梁式是在立柱上架梁，梁上又抬梁，所以称为“抬梁式”，或叫“叠梁式”，宫殿、坛庙、寺院等大型建筑物中常采用这种结构形式，且以北方为主流；穿斗式是用穿枋把一排排的柱子穿连起来成为排架，然后用枋、串带连接而成，故称作穿斗式，多用于民居和较小的建筑物，以长江流域为代表；井干式是用木材交叉堆叠而成的，因其所围成的空间似井而得名，这种结构比较原始简单，现在除少数森林地区外已很少使用。

图3-47 苏州留园古木交柯处自由开凿的漏窗

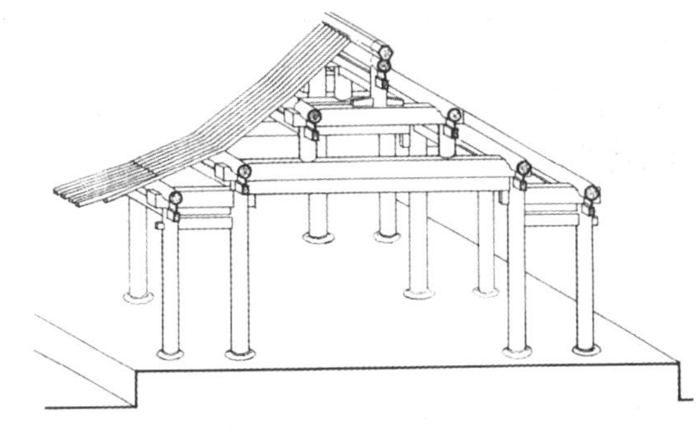

图3-48 中国建筑木结构图

（二）简明完美的单体形象

中国古代单体建筑形式比较简单，不论殿堂、亭、廊，都由台基、屋身和屋顶三部分组成，高级建筑的台基可以增加到2～3层，并有复杂的雕刻（图3-49）。屋身由柱子和梁枋、门窗组成，如是楼阁，则设置上层的横向平座（外廊）和平座栏杆。层顶大多数是定型的式样，主要有硬山、悬山、歇山、庑殿、攒尖五种。单座建筑的规格化，到清代达到顶点，《工部工程做法则例》就规定了27种定型形式，每一种的尺度、比例都有严格的规定，上自宫殿下至民居、园林，许多动人的艺术形象就是依靠为数不多的定型化建筑组合而成的。建筑以间为基本单位，以四柱二梁二枋构成一个称为间的基本框架，间可以左右相连，也可以前后相接，又可以上下相叠，还可以错落组合，有着简明的规律。单体建筑的艺术造型，主要依靠间的灵活搭配和式样众多的曲线屋顶表现出来；同时明晰的结构逻辑所带来的结构之美是建筑艺术形象的重要构成部分；此外，木结构的构件便于雕刻彩绘，亦增强了建筑的艺术表现力（图3-50）。

唐宋时期是中国古代建筑发展的最成熟时期，建筑屋顶、屋身、台基三分为一考虑至臻成熟。建筑中无纯粹装饰性构件，也没有歪曲材料使之屈从于装饰要求的现象。如斗拱既是结构构件，又是装饰构件，门钉既是连接门板与穿带的结构构件，又有极强的装饰性；柱础为柱子和台基之间的过渡性构件，起着柱基础和防潮的作用，材料为石质，放于柱子的下部承受压力，符合材料受力性能的要求，同时造型多样，富有装饰性（图3-51）。

屋顶在单座建筑中占的比例很大，一般可达到立面高度的一半左右（图3-52）。古代木结构的梁架组合形式，很自然地可以使坡顶形成曲线，称为“反宇”，不仅扩大了采光面，同时也有利于排泄雨水；不仅坡面是曲线，正脊和檐端也可以是曲线，在屋檐转折的角上，还可以做出翘起的飞檐，增添了建筑物飞动轻快的美感（图3-53）。“如翼斯飞”是屋顶艺术形象最好的写照，巨大的体量和柔和的曲线，使屋顶成为中国建筑中最突出的形象（图3-54）。

图3-49　北京天坛圜丘

图3-50　开封山陕甘会馆檐下精巧奇绝的木雕

图3-51　焦作市博爱县大新庄清真东大寺门房

图3-52　北京太庙体量巨大的屋顶

屋身部分柱子的上细下粗的收分处理为追求稳定效果而向中心倾斜一定角度的侧脚处理，以及为避免屋檐角部下垂的檐柱升起处理等手法均体现了技术与艺术的高度融合和统一。

因防潮防水及突出建筑体量的需要，建筑下部的台基应运而生。台基分两大类：一种叫普通台基；一种叫须弥座。普通台基用素土或灰土或碎砖三合土夯筑而成，高约一尺，常用于小式建筑。须弥座一般用砖或石砌成，上有凹凸线脚和纹饰，台上建有汉白玉栏杆，常用于宫殿和著名寺院中的主要殿堂建筑。最高级台基由几个须弥座相叠而成，从而使建筑物显得更为宏伟高大，常用于最高级建筑，如故宫三大殿和山东曲阜孔庙大成殿，即耸立在最高级台基上。台基四周，栏杆的下方设有造型优美的螭首，肩负排出雨水的功能。

从以上屋顶、屋身和台基各个方面均能体现出中国古建筑单体达到功能、结构、艺术的高度统一。

（三）有节奏的庭院式组群布局

从古代文献记载，绘画中的古建筑形象一直到现存的古建筑来看，中国古代建筑在平面布局方面有一种简明的组织规律，这就是每一处住宅、宫殿、官衙、寺庙等建筑，都是由若干单座建筑和一些围廊、围墙之类环绕成一个个庭院而组成的（图3–55）。一般来说，多数庭院都是前后串连起来，通过前院到达后院，这是中国封建社会“长幼有序，内外有别”的思想意识的产物。家中主要人物，或者应和外界隔绝的人物（如贵族家庭的少女），就往往生活在离外门很远的庭院里，这就形成一院又一院层层深入的空间组织（图3–56）。宋朝欧阳修《蝶恋花》词中有“庭院深深深几许？”的字句，古人曾以“侯门深似海”形容大官僚的居处，就都形象地说明了中国建筑在布局上的重要特征。

图3-53 苏州寒山寺钟楼

图3-54 颐和园延春阁

图3-55 山西乔家大院的院落空间

同时，这种庭院式的组群与布局，一般都是采用均衡对称的方式，沿着纵轴线（也称前后轴线）与横轴线进行设计。比较重要的建筑都安置在纵轴线上，次要房屋安置在它左右两侧的横轴线上，北京故宫的组群布局和北方的四合院是最能体现这一组群布局原则的典型实例（图3–57）。这种布局是和中国封建社会的宗法和礼教制度密切相关的。它最便于根据封建的宗法和等级观念，使尊卑、长幼、男女、主仆之间在住房上也体现出明显的差别。中国的这种庭院式的组群布局所造成的艺术效果，与欧洲建筑相比，有它独特的艺术魅力。

在序列空间中，衬托性建筑的应用，是中国古代宫殿、寺庙等高级建筑常用的艺术处理手法。它的作用是衬托主体建筑。最早应用的并且很有艺术特色的衬托性建筑便是从春秋时代就已开始的建于宫殿正门前的“阙”，它是建筑群序列空间开端的重要组成部分。到了汉代，除宫殿与陵墓外，祠庙和大中型坟墓也都使用。现存的四川雅安高颐墓阙（图3–58），形制和雕刻十分精美，是汉代墓阙的典型作品。汉代以后的雕刻、壁画中常可以看到各种形式的阙，到了明清两代，阙就演变成现在故宫的午门。其他常见的富有艺术性的衬托性建筑还有宫殿正门前的华表、牌坊、照壁、石狮等。

这种以庭院为基本单元，通过轴线组织序列空间，体现简明的组织规律和严格的等级制度，创造丰富的建筑群空间是中国建筑群组织的主流，辅以自由布局的空间组合，如布达拉宫（图3–59）、园林（图3–60）、南京城市建设等典型实例，形成了完整的建筑群组合体系。

图3-56　山西乔家大院层层相套的院落空间

图3-57　故宫严格的中轴线布局

图3-58　高颐墓阙

图3-59　布达拉宫

图3-60　苏州园林中的建筑布局

（四）大胆强烈的原色在古建筑中成熟运用

中国古建筑在装饰中最敢于使用色彩也最善于使用色彩。油漆彩绘源于对木构件的保护。经过长期的实践，中国建筑在运用色彩方面积累了丰富的经验，很善于运用鲜明色彩的对比与调和。房屋的主体部分，即经常可以照到阳光的部分，一般用暖色，特别是用朱红色；房檐下的阴影部分，则用蓝绿相配的冷色（图3–61）。这样就更强调了阳光的温暖和阴影的阴凉，也形成一种悦目的对比。朱红色门窗部分和蓝绿色的檐下部分往往还加上金线和金点，蓝绿之间也间以少数红点，使得建筑上的彩画图案显得更加活泼，增强了装饰效果。一些重要的纪念性建筑，其下衬以一层乃至好几层雪白的汉白玉台基和栏杆，在华北平原秋高气爽、万里无云的蔚蓝天空下，它的色彩效果是无比动人的（图3–62）。当然这种色彩风格的形成，在很大程度上也是与北方的自然环境有关。因为在平坦广阔的华北平原地区，冬季景色的色彩是很单调的，在那样的自

图3-61　颐和园牌坊上色彩的运用

然环境中，这种鲜明的色彩就为建筑物带来活泼和生趣。基于相同原因，在山明水秀、四季常青的南方，建筑的色彩一方面为封建社会的建筑等级制度所局限，另一方面也是因为南方终年青绿、四季花开，为了使建筑的色彩与南方的自然环境相调和，它使用的色彩就比较淡雅，多用白墙、灰瓦和栗、黑、墨绿等色的梁柱（图3–63），形成秀丽淡雅的格调。此外，色彩经过长期的运用和实践，亦烙上封建等级的制度的烙印。

图3-62　北京故宫太和殿

图3-63　江南园林中的粉墙黛瓦

第四章 中国古代城市建设的艺术

一、城市建设涉及的内容

在我国历史上，曾出现过不少宏伟壮丽的伟大城市，集中表现了古代经济、文化、科学、技术等多方面的成就，在城市选址、城市供排水、城市交通、防火、城市绿化和风景区、城市规划等方面，都有过卓越的成就和经验。

（一）城市选址

中国古代城市选址是综合考虑政治、军事、防御、经济、水资源、交通等诸要素的结果。选址原则可以概括为以下几个方面：选择适中的地理位置，即择中原则；考虑可持续发展的因素，即“度地卜食，体国经野”的原则；考虑自然景观及生态因素，提出“国必依山川”的原则；考虑设险防卫的需要；考虑水源及交通问题，往往选择水陆交通要冲。秦汉以后，“风水”思想的影响渐渐加大，风水思想中包含了中国古人尊重自然，希望天、地、人和谐的自然观，城市要与自然环境融为一体，以获得山川的灵气等，这在古代城市的选址方面也不容忽视。中国古代的风水术有一个历史发展过程，不同时期风水思想对中国古代都城选址的影响不同，有时是次要的、附会的，有时是决定性的；有些是十分荒谬的封建迷信的东西，有些则具有合理性、科学性的一面。总之，城市外在的面貌和其选址规划布局是特殊历史条件下，社会经济、文化传统、地理环境等各种因素综合作用的产物。

（二）城市型制及筑城方法

从春秋一直到明清，除秦始皇的咸阳外，其他各朝的都城都有城郭之制。城郭之制即“筑城以卫君，造郭以守民”，“内之为城，外之为郭”的城市建设制度。一般京城有三道城墙：宫城（大内、紫禁城）、皇城或内城、外城（郭）；府城有两道城墙：子城、罗城。

夏商时期已出现了版筑夯土城墙（图4–1）；唐以后，渐有用砖包夯土墙的例子（图4–2）；明代砖产量增加，砖包夯土墙才得到普及。城门门洞结构，早期用木过梁，元以后砖拱门洞逐渐推广。水乡城市依靠河道运输，均设水城门。此外，为防御侵袭，有些城市还设有“瓮城”（图4–3），“马面”（图4–4），城垛（图4–5），战棚（图4–6）、城楼（图4–7）等设施。

图4-1　汉魏洛阳故城

图4-2　岔道城长城脚下废墟

图4-3　平遥瓮城

图4-4　保定古城墙马面

图4-5　德安古城城垛

图4-6　山西古城战棚

图4-7　邵阳古城楼

（三）城市规划布局

城市的规划布局思想则是中国传统哲学体系与文化传统的产物，其核心思想就是“天人合一”，即用城市的物质形态和布局来体现天上的秩序，追求天、地、人之间和谐。中国古代的大多数城市是经过精心规划布局以后才建设的，而且很早就使用了规划平面图，从而使古代城市的布局井然有序、美观大方。

中国古代城市规划布局有两种形式：一种为方格网式规则布局，多为新建城市，这类城市受礼制思想影响，以尊卑等级、礼治秩序为特征，符合当时宗法分封的政体。中国古代城市讲究秩序、等级、方正规整都和儒家思想有关。如城垣的平面形状、重要建筑的布局、方位、朝向或装饰等，均有一些吉凶的说法。这是中国古代城市所展示的迥异于西方古代城市的独特的东方文化内涵。《考工记》是影响中国古代城市规划布局的一条主线。《考工记》中述：“匠人营国，方九里，旁三门，国中九经九纬，经涂九轨，左祖右社，面朝后市”。这类实例较多，如隋唐的长安，隋唐的洛阳，元大都与明、清北平（图4–8）。另一种为较为自由的不规则布局，倾向于因地制宜，多为地形复杂或由旧城改建的城市，受地形或现状影响较大，理论源于《管子》所谓“凡立国都，因天材，就地利。故城郭不必中规矩，道路不必中准绳”。如汉长安、南朝建康及明朝南京等（图4–9）。

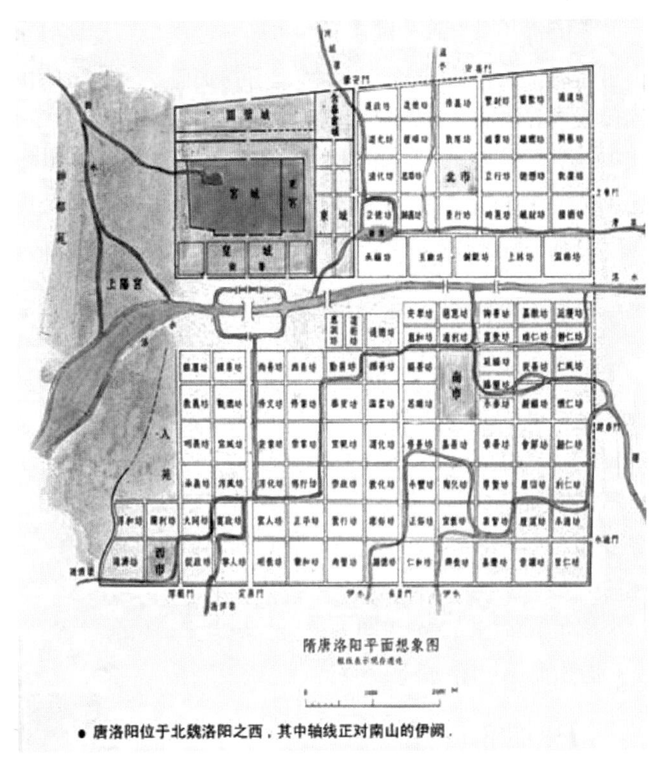

图4-8　唐东都洛阳城平面

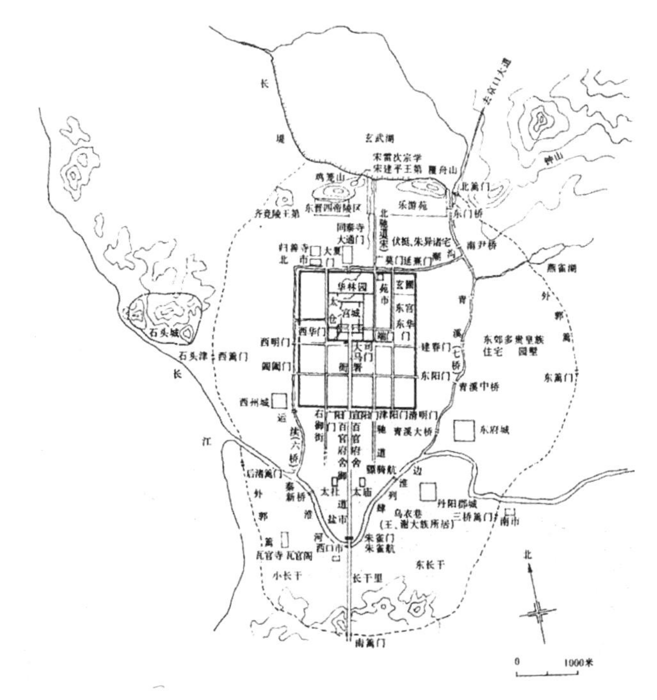

图4-9　南朝建康平面图

（四）城市管理制度

中国古代自春秋到隋唐，是里坊制度产生、发展以至鼎盛的时期。采取夜禁制度。人们生活在里坊内，晨钟暮鼓，日出而作，日落而息。里坊皆有围墙和大门，有里正、里卒负责管理。到汉代，侯封邑满万户的府第不受此限，府第大门可开向大街。到唐代，三品以上大臣和寺庙可向大街开门。至宋代，城市格局发生了根本的变化，取消夜禁，房屋可面街而市。城市采取厢坊、保甲等组织手段管理，相比隋唐，并未放松，而是更加严格。清代城市，皆设有“满城”。“满城”为城中城，驻有八旗兵，采取军队统治。

（五）城市娱乐场所

从南北朝到唐代，城市多依靠佛教寺院以及郊外风景区。佛寺中的浮屠佛像、经变壁画、戏曲伎乐等都是市民游观的对象。汉以后，三月上巳去郊外水边修禊以及九九登高的风俗渐渐盛行，市民出城春游、踏青、秋游的也渐多。唐长安城南的曲江池（图4–10）、宋东京郊外的名胜和一些私家园林，都是游春的胜地。临安湖山秀丽，赏玩无虚日，还有钱塘观潮（图4–11），游览地点更多。宋画清明上河图描绘北宋东京清明节市民到郊外春游的盛况（图4–12）。宋代是我国古代文化的一个灿烂辉煌时期，城市经济异常繁荣，出现了许多繁华的大都市，如汴京（今开封）、临安（今杭州）、扬州等。城市的繁荣，带来了娱乐的兴盛，瓦肆是随着宋代市民阶层的形成而兴起的一种游乐商业集散场所。

（六）城市道路交通

中国古代城市绝大多数采取以南北向为主的方格网布置，这是由建筑物的南向布置延伸出来的。为适应各地不同的条件，在具体处理上也是因地制宜的。在地形完整的新建城市（如隋大兴城）中，采用均齐方整的布置方式；而在有山川河流或改建城市（如南朝健康、汉长安）中，则根据地形变通，不拘轮廓的方整和道路网的均

图4-10 唐曲江池遗址

图4-11 钱塘观潮处

图4-12 清明上河图局部

齐。城市道路在宋以前都是土路，没有路面，宋以后砖石路面在南方城市得到广泛的应用。

（七）城市的绿化系统

城市一经出现，人们就对它进行梳妆打扮，绿化便是其中的内容之一。中国古代对都城绿化都十分重视，历代帝都道路两侧都种植树木，北方以槐、榆为主，南方则柳、槐并用，由京兆尹（府）负责种植管理。对于都城中轴上御街的绿化布置，更为讲究：路中设御沟，引水灌注，沿沟植树。唐长安街的槐衙，就是行道树。宋东京御街的桃李杏梨，御沟的莲荷，“春夏之间，望之如绣”，确实是很美的。这种道边植树的做法，唐时传到了日本。

（八）城市的消防系统

北宋东京是在唐末商业城市汴州的基础上发展起来的，城市发展很快，随着建筑密度的提高，房屋密集，接栋连檐，有灯火之患，所以消防机构应运而生。城内每隔一里需设负责夜间巡逻的军巡捕，并在地势高处建砖砌望火楼瞭望。南北朝以后，都城及州县城设鼓楼供报时或报警之用。从元大都开始，在城市居中地区建造高大的钟楼与鼓楼，如明南京、西安，以及明清北京（图4–13、图4–14）。

图4-13　西安鼓楼（明）

图4-14　北京钟楼（清）

（九）城市的排水系统

阖闾城创建时考虑了城内河道系统和水城门设置，虽为江南泽国，未曾有水涝之患。汉长安已采用陶管和砖砌下水道，唐长安则在街道两侧挖土成明沟，宋东京有四条河道穿城而过，对用水、漕运、排水都大有好处，明时北京设有沟渠以供排泄雨水，并设有街道厅专司疏浚掏挖之职，清代北京沟渠疏浚由董姓包商世袭承揽，称为“沟董”，并绘有详尽的北京内城沟渠图。

（十）城市规模、人口规模与地域规模

中国古代城市规模之大，在世界古代城市建设史上是少有的。在世界古代城市面积比较中，中国古代都城占据了前七名。如隋唐长安有84平方公里，人口逾百万；北宋东京55平方公里，人口达150万。以下一些城市地域规模数字有力地说明了这一点。

（1）隋大兴（唐长安）84.10 km^2　　（公元583年）

（2）北魏洛阳 73km^2　　（公元493年）
（3）明清北京60.20 km^2　　（公元1421年～1553年）
（4）元大都50 km^2　　（公元1267年）
（5）隋唐洛阳45.2 km^2　　（公元605年）
（6）明南京43.00 km^2　　（公元1366年）
（7）汉长安35 km^2　　（公元前202年）
（8）巴格达30.44 km^2　　（公元800年）
（9）罗马13.68 km^2　　（公元300年）
（10）拜占庭11.99 km^2　　（公元44年）

二、城市的产生与发展

城市是依据一定的生产方式，把一定的地域组织起来的居民点。它是该地区乃至更大腹地的经济、政治、文化生活的中心。城市被称为“四方之极”，是集中居住和商贸的综合体。

1．产生

随着人类生产的发展，新石器时代第一次社会分工——农业产生，农业从畜牧业中分离出来，随着从事农业生产并开始定居从而出现了群体聚居形式——固定的居民点。由于生产力的提高，商业与手工业从农业中分离出来，一些具有商业及手工业职能的居民点就形成了城市。可以说城市是生产发展和人类第二次劳动大分工的产物。据考证，人类历史上最早的城市出现在公元前3000年左右。

2．发展

商周时期，城意味着国家，受封的诸侯国有权按爵位等级建造相应规模的城。到战国时期，周朝的条令不再起作用，各地按需要自行建城，城市规模和城市分布密度大大提高。秦统一全国后，取消分封诸侯的制度，实行中央集权的郡县制，城市成为中央、府、县的统治机构所在地。在以后两千年的封建社会中，这一体制基本沿袭下来。其间大体可以分为以下四个阶段：

（1）城市初生期，相当于原始社会晚期和夏、商、周三代。商业手工业从农业当中分离出来，使聚落分野为城市和乡村，以集体防御为目的筑城活动兴盛起来，但这个时期的城市中各构成要素的分布还处于散漫而无序的状态，城市建设仍带有氏族部落的色彩。

（2）里坊制确立期，相当于春秋至汉。铁器时代的到来，封建制的建立，地方势力的崛起，促成了中国历史上第一次城市发展高潮。城市规模的扩大、手工业和商业的繁荣、人口的迅速增长，以及日趋复杂的城市生活，必然要求采取有效的措施来保证全城的有序运作和统治集团的安全，于是出现了新的城市管理和布局模式——里坊。不过这一时期的城市总体布局还比较自由，形式较为多样，有的是大城包小城，有的是二城并列。战国时期成书的《考工记》记载的城市格局（图4-15），被认为是当时诸侯国都城规划的记录，也是中国最早的城市规划学说。

（3）里坊制极盛期，相当于三国至唐。三国时的曹魏都城——邺城开创了一种布局严整、功能分区明确的里坊制城市格局，平面呈长方形，宫殿位于城北居中，全城作棋盘式分割（图4-16）。城市建设在前一阶段较自由的里坊制布局基础上进一步优化，布局规则严整，功能分区明确，北方城市方格网道路。

（4）开放式街市期，既宋代以后的城市模式。汴梁原是一个经济繁荣的水陆交通要冲，五代后周及宋朝建都于此后加以扩建。发达的交通运输和荟萃四方的商业，使京城不得不取消阻碍城市生活和经济发展的里坊制，于是在中国历史上沿用了1500多年的里坊制城市模式正式宣告消亡，代之而起的是开放的城市布局——街巷制。这种城市规划格局代表新生事物，自北宋产生既具有强大的生命力，不仅影响了元明清历代城市建设格局，而且开辟了世界城市的发展新模式。

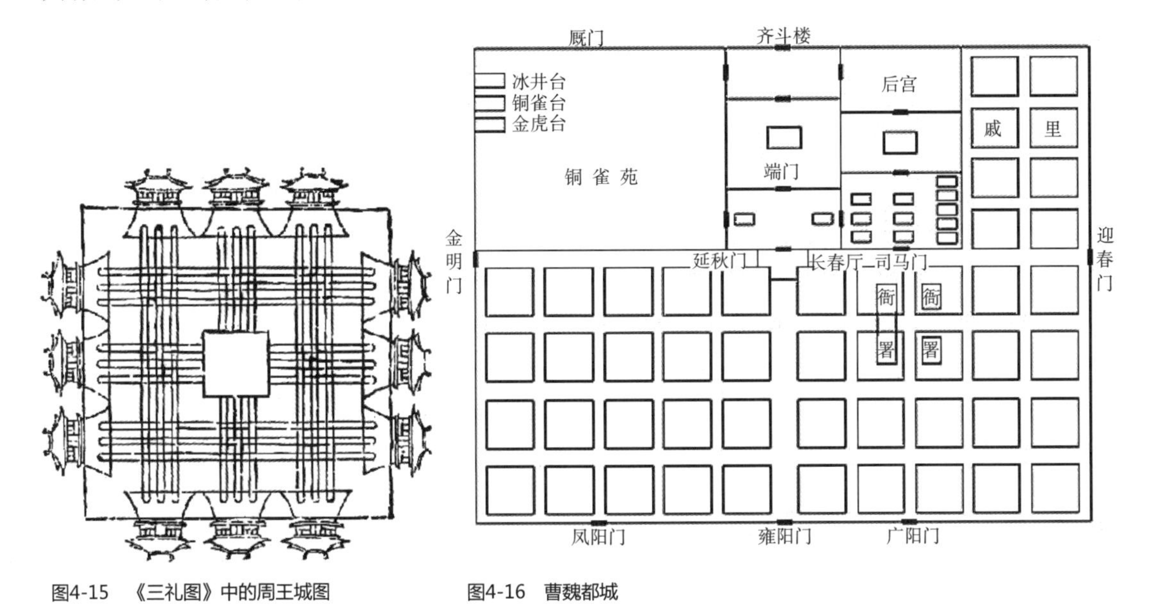

图4-15　《三礼图》中的周王城图

图4-16　曹魏都城

三、城市建设艺术特征

（一）大尺度空间艺术

建筑与道路的交织构成了城市的基本框架。

（二）三度空间艺术

城市建设艺术是一种三度空间的综合性造型艺术，是由城市地形地貌、园林绿化和建筑群体共同组成的城市空间。因此城市设计和建筑设计一样，要仔细推敲城市空间的比例、尺度、序列和建筑群的色彩、高低、质地和韵律节奏等，以创造和谐优美的城市空间环境。

（三）四维空间艺术

城市是一个动态体系，在空间和时间上都处于不停的发展之中。因此城市建设艺术又是一个四维空间艺术体系。城市设计必须考虑城市空间与体型、空间与运动、空间与时间的关系，以使城市的功能结构与空间形态之间取得有机的结合和相互协调的发展。在现代城市中，城市功能日趋复杂，城市的内外交往日趋密切，城市生活也日益丰富多彩，对城市建筑艺术的要求也愈益提高。

（四）综合艺术

城市建设艺术是一门有很强综合性的造型艺术。它和其他艺术一样，也有共同的美学规律。主要是统一、变化和协调。统一，体现在城市建设艺术上是整体美，它要求一座城市的空间是有秩序的，城市面貌是完整的。建筑形象是城市形象完美构图中不可缺少的组成部分。一个城市是有序的而不是杂乱无章的，众多的不同功能的建筑有机地构成一座城市、一组建筑群。它们在群体中有各自的定位，主宾有序。变化，体现在城市建设艺术上是特色美，每座城市都应有自己的特色，同一座城市内不同地区又应有不同的特色。协调，各个时代都会在城市面貌上留下痕迹，如新与旧、继承与发展、传统与创新，相互之间要协调，体现出和谐美。城市功能的变化，技术经济的发展，速度和节奏的加快，都会引起人们观念的改变。这也会在城市建设艺术面貌上反映出来。因此，既要考虑城市空间环境上的协调，又要顾及可能产生的强烈对比。如何取得两者之间的辩证统一，使城市建设艺术面貌能反映出时代的特征，也是城市建筑艺术面临的新课题。

四、中国古代城市建设鉴赏

中国古代城市规划强调战略思想和整体观念，强调城市与自然结合，强调严格的等级观念。这些城市规划思想和中国古代各个历史时期城市规划的成就，集中体现在作为“四方之极”、“首善之区”的都城建设上。

（一）都城

中国的都城都是经过精心规划的，平面布局的特点十分明显。① 整齐划一。以《周礼·考工记》为指导思想，著名都城的平面布局，大都体现了这一特点，尤以邺城、长安、北京最为明显。② 中轴线纵贯全城。中轴线起源于人们的对称概念，以及儒家“居中不偏”、“不正不威”的思想，也为都城的整齐划一提供了条件。隋唐长安城、北宋开封城、元大都、明清的北京城，中轴线都伸延很长，把全城一分为二，左右对称布局。③ 宫殿为主体结构。皇宫占据全城的要害部位，不是居中，就是占据高地，而且有宫城相护卫，使皇宫成为全城的主体。宫城不仅与居民区分离，而且宫城的布局也以正殿为主体南北伸延或向四面展开，井然有序。④ 宫殿建筑高台化。中国都城的宫殿无不修建在高台之上，除防潮外，主要是为占据制高点，维护皇宫的安全和显示皇权的至高无上。汉、唐长安城的宫殿位于龙首原上，元明清的宫殿人为地建造在高台之上，都是明显的例证。由于地理位置的不同，各个时期的都城建设也有其自身的特点。以下介绍几个有代表性的都城建设。

1. 隋大兴（唐长安）

隋称大兴城。始建于隋文帝开皇二年（公元582年），大兴城完全按照宇文恺的总体规划施工建造，平面布局规整，整个城市由外郭城、宫城和皇城三部分构成。唐朝建立后仍以此为都城，称长安城，并不断修建和扩充。长安城在平面布局上吸收了北魏洛阳城和东魏北齐邺南城的优点，由外郭城（罗城）、宫城和皇城三部分组成（图4–17）。外郭城东西长9721米，南北宽8651.7米，周长36.7公里，是当时世界上最大的城市。外郭城内有南北向大街11条，东西向大街14条，街道十分宽阔，其中明德门内朱雀大街宽达150～155米。两侧有宽3.3米、深约2米的水沟。城内大街把郭城分为110坊。坊内是居民住宅、王公宅第和寺观，史籍记载佛寺100多处，道观30多座，波斯寺二，教寺五。著名的有慈恩寺大雁塔、荐福寺小雁塔。还有大兴善寺、青龙寺等。坊有坊墙，坊门早启晚闭，设专人防守。在皇城东南和西南的外郭城内设有东西两市，隋代将东市

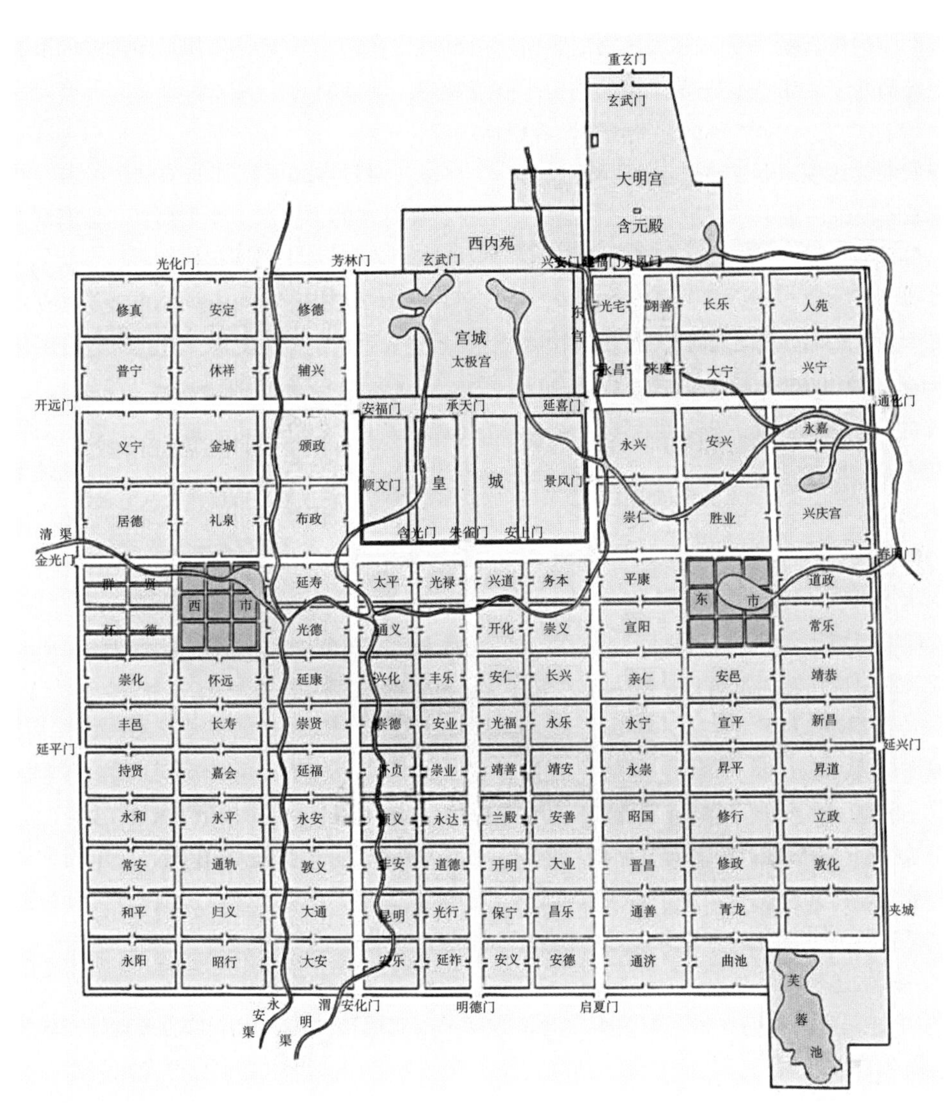

图4-17　唐长安城平面

称都会市，西市称利民市，两市面积各占两坊之地。市内有两条东西和南北大街，构成“井”字形街道，市周围有夯土围墙，四面各开二门。市内9个区，每区四面临街店铺是长安手工业和商业的集中区域。宫城是供皇帝、皇室居住和处理朝政的地方，包括太极宫、东宫和掖庭宫，南北长1492.1米，东西宽2820.3米，周长8.6千米，位于长安城北部中央。在今西安城内“西五台”有宫城南墙的遗迹。宫城正南门为承天门（隋代称广阳门），遗址在今莲湖公园内，东西残长41.7米，南北进深19米，有三个门道，门基铺砖或石板。宫城北面二门，“玄武门之变”就发生在宫城北面的玄武门。皇城又名“子城”，位于宫城之南，北与宫城以横街相隔。东西宽2820.3米，南北长1843.6米，周长9.2公里。皇城内是中央官署和太庙、社稷。朱雀门是皇城的正门，北与承天门遥相对应，南接朱雀大街，直达外郭城的正门明德门，是全城的中轴线。含光门是朱雀门西侧的一个门，平面呈长方形，门墩以纯净的黄土版筑而成，包砌砖壁。唐代在长安还建有两座大的宫殿，大明宫位于城东北的龙首原上，因位于太极宫之东北，称“东内”，太极宫称“西内”。唐玄宗时期在春明门内建造的兴庆宫在太极宫的东南，故称“南内”。长安城有着完善的供水系统，除凿井外，还有永安、清明、龙首三渠分别引水流经城内，北入宫苑。后又修漕渠，引黄渠注入曲江池。

长安城的建筑模式是中国古代都城建设的一个典范，对日本和亚洲其他国家及国内一些地方政权的都城建设也产生了一定影响。例如渤海国上京城和日本的平城京（今京都）、平安京（今奈良）等，都受到长安城的深刻影响。

唐代地主官僚除在城内占有豪华的住宅外，许多人还在城外近郊风景秀丽的地方建有别墅。别墅最集中的地方是城南沿樊川一线，其次在城东灞、浐两河附近以及蓝田附近的辋川也比较集中，王维的“辋川别居”就是其中之一。

都城周围有苑囿多处，以城北禁苑和城东南的曲江池、骊山和樊川为主。其中城东南终南耸峙，河流密布，既有高大雄伟的山原，又有突然凹陷的低地，取其自然之美再加以人工的雕凿，建设风景优美的游乐胜地，实在是理想不过的。曲江池、骊山华清宫和樊川三大风景区就是自然之美大放异彩的典型代表。

2. 隋唐洛阳

自然环境与城市建筑的有机结合是洛阳城的显著特色。与此相适应的区划分布和整体布局，使洛阳城迥别于长安城而具有独特的风格，成为中国古代城市建设的又一杰作。

洛阳位于河南省的伊洛盆地，南临伊阙，北靠邙山，东有虎牢关，西有函谷关。洛水、伊水、谷水、瀍水川流此地。四周群山环绕，气候温和、山清水秀、物产丰富。从东周起，有东汉、曹魏、西晋、北魏、隋、唐、后梁、后唐九个朝代在此地建都，素以“九朝名都”著称于世。

隋朝初年，洛阳为东都，后来隋炀帝迁都至此，大兴城反为陪都。洛阳城经过隋代的营造扩建，尤其是大运河开通以后，逐步繁荣起来。唐代仍沿用东都。天授元年（公元690年），武则天称帝，改唐为周，即以洛阳为都。公元9世纪末，唐终于自长安迁都洛阳。

东都洛阳始建于7世纪初，由宇文恺、封德彝、杨素等人负责规划营建。隋代洛阳在汉魏洛阳城西约8公里处，城内布局齐整。城区大致为正方形。南北最长处7312米，东西最宽处7290米。城的东南两面各有三座城门，北面二门，西面宫城、皇城各二门。城中洛水自西向东将洛阳分为南北二区，四座桥梁连接南北两区。除洛水外，还有伊水、谷水、瀍水注入城中。若干漕渠纵横交错，水上运输比长安方便畅通（图4–18）。

因北依邙山，西北地势较高，所以将皇城和宫城建于西北高地上，占有居高临下、俯瞰全城之胜，致使皇城和宫城远离中轴线而偏于西北隅。皇城南临洛水，宫城在皇城之北，二城南北相叠。宫城不仅北有重城，东西有隔城，而且还处于皇城东、南、西三面包围之中。皇城西面虽为城外，但却有西苑的苑城相对。东面有含嘉仓城和东城，南面有洛水相隔，且地势又居高临下，可谓固若金汤。唐高宗乾封二年（公元667年），又在皇城西侧御苑内建造了上阳宫，门殿全部东向，和皇城联成一体，其作用与长安大明宫相似，高宗、武后常居此宫。

洛阳全城共有109个坊里和三个市场。北区的东部有28个坊，南区81个坊。坊里呈正方形或长方形，面积比长安的坊里略小，坊内有十字形街道，四边开门。三个市场均位于水运交通来往方便之地，北区的北市最为热闹繁华。靠近北市的含嘉仓，常有四方诸州的船只集结在北市西侧的新潭和漕河之上，因此这里开设了许多旅馆、酒楼。南市位于南区的东北部，西市位于南区的西南部。洛阳城东南隅的伊水引渠周围，达官显宦建有许多住宅园林，成为景色秀美的风景区。

洛阳城在隋唐建筑史上的出现，以其特有的布局结构树立起一种新型的都城建造模式。这种因地制宜的设计思想和建筑成就，极大地丰富了中国古代的建筑艺术。

3．宋东京

隋唐以后江南经济日益发展，五代时已较少有战争破坏，因此，历任朝代政权都要依靠南方的粮食和物资供应。地处江南和洛阳之间水陆交通要冲的汴州，唐时逐渐成为繁华的商业都市。五代时，后梁、后晋、后汉、后周均在此建都。

后周时，汴梁已是人多地窄，拥挤不堪。因此后周世宗显德二年，在原汴州城四周向外扩大数里，加筑外城，并将旧城内街道拓宽至50步、30步以下和25步以下数种。

图4-18　唐东都洛阳城平面

赵匡胤以兵变夺权建立宋朝后，仍利用后周汴梁建都。宋神宗年间重修外城，加筑瓮城和敌楼，宋徽宗政和六年，又将外城向南扩展里许，以添筑官府和军营。

宋东京的改建、扩建规划是很杰出的，主要力量没有放在宫室的修建上，也未受旧的规划的束缚，而是着重解决城市发展中存在的实际问题，如改善交通系统、扩大城市用地，疏通交通河道，注重防火和城市卫生及绿化等，适应了生产及生活发展提出的新要求，与以往的都城规划有很大的不同。

宋东京的平面布局为三套城墙，中心为皇城，第二重为里城，最外城为外城。里城及外城均有宽阔的城壕。

宋东京（今开封）历史上就是一个商业都会，是在原址上扩建发展的，因此与一些完全由于军事及政治要求而新建的都城不同。城市平面不十分方正规则，道路系统也有一定的自发倾向，且不划分里坊。城市格局打破了从春秋至隋唐以来里坊制格局，采取开放的街巷制，对后世中国乃至世界城市规划带来深远的影响。它反映了封建社会中城市经济的进一步发展与市民阶层的抬头。其规划布局也对以后的都城规划影响很大，如金中都、元大都和明清北京等（图4–19）。

4．元大都

12世纪末蒙古族兴起，1215年蒙古骑兵举兵南下突破现今北京南口天险，攻占金中都，使中都变成废墟。忽必烈继皇帝位后，在至元八年即公元1271年改国号为“元”，并在至元九年改中都为大都，并且将大都定为元朝的国都。从此，元大都成为中国这个统一的多民族国家的政治中心。

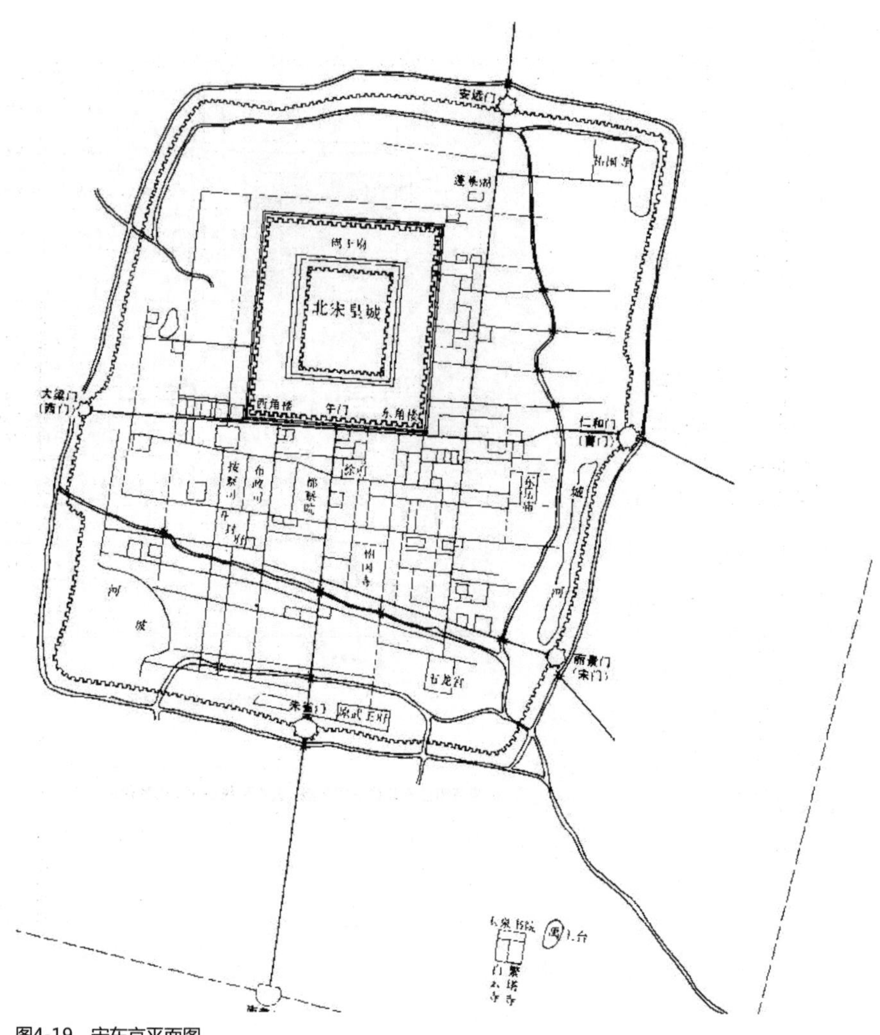

图4-19　宋东京平面图

大都城于至元四年破土动工，至元二十二年建成前后用工18年。都城周长约28 600米，呈坐北朝南的矩形，城墙夯筑，外覆苇草，以防止雨蚀。它的南墙濒原金口河，相当于今长安街的南侧，北墙在今安定门与德胜门北八里小关一线，东、西城墙的南段即明、清两代北京的城墙。中心阁地址的选定和中心阁南至丽正门距离的确定，构成全城四至基准，使之能把金代原有的海子、琼华岛风景包括进来，并以此为基点，巧妙地安排全部宫殿和苑囿的布局。刘秉忠摒弃金中都旧城，而把海子湖沿地区选择为新城城址的重要原因，是因为海子受高梁河贯注，水量比金中都所依赖的莲花池水系丰富，足以满足扩大了的宫阙与城市用水的需要。

元大都全城的中轴线，与明清北京城一致，元大都城池的平面设计是以汉统治者的建都思想为主导，即前朝、后市、左祖、右社之制。城市街巷规划极有规律，城池之中的东、西、南、北各有九条大街，在南北向主干大道东西两侧，等距离平列着许多东西向的胡同，属典型的街巷式格局。大街宽约25米左右，胡同宽约6~7米。居民住宅坐北朝南。今天北京内城的许多街道和胡同，仍可反映出元大都街道布局的旧迹。北京现在的四合院院落的建筑形式就是从元代营建大都城池时开始的。规划设计人为刘秉忠，汉臣郭守敬在解决大都城池的水利和漕运中是功不可灭的。

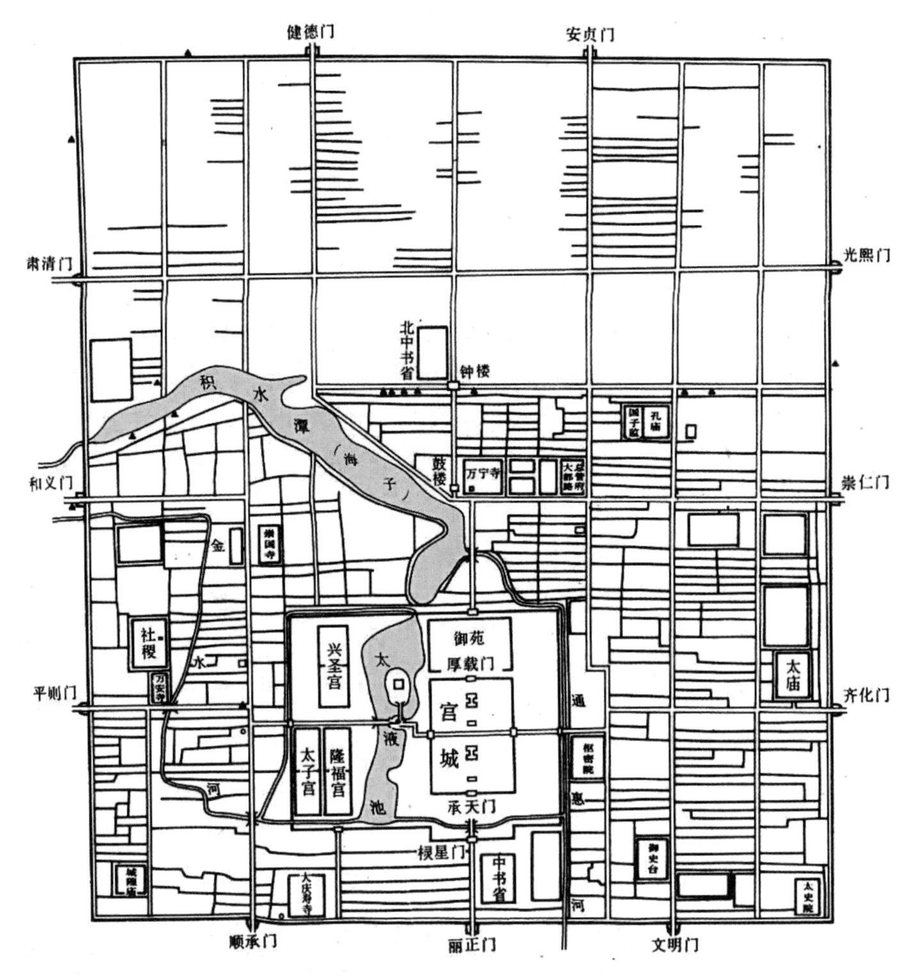

图4-20　元大都平面图

大都城是由宫城、皇城和大都城三道城垣所组成，南起丽正门，北至中心阁为元大都城池的子午线。大都城的子午线奠定了明清北京城市中轴线的基础，因此这条子午线也是形成北京城市构架中的脊梁（图4–20）。

元大都是今日北京城的前身，以规模巨大、建筑宏伟而著称于世，城址的选择和城市的平面设计，直接影响到后来北京城的城市建设。因此它在城市建筑史上占有重要地位，也是我国封建社会后期都城建设的一个典型。元大都的规划明显比附《考工记》中的王城制度。它是继隋唐长安城以后中国最后一座平地起建的都城，布局形式是按街巷制建造的。给排水系统规划合理，利用城内河道和预建的下水道网，排水便利，道路系统及街坊划分布置得宜，反映了当时城市规划的先进水平。元代开凿自大都经通州、临清抵达杭州的大运河，南北经济联系加强；又分全国为若干行省，急递铺和驿站由大都辐射全国各地。这些措施为明清继承下来，奠定了600多年以北京为中心的统一国家的局面。

5．明南京

明朝开国之初的五十三年（公元1368～1420年）建都在长江下游的南京。永乐十八年（公元1420年）迁都北京后，南京成为明朝的留都。南京地理条件优越，西临长江，南依秦淮河，北枕玄武湖，水源充沛，运输便利，是水运集散地。钟山龙蟠于东，石城虎踞于西，这里自古就有“龙蟠虎踞”的美誉（图4–21）。从公元3世纪～公元6世纪曾有六个王朝建都于此，前后达300余年。公元1366年朱元璋开始就旧城扩建，并建造宫殿。公元1368年朱元璋登皇帝位，南京成为明朝都城。经过二十多年的建设，终于完成了南京作为明帝国首都的格局，全城人口达到百万。

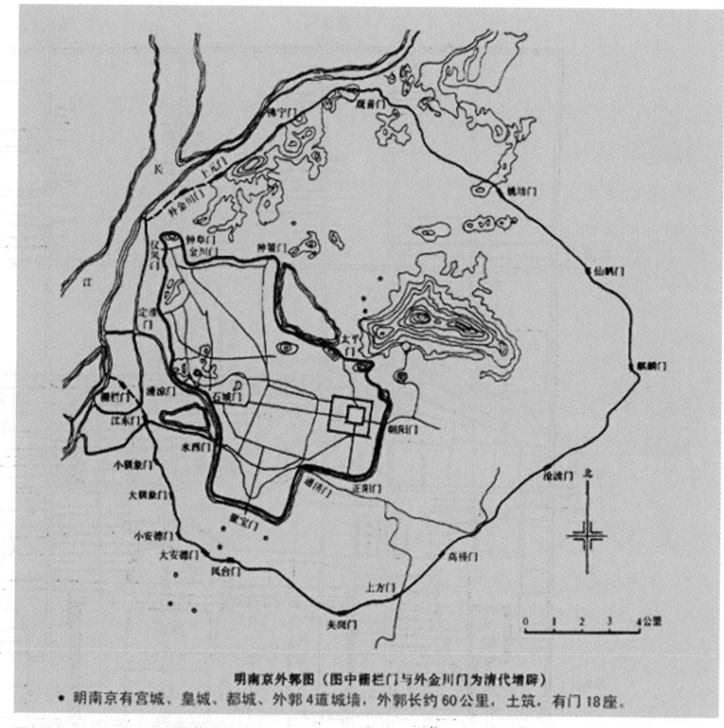

图4-21 明南京外郭平面

南京是在元代集庆路旧城的基础上扩建的。城市由三大部分组成，即旧城区、皇宫区、驻军区。后两者是明初的扩展。在三地区的中间位置，建有高大的钟、鼓楼，作为全城报时之所，这显然是接受了元大都的遗规。环绕这三区修筑了长达33.68千米的砖石城墙。

图4-22 明南京城墙

南京的道路系统呈不规则布置，城墙的走向也沿旧城轮廓和山水地形屈曲缭绕，皇宫偏于一边，使全城无明显中轴线，一反唐、宋、元以来都城格局追求方整、对称、规则的传统，创造出山、水、城相融合的美丽城市景观。

南京的城墙墙基用条石铺砌，墙身用10厘米×20厘米×40厘米左右的大型城砖垒砌两侧外壁，中实杂土，唯有皇宫区东、北两侧的城墙全部用砖实砌（图4–22）。南京城33.68千米长的城墙，所用之砖由沿长江各州府的一百二十五个县烧制后运抵南京使用，每块砖上都印有监制官员、窑匠和夫役的姓名，可见其质量责任制之严格。城墙沿线共辟十三座城门，门上建有城楼，重要的城门设有瓮城，其中聚宝门、通济门、三山门是水陆交通要道，每门都设有三道瓮城以加强防卫。现城墙尚存21.35千米。在这座城墙之外，又修筑了一座长达五十余千米的外郭城，把钟山、玄武湖、幕府山等大片郊区都围入郭内，并辟有外郭门十六座，从而形成保卫明皇宫的四道防御线，即：外郭、都城、皇城、宫城。

6．明清北京

北京历来被风水学家称为“山环水抱必有气”的理想都城。其西部的西山，为太行山脉；北部的军都山为燕山山脉，均属昆仑山系。两山脉在北京的南口（南口是兵家要地）会合形成向东南巽方展开的半圆形大山湾，山湾环抱的是北京平原。地势由西北向东南微倾。河流又有桑干河、洋河等在此汇合成永定河。在地理格局上，“东临辽碣，西依太行，北连朔漠，背扼军都，南控中原。”

明清时期的北京城是完全在中国风水理论指导下规划建设的，大至选址、布局，小至细部装修，处处寓涵风水思想，是风水学的典型实物例证。

从永乐十八年（公元1420年）迁都到崇祯十七年（公元1644年）李自成破城为止，明朝共有224年建都于北京。明初的北京城沿用了元都旧城的基本部分，以后又多次扩建。城市的格局既有很强的继承性，又有自身的特点。

明代北京城相对于元代采用北舍南扩的办法，使城市格局逐步向南发展。造成这种趋向的原因是，城市对外交通以及居民的集结地，商肆、旅邸栉比鳞次，人口异常稠密，加上通向南方的陆路交通，以及通惠河漕运重新开通后码头也汇集在前三门外，使这一带格外繁华。为此，永乐十八年和嘉靖三十二年两次向南扩城，把原来城外最热闹的居民区围入城中，同时也把最重要的礼制建筑天坛、山川坛等一并围入。

北京内外城的街道格局，以通向各个城门的街道最宽，为全城的主干道，大都呈东西、南北向。通向各个城门的大街，也多以城门命名，如崇文门大街、长安大街、宣武门大街、西长安街、阜成门街、安定门大街、德胜门街等。被各条大街分割的区域，又有许多街巷，根据《京师五城坊巷胡同集》的统计，北京内、外城及附近郊区，共有街巷村1264条左右，其中胡同457条左右（图4–23、图4–24）。居民区仍以坊相称，坊下称铺，或称牌、铺。居民住宅就是典型的四合院。

图4-23　北京街景（1922年前）

图4-24　北京街景（1922年前）

清代时北京的坊、街、巷、胡同多有变迁和易名，但大体沿袭明代规模。

经过明初到明中叶的几次大规模修建，比起元大都来，北京城显得更加宏伟、壮丽。首先，城墙已全部用砖贴砌，一改元代土城墙受雨水冲刷后的破败景象；其次，城壕也用砖石砌了驳岸，城门外加筑了月城，旧城九座城门都建有城楼和箭楼，城门外有石桥横跨于城壕上（明初是木桥，公元1436～1445年全部改为石桥），桥前各有牌坊一座；再者，城的四隅都建了角楼，又把钟楼移到了全城的中轴线上，从永定门经正阳门、大明门、紫禁城、万岁山到鼓楼、钟楼这条轴线长达8公里，轴线上的层层门殿，轴线两侧左右对称布置的坛庙、官衙、城阙，使这条贯串全城的轴线显得格外强烈、突出。但是，这种城市布局却给市民带来了不便。在明代，从大明门到地安门长达3.5千米的南北轴线被皇城所占有，一般人是不准穿越的，因此造成了东城与西城之间交通的不便，在古代运输工具不发达的情况下，问题尤为严重（图4–25）。

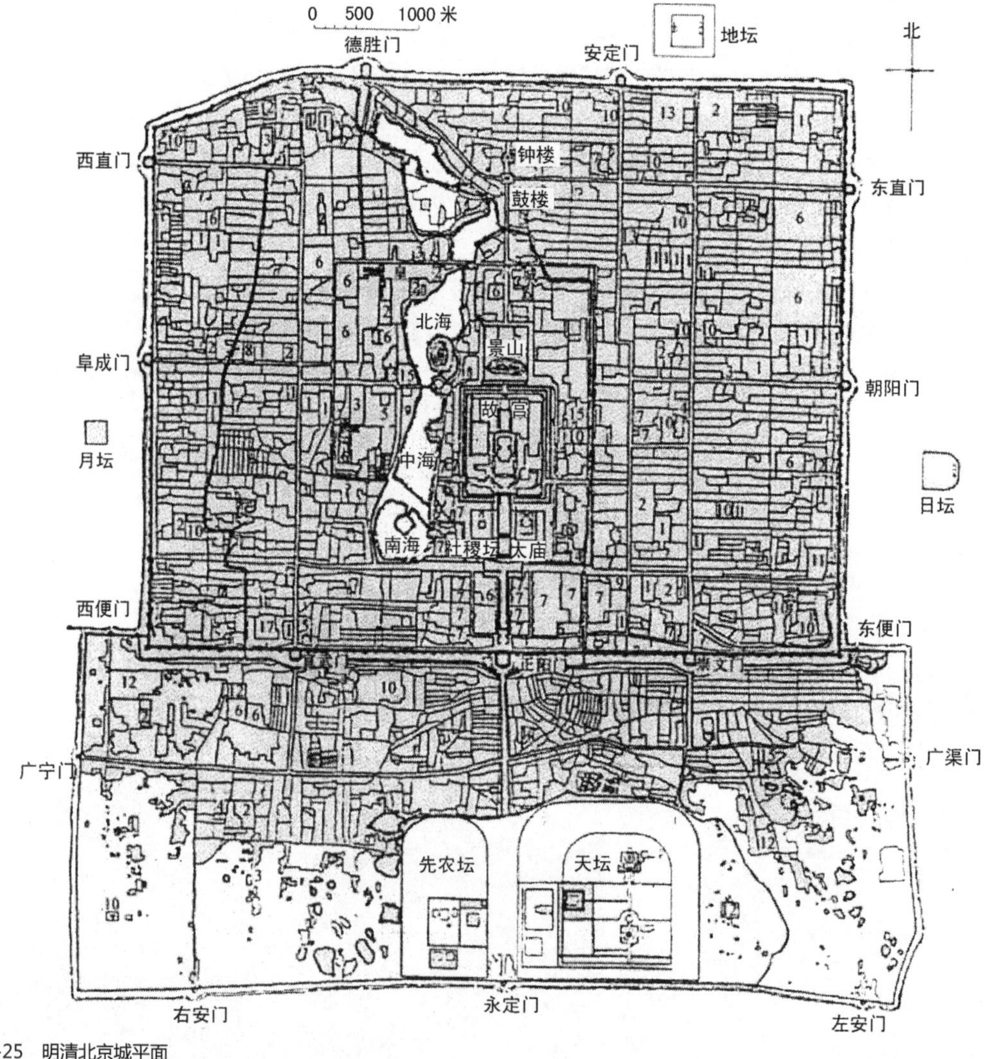

图4-25 明清北京城平面

1—亲王府；2—佛寺；3—道观；4—清真寺；5—天主教堂；6—仓库；7—衙署；8—历代帝王庙；9—满州堂子；10—官手工业局及作坊；11—贡院；12—八旗营房；13—文庙、学校；14—皇史宬；15—马圈；16—牛圈；17—驯象所；18—义地、养育堂

（二）地方城市

地方城市既是朝廷在各地实行政治、军事统治的据点，又往往是地方经济和文化的中心，它们中有些是交通枢纽，有些是手工业中心，有些是对外贸易港口，或兼而有之。这些城市分布极广，它们的规划与建设是根据各地不同的气候、地形、交通、防御等要求而因地制宜的。

中国北方多为地形平坦的地带，四合院式房屋盛行，故而城市格局方正，多为方形和长方形，道路宽敞平直，常作“十”字形或“丁”字形布置，在城市中心常设有鼓楼、钟楼，钟鼓楼以北或其附近就是衙署。从西安城、平遥古城都可以看出这些特点。

在多江河山丘的地区，地形复杂多变，城市布局比较灵活，道路系统也往往顺应地势呈不规则状；或是沿江建城，往往形成带形城市，如建于黄河谷地的兰州；或是依山筑城，主要街道沿等高线自然伸展，如中国著名的山城重庆。

江南水乡以水运为主，街道房屋沿河道两岸布置，故小市镇常沿河展开成带状，大市镇因有“十”字形、“井”字形交叉河道而以交叉处为中心形成块状。城中水弯路曲，桥廊穿插，粉墙黛瓦，构成了十分美妙的景观。苏州是这类城市的代表。

还有些城市为了防御、防洪或者为了取得某种象征意义，甚至把城市平面设计成圆形。比如明代新筑的宿迁县，就为了防洪而规划成了圆形；而如皋县加建的圆形外城则是为了便于抵御倭寇的侵犯。

图4-26　西安鼓楼鸟瞰（明）

1. 明清西安城

西安自唐末失去都城地位后，其城市发展长期停滞不前。直到明代，西安作为西北政治、经济、文化中心，在军事、交通等方面占有重要的地位，它作为一个地方城市重新焕发出了生机。今天保留下来的西安城主要就是明初奠定的基础。

明代的西安城是在唐代长安皇城的基础上扩建的，位于今天的西安市中心区。扩建始于洪武三年（公元1370年），完工于洪武十一年（公元1378年）。根据当时东、北两面地势较高的地理情况，城市主要向这两个方向扩展。洪武十三年（公元1380年）和十七年（公元1384年）先后修建了现在的鼓楼（图4–26）和钟楼（图4–27）。钟楼原位于西大街中段北侧，万历十年（公元1582年）才搬迁到西安市中心。从此，城内的东西南北四条大街以钟楼为中心呈“十”字形，四面通向城门；城门外又各有小城一座。这种布局

图4-27　西安钟楼鸟瞰

在北方的府城和县城中具有代表性。

清代把西安北大街以东、东大街以北划为满族居住区，修筑了一座“满城”。满城的面积约占全城的1/3，驻扎了五千骑兵，专事镇压西北地区其他各族人民的反抗。

尽管几百年来，老城内的古老建筑遭到了大量损毁，但今天还保留有较为完整的城墙和钟楼、鼓楼、碑林、城隍庙、清真大寺、卧龙寺、广仁寺、东岳庙、宝庆寺华塔等价值非凡的古老建筑群，以及大量珍贵的传统民居。

2. 清巴县（重庆）

重庆位于长江与嘉陵江交汇处的山丘上，战国、秦、汉时期就已沿江逐渐形成背山面水的城市，市区三面临江，一面靠山，倚山筑城。城中高度落差变化大，形成大量连续高低上下的巷道、廊屋，空间变化丰富。远看建筑层层叠叠，道路盘旋而上，城市风貌十分独特。

3. 苏州

苏州始建于春秋末年吴王阖闾时（公元前514～前496年），曾是吴国的都城。在秦、汉、晋、唐各个朝代，一直是东南沿海人口众多、规模较大的重要城市之一。到了宋代，平江府（今苏州）的航运业和工商业得到了极大的发展和繁荣，当时的苏州城市布局可以从南宋（公元1127～1279年）绍定二年（公元1229年）刻在石碑上的一幅《平江图》中得到清楚反映。

当时，苏州是一座十分规则的长方形城市，南北较长，东西较短，城墙略有屈曲，共有五个城门，城门旁还设水门，城墙外有宽阔的护城河（图4–28）。城市道路呈方格网布局，与主要河道平行的街道组成通向城门的干道，人们称为“三横四直”。由此又分出许多支河，通向各居住街巷，河上架有桥梁，沿河两岸是街道、市肆与住房，富有江南水乡城市的特色。环绕城墙内外还各有一道城壕，既是交通环道，又是双层护城河。全城河道形成一个完整的交通网和排水系统。

城内中央偏南是平江府治和平江军所在的子城，其主要建筑物布置在一条明显的中轴线上（图4–29）。由于宋代佛、道两教并重，因而城内寺观建筑很多，在《平江图》上记载了一百多座，较大的寺庙还建有高塔。寺观多修筑于主要道路的两旁或两端，反映了宗教建筑的重要地位。宋代苏州城内聚集了许多大地主、士大夫阶层和富商，他们修建了许多大型的宅院，私家园

图4-28 苏州盘门水城门

图4-29 从北寺塔俯视苏州市区

林也已具有相当的规模，明、清时期更是屡有佳作出现，逐渐形成了独具风格的苏州古典园林建筑艺术。

4．平遥古城

（1）世界遗产委员会评价。平遥古城是中国境内保存最为完整的一座古代县城，是中国汉民族城市在明清时期的杰出范例，在中国历史的发展中，为人们展示了一幅非同寻常的文化、社会、经济及宗教发展的完整画卷。

（2）概况。平遥古城位于中国北部山西省的中部，晋中地区南部，距西安、北京600千米左右。始建于西周宣王时期（公元前827年～公元前782年），西周时期，尹吉甫伐猃狁（xian yun）（战国后称匈奴）驻兵所筑——现城内有尹吉甫庙。秦分封，原为平陶县，因避讳北魏太武帝拓跋焘名讳，改为平遥。明代洪武三年（公元1370年）扩建，距今已有2700多年的历史。迄今为止，它还较为完好地保留着明、清（公元1368年～1911年）时期县城的基本风貌，堪称中国汉民族地区现存最为完整的古城。平遥有三宝：古城墙、镇国寺、双林寺。

（3）文化遗存。平遥古城是保存完整的历史名城，也是中国古代城市的原型。自公元前221年中国实行“郡县制”以来，平遥一直是作为“县治”的所在地，延续至今。这是中国最基层的一级城市。现在保存的古城墙是明洪武三年（公元1370年）扩建时的原状，城内现存的六大寺庙建筑群和县衙署、市楼等历代古建筑均是原来的实物。城内有大小街巷100多条，还是原来的历史形态，街道两旁的商业店铺基本上是17～19世纪的建筑。城内有3797处传统民居，其中400多处保存价值较高，地方风貌独特。

1）独特而丰富的文化遗存。平遥古城众多的文化遗存，不仅代表了中国古代城市在不同历史时期的建筑形式、施工方法和用材标准，也反映了中国古代不同民族、不同地域的艺术进步和美学成就。

2）汉民族的传统文化特色。平遥古城是按照汉民族传统规划思想和建筑风格建设起来的城市，集中体现了公元14～19世纪前后汉民族的历史文化特色，对研究这一时期的社会形态、经济结构、军事防御、宗教信仰、传统思想、伦理道德的人类居住形式有重要的参考价值。

3）完整的古代民居群落。平遥古城自明洪武三年（公元1370年）重建以后，基本保持了原有格局，有文献及实物可以查证。平遥城内的重点民居，系建于公元1840～1911年之间。民居建筑布局严谨，轴线明确，左右对称、主次分明、轮廓起伏，外观封闭，大院深深。精巧的木雕、砖雕和石雕配以浓重乡土气息的剪纸窗花、微妙维肖，栩栩如生，是迄今汉民族地区保存最完整的古代居民群落。

4）发达的金融城市。平遥古城在19世纪的中后期，是金融业最为发达的城市之一，是当代最有影响的票号总部所在地、金融业总部所在地和金融业总部机构最集中的地方，曾经操纵和控制了中国的近代金融业。平遥古城在票号兴盛的100多年间，对中国近代经济发展产生过积极的影响。

（4）文化遗产欣赏。

1）古城墙（图4–30）。平遥古城墙周长约6千米，有3000个垛口、72座敌楼，据说象征孔子三千弟子及七十二圣人。城墙历经了600余年的风雨沧桑，至今仍雄风犹存。

2）古寺庙（图4–31、图4–32）。

图4-30 平遥古城墙

图4-31 平遥古城镇国寺

图4-32 平遥双林寺

图4-33 平遥古民居

镇国寺，距城东北25华里郝洞村北，初建于五代十国北汉天会七年（公元963年），原名京城寺，明嘉靖十九年（公元1540年）改为镇国寺，目前是中国排名第三位的古老木结构建筑，距今已有一千余年的历史。殿内的五代时期彩塑更是不可多得的雕塑艺术珍品。

双林寺，距城西南十二华里桥头村北，北魏初建，原名中教寺，重建于北齐武平二年（公元571年），据释迦牟尼“双林入灭”之说改为双林寺，现为明代遗构。寺内10余座大殿内保存有元代至明代（公元13～17世纪）的彩塑2000余尊，被人誉为“彩塑艺术的宝库”。内存自在观音像。

3）票号。商业票号，叫票庄、汇票庄、汇兑庄，在此出现之前，以镖局作保障。晋商为中国各大商帮之首，因人多地少之故而从商。平遥是内地到塞外、京津到西安，沟通东西南北的两条大道之交汇处，构成了平遥商业发展的重要的外部条件。平遥是中国古代商业中著名的“晋商”发源地之一。

日升昌，国内第一家票号，位于城内西大街上。总铺建于清咸丰年间，西大街南侧，东西21米，南北深68米。当时全国有51家，山西占43家。第一家“日升昌”创办于清道光三年（公元1823年），前身为颜料行。19世纪40年代，它的业务进一步扩展到日本、新加坡、俄罗斯等国家。当时，在“日升昌”票号的带动下，平遥的票号业发展迅猛，鼎盛时期的票号竟多达22家，一度成为中国金融业的中心。伴随着现代银行业的兴起，票号退出历史舞台。

4）古民居（图4–33）。平遥普通的居民住宅大都是清代修建的，这些住宅体形较大，用料讲究，由于山西气候干燥，又未经战争破坏，所以大多数保存得相当完整。住宅平面布局多为严谨的四合院形式，有明显的轴线，左右对称，主次分明，沿中轴方向由几套院组成，一般为三进院呈“目”字形的基本形式。院落之间多用矮墙和装饰华丽的垂花门作为分隔。有的在院落一侧或后面还建有花园。正房一般为三间或五间的拱券式砖结构的窑洞，在窑洞的前部一般都加筑木结构的披檐、柱廊，上覆瓦顶。全城保存得较完好的民居有四百余座，其数量之多，保存完好的程度在国内实为罕见。其中，又以雷履泰故居、冀玉岗旧居、冀氏老宅、侯王宾旧居、王荩廷旧居、王沛霖旧居、程遵濂旧居、梁子章旧居、侯殿元旧居最具代表性。

5）古街道（图4–34）。平遥城内现有四大街八小街七十二条蛐蜒巷保存完整。走进城内，大街直对城门，小巷通连大街，纵横交织，主次分明，井井有条。“干”字形主街道两旁店铺林立，反映了当时商贾云集、市场繁华的风貌。华丽的三层木结构“市楼”高高耸立于繁华的街市中心，同四周的街巷和民居形成鲜明对照，平遥八景之一的“市楼金井”指的就是此处。平遥的南大街，至今依然完整地保持着明清时的风采，经过了近二百年的风风雨雨，这些商用建筑虽然苍老但不破败，在每个富丽堂皇的花岗岩门槛上，都有两道很深的车辙印痕，可见当年这条街道上是如何的车水马龙。

5. 丽江古城

（1）世界遗产委员会评价。古城丽江把经济和战略重地与崎岖的地势巧妙地融合在一起，真实、完美地保存和再现了古朴的风貌。古城的建筑历经无数朝代的洗礼，饱经沧桑，它融汇了各个民族的文化特色而声名远扬。丽江还拥有古老的供水系统，这一系统纵横交错、精巧独特，至今仍在有效地发挥着作用。

（2）概况。丽江古城位于中国西南部云南省的丽江纳西族自治县，始建于宋末元初（公元13世纪后期）。古城地处云贵高原，海拔两千四百余米，全城面积达3.8平方千米，自古就是远近闻名的集市和重镇。古城现有居民六千二百多户，两万五千余人。其中，纳西族占总人口的绝大多数，有30%的居民仍在从事以铜银器制作、皮毛皮革、纺织、酿造业为主的传统手工业和商业活动。始建于宋末元初，距今已有800多年历史的丽江古城有“高原水乡”美誉，“碧水绕古城”是丽江一大特色（图4–35）。

图4-34　平遥古街道

（3）列入世界遗产名录的理由。

丽江古城是一座具有较高综合价值和整体价值的历史文化名城，它集中体现了地方历史文化和民族风俗风情，体现了当时社会进步的本质特征。流动的城市空间、充满生命力的水系、风格统一的建筑群体、尺度适宜的居住建筑、亲切宜人的空间环境以及独具风格的民族艺术内容等，使其有别于中国其他历史文化名城。古城建设祟自然、求实效、尚率直、善兼容的可贵特质，更体现了特定历史条件下的城

图4-35　云南丽江鸟瞰

镇建筑中所特有的人类创造精神和进步意义。丽江古城是具有重要意义的少数民族传统聚居地，它的存在为人类城市建设史的研究、人类民族发展史的研究提供了宝贵资料，是珍贵的文化遗产，是中国乃至世界的瑰宝，符合加入《世界遗产名录》的条件。

1）丽江古城在中国名城中的地位。丽江古城历史悠久，古朴自然，兼有水乡之容、山城之貌，它作为有悠久历史的少数民族城市，从城市总体布局到工程，其建筑融汉、白、彝、藏各民族精华，并具有纳西族的独特风采。1986年，中国政府将其列为国家历史文化名城，确定了丽江古城在中国名城中的地位。

2）丽江古城充分体现了中国古代城市建设的成就。有别于中国任何一座王城，丽江古城未受“方九里，旁三门，国中九经九纬，经途九轨”的中原建城体制影响。城中无规矩的道路网，无森严的城墙，古城布局中的三山为屏、一川相连；水系利用中的三河穿城、家家流水；街道布局中“经络”设置和“曲、幽、窄、达”的风格；建筑物的依山就水、错落有致的设计艺术在中国现存古城中是极为罕见的，是纳西族先民根据民族传统和环境再创造的结果。

3）丽江古城民居是中国民居中具有鲜明特色和风格的类型之一（图4-36）。城镇、建筑本身是社会生活的物化形态，民居建筑较之官府衙署、寺庙殿堂等建筑更能反映一个民族一个地区的经济文化、风俗习惯和宗教信仰。丽江古城民居在布局、结构和造型方面按自身的具体条件和传统生活习惯，有机地结合了中原古建筑以及白族、藏族民居的优秀传统，并在房屋抗震、遮阳、防雨、通风、装饰等方面进行了大胆创新发展，形成了独特的风格，其鲜明之处就在于无一统的构成机体，明显显示出依山傍水、穷中出智、拙中藏巧、自然质朴的创造性，在相当长的时间和特定的区域里对纳西民族的发展也产生了巨大的影响。丽江民居是研究中国建筑史、文化史不可多得的重要遗产。

图4-36 丽江民居

4）丽江古城是自然美与人工美，艺术与经济适用的有机统一体。丽江古城是古城风貌整体保存完好的典范。依托三山而建的古城，与大自然产生了有机而完整的统一，古城瓦屋，鳞次栉比，四周苍翠的青山，把紧连成片的古城紧紧环抱。城中民居朴实生动的造型、精美雅致的装饰是纳西族文化与技术的结晶。古城所包涵的艺术来源于纳西人民对生活的深刻理解，体现了人民群众的聪明智慧，是地方民族文化技术交流融汇的产物，是中华民族宝贵建筑遗产的重要组成部分。

5）丽江古城包容着丰富的民族传统文化，集中体现了纳西民族的兴旺与发展，是研究人类文化发展的重要史料。丽江古城的繁荣已有八百多年的历史，它已逐渐成为滇西北经济文化中心，为民族文化的发展提供了良好的环境条件，聚居在这里的纳西族与其他少数民族一道创造了光辉灿烂的民族文化。不论是古城的街道、广场牌坊、水系、桥梁还是民居装饰、庭院小品、槛联匾额、碑刻条石，无不渗透着纳西人的文化修养和审美情趣，无不充分体现地方民族宗教、美学、文学等多方面的文化内涵、意境和神韵，展现历史文化的深厚和丰富内容。尤其是具有丰富内涵的东巴文化、白沙壁画等传统文化艺术更是为人类文明史留下了灿烂的篇章。

6）丽江古城的真实性。丽江古城从城镇的整体布局到民居的形式，以及建筑用材料、工艺装饰、施工工艺、环境等方面，均完好地保存了古代风貌，首先是道路和水系维持原状，五花石路面、石拱桥、木板桥、四方街商贸广场一直得到保留。民居仍是采用传统工艺和材料在修复和建造，古城的风貌已得到地方政府最大限度的保护，所有的营造活动均受到严格的控制和指导。丽江古城一直是由民众创造的，并将继续创造下去。作为一个居民的聚居地，古城局部与原来形态和结构相背离的附加物或“新建筑”正被逐渐拆除或整改，以保证古城本身所具有的艺术或历史价值能得以充分发扬。

（4）文化遗产欣赏。

1）古街。

丽江街道依山势而建，顺水流而设，以红色角砾岩（五花石）铺就，雨季不泥泞、旱季不飞灰，石上花纹图案自然雅致，质感细腻，与整个城市环境相得益彰（图4–37）。

四方街是丽江古街的代表，位于古城的核心位置，不仅是大研古城的中心，也是滇西北地区的集贸和商业中心（图4–38）。四方街是一个大约100平方米的梯形小广场，五花石铺地，街道两旁的店铺鳞次栉比。其西侧的制高点是科贡坊，为风格独特的三层门楼。西有西河，东为中河。西河上设有活动闸门，可利用西河与中河的高差冲洗街面。

从四方街四角延伸出四大主街：光义街、七一街、五一街，新华街，又从四大主街岔出众多街巷，如蛛网交错，四通八达，从而形成以四方街为中心、沿街逐层外延的缜密而又开放的格局。

2）古桥。

在丽江古城区内的玉河水系上，飞架有354座桥梁，平均每平方千米就有93座桥梁。形式有廊桥（风雨桥）、石拱桥、石板桥、木板桥等。较著名的有锁翠桥、大石桥、万千桥、南门桥、马鞍桥、仁寿桥，均建于明清时期。

图4-37　云南丽江街景

图4-38　丽江四方街鸟瞰

大石桥为古城众桥之首，位于四方街以东100米，由明代木氏土司所建，因从桥下河水中可看到玉龙雪山倒影，又名映雪桥。该桥系双孔石拱桥，拱圈用板岩石支砌，桥长10余米，桥宽近4米，桥面用传统的五花石铺砌，坡度平缓，便于两岸往来。

3）木府。木府原系丽江世袭土司木氏衙署，“略备于元，盛于明”。历经战乱动荡，1998年春重建，并在府内设立了古城博物院。有人评价：“木府是凝固的丽江古乐，是当代的创世史诗。”

4）福国寺五凤楼。五凤楼（原名法云间），位于黑龙潭公园北端，始建于明万历二十九年（公元1601年），1983年被公布为云南省重点文物保护单位。楼高20米，为层甍三重檐结构，基呈亚字形，楼台三叠，屋檐八角，三层共24个飞檐，就像五只彩凤展翅来仪，故名五凤楼。全楼共有32根柱子落地，其中四根中柱各高12米，柱上部分用斗架手法建成，楼尖贴金实顶。天花板上绘有太极图、飞天神王、龙凤呈祥等图案，线条流畅，色彩绚丽，具有汉、藏、纳西等民族的建筑艺术风格，是中国古代建筑中的稀世珍宝和典型范例。

5）白沙民居建筑群。白沙民居建筑群位于大研古城北8千米处，曾是宋元时期丽江政治经济文化的中心。白沙民居建筑群分布在一条南北走向的主轴上，中心有一个梯形广场，四条巷道从广场通向四方。民居铺面沿街设立，一股清泉由北面引入广场，然后融入民居群落，极具特色。白沙民居建筑群的形成和发展为后来丽江大研古城的布局奠定了基础。

6）束河民居建筑群。束河民居建筑群在丽江古城西北4千米处，是丽江古城周边的一个小集市。束河依山傍水，民居房舍错落有致。街头有一潭泉水，称为“九鼎龙潭”，又称“龙泉”。青龙河从束河村中央穿过，建于明代的青龙桥横跨其上。青龙桥高4米、宽4.5米、长23米，是丽江境内最大的石拱桥。桥东侧建有长32米、宽27米的四方广场，形制与丽江古城四方街相似，同样可以引水洗街。

6. 其他

（1）高昌故城。

高昌故城的维吾尔语称亦都护城，即“王城”之意，因为此城为高昌回鹘王国的都城，故名。它是古丝绸之路的必经之地和重要门户。高昌故城自公元前1世纪建高昌壁，到13世纪废弃，使用了1300多年。它是吐鲁番地区千年沧桑的见证（图4-39）。

图4-39　新疆吐鲁番高昌故城遗址

城市平面略呈不规则的正方形，布局可以分为外城、内城和宫城三部分。城垣保存较完整。宫城内留存许多高大的殿基，一般高3.5～4米，其中有高达四层的宫殿建筑遗址。被誉为“长安远在西域的翻版”。

汉唐以来，高昌是连接中原中亚、欧洲的枢纽。经贸活动十分活跃，世界各地的宗教先后经由高昌传入内地，毫不夸张地说，它是世界古代宗教最活跃最发达的地方，也是世界宗教文化荟萃的宝地之一。

（2）交河故城。

维吾尔语称雅尔果勒阔拉，位于吐鲁番市以西10千米雅儿乃孜沟30米高的悬崖平台上。故城状如柳叶形半岛，地形狭长，作西北-东南走向，因为两条河水绕城在城南交汇，故名交河。故城长1760米，最宽处300米，总面积43万平方米，建筑主要集中在故城的东南部。由于河水冲刷，台地周缘形成了高达几十米的断崖，地势险峻，易守难攻，自古就是兵家必争之地。

故城为车师人开建，建筑年代早于秦汉，距今约2000～2300年。由庙宇、官署、塔群、民居和作坊等建筑组成（图4-40、图4-41）。

图4-40　新疆吐鲁番交河故城遗址

交河故城几乎全是从天然生土中挖掘而成的，是目前世界上最大、最古老、保护最好的生土建筑城市，也是我国保存两千多年最完整的都市遗迹。1961年被列为国家重点文物保护单位。

图4-41　新疆吐鲁番交河故城建筑和街道遗址

（3）卫城。

公元1368年，朱元璋建立明朝，创设了卫所制度。当时全国有36卫，镇海卫与威海卫、天津卫、金山卫列为明初四大名卫。

镇海卫（图4-42），依山临海，既是山城又是海城。枕山面海，地势险峻，自古为兵家要地。明洪武二十年（公元1387年），江夏侯周德兴在此设卫筑城。

威海卫，明代倭寇屡犯我国沿海，威海也深受其害。由于威海地处要冲，为加强海防，抵御倭寇，明洪武年间设威海卫，屯兵驻守。并于明永乐元年（公元1403年）筑威海卫城，从此，威海卫港便成为海防重要军港。

天津卫，古代的天津是个渔村。元朝开发海运，在直沽寨一带驻兵屯垦，成为水旱码头，改名为津海镇。元亡以后，明代燕王朱棣兴兵南征由此渡船，取“奉天承运，吊民伐罪，得民心，顺天意”之意为“天”，取“渡河”之意为“津”，遂更名为“天津”。后来，各朝各代都在这里屯兵，明代设卫，最后才定名为“天津卫”。

金山卫，明代，鉴于金山沿海地区战略地位的重要，洪武十七年（公元1384年），明太祖朱元璋命信国公汤和与安庆侯仇成偕方鸣谦巡视浙江沿海，找一个地方建城。几经筹备，于洪武十九年（公元1386年）在滨海的盐业集镇小官镇筑城设卫，因与海中金山相望，故名金山卫，人们称小官镇为卫城。

图4-42　镇海卫遗址

第五章 宫殿建筑艺术

一、宫殿历史沿革

宫殿是帝王朝会和居住的地方，以其巍峨壮丽的气势、宏大的规模和严谨整饬的空间格局，给人以强烈的精神感染，突现帝王的权威。

从原始社会到西周，宫殿的萌芽经历了一个聚合首领居住、聚会、祭祀多功能为一体的混沌未分的阶段，发展为与祭祀功能分化，只用于君王后妃朝会与居住。在宫内，这两种功能又进一步分化，形成“前朝后寝”格局。宫殿常依托城市而存在，以中轴对称规整谨严的城市格局，突出宫殿在都城中的地位。古代宫殿建筑的发展大致有四个阶段，分别是“茅茨土阶”的原始阶段，盛行高台宫室的阶段，宏伟的前殿和宫苑相结合的阶段，纵向布置“三朝”的阶段。

（一）“茅茨土阶”的原始阶段

在瓦没有发明以前，即使最隆重的宗庙、宫室，也用茅茨盖顶、夯土筑基。考古发掘的河南偃师二里头夏代宫殿遗址、湖北黄陂盘龙城商代中期宫殿遗址、河南安阳殷墟商代晚期宗庙、宫室遗址，都只发现了夯土台基却无瓦的遗存（图5–1）。其中于20世纪80年代末在殷墟小屯村东部发现的建造于武丁村的大型夯土基址，结构最完整，却仍无瓦的发现。证明夏商两代宫室仍处于“茅茨土阶”（图5–2）时期。其中二里头与殷墟中区都沿轴线做庭院布置，是中国3000余年院落式宫室布局的先驱。

图5-1　殷墟小屯村

图5-2　茅茨土阶

（二）盛行高台宫室的阶段

商代版筑夯土技术的成熟为高台建筑的出现奠定了基础。木构架未解决多层及高层的结构问题，使高台建筑的出现成了必然的选择。从已经发现的春秋战国时代的宫殿遗址得知，通常是在高七八米至十余米的阶梯形夯土台上逐层构筑木构架殿宇，形成建筑群，外有围墙和门。陕西岐山凤雏西周早期的宫室遗址出土了瓦。但数量不多，可能还只用于檐部和脊部，春秋战国时瓦才广泛用于宫殿。如春秋时晋故都新田（山西侯马）、战国时齐故都临淄（山东临淄）、赵故都邯郸（河北邯郸）、燕下都（河北易县）、秦咸阳（陕西咸阳）等，都留有高四五米至十多米不等的高台宫室遗址。这种高台建筑既有利于防卫和观察周围动静，又可显示权力的威严。影响所及，秦汉大型宫殿也多是高台建筑。台上的建筑虽已不存，但从秦咸阳宫殿遗址的发掘来看，高台系夯土筑成。台上木架建筑是一种体型复杂的组合体，而不是庭院式建筑。加上春秋战国时的建筑色彩已很富丽，配以灰色的筒瓦屋面使宫殿建筑彻底摆脱了“茅茨土阶”的简陋状态，进入了一个辉煌的新时期。秦阿房宫（图5-3）、汉未央宫和唐大明宫含元殿（图5-4），都有很高的台基。其台基或用人工堆砌，或用天然土阜裁切修筑。足见高台宫室的遗风延绵达2000多年之久。

图5-3　秦阿房宫

图5-4　唐大明宫含元殿

（三）宏伟的前殿和宫苑相结合的阶段

秦统一中国后，在咸阳建造了规模空前的宫殿，分布在关中平原，广袤数百里，宫苑结合布局分散。此外还有许多离宫散布在渭南上林苑中。其中阿房宫所遗夯土基址东西约1千米，南北约0.5千米，后部残高约8米（图5-5）。西汉初期仅有长乐（太后所居）、未央（天子朝廷和正宫）两宫。文、景等朝又辟北宫（太子所居），武帝太兴土木建造桂宫、明光宫、建章宫（图5-6）。各宫都围以宫墙，形成宫城，宫城中又分布着许多自成一区的“宫”，这些“宫”与“宫”之间布置有池沼、台殿、树木等，格局较自由，富有园林气息。

图5-5　阿房宫夯土遗址

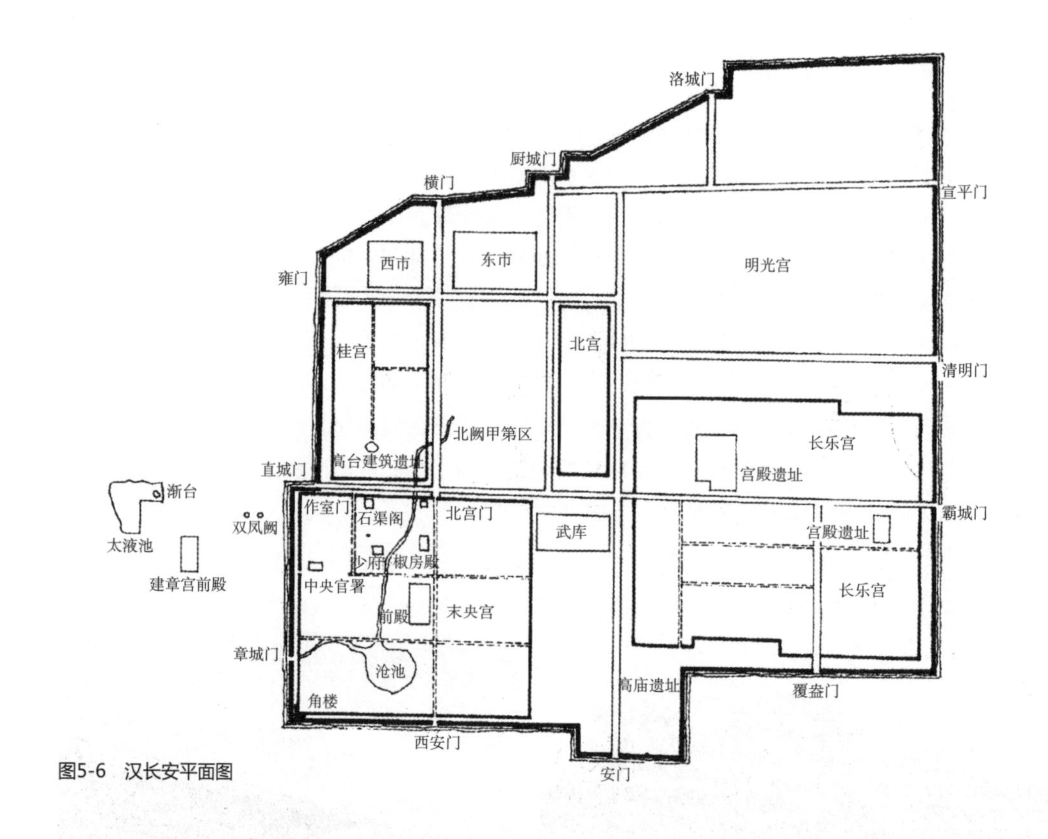

图5-6 汉长安平面图

（四）纵向布置“三朝”的阶段

商周以来，天子宫室都有处理政务的前朝和生活居住的后寝两大部分。前朝以正殿为中心组成若干院落。但汉、晋、南北朝都在正殿两侧设东西厢或东西堂，备日常朝会及赐宴等用，三者横列。隋文帝营建新都大兴宫（图5-7），追沿周礼制度，纵向布列“三朝”：广阳门（唐改称承天门）为大朝，元旦、冬至、万国朝贡在此行大朝仪；大兴殿（唐改称太极殿）则朔望视朝于此；中华殿（唐改称两仪殿）是每日听政之所。唐高宗迁居大明宫，仍沿轴线布置含元、宣政、紫宸三殿为“三朝”。北宋元年后汴京宫殿以大庆、垂拱、紫宸三殿为“三朝”，但由于地形限制，三殿前后不在同一轴线上（图5-8）。元大都宫殿（图5-9）与周礼传统不同，中轴线前后

图5-7 隋朝大兴宫

图5-8 北宋宫殿沙盘

建大明殿与延春阁两组庭院应是蒙古习俗的反映。明初，朱元璋刻意复古。南京宫殿仿照“三朝”作三殿（奉天殿、华盖殿、谨身殿），并在殿前作门五重（奉天门、午门、端门、承天门、洪武门）。其使用情况为：大朝及朔望常朝都在奉天殿举行；平日早朝则在华盖殿。明初宫殿比拟古制，除“三朝五门”之外，按周礼“左祖右社”，在宫城之前东西两侧置太庙及社稷坛（图5-10）。永乐迁都北京，宫殿布局虽一如南京，但殿宇使用随宜变通，明季朝会场所几乎遍及外朝各重要门殿，“三殿”与“三朝”已无多少对应关系。

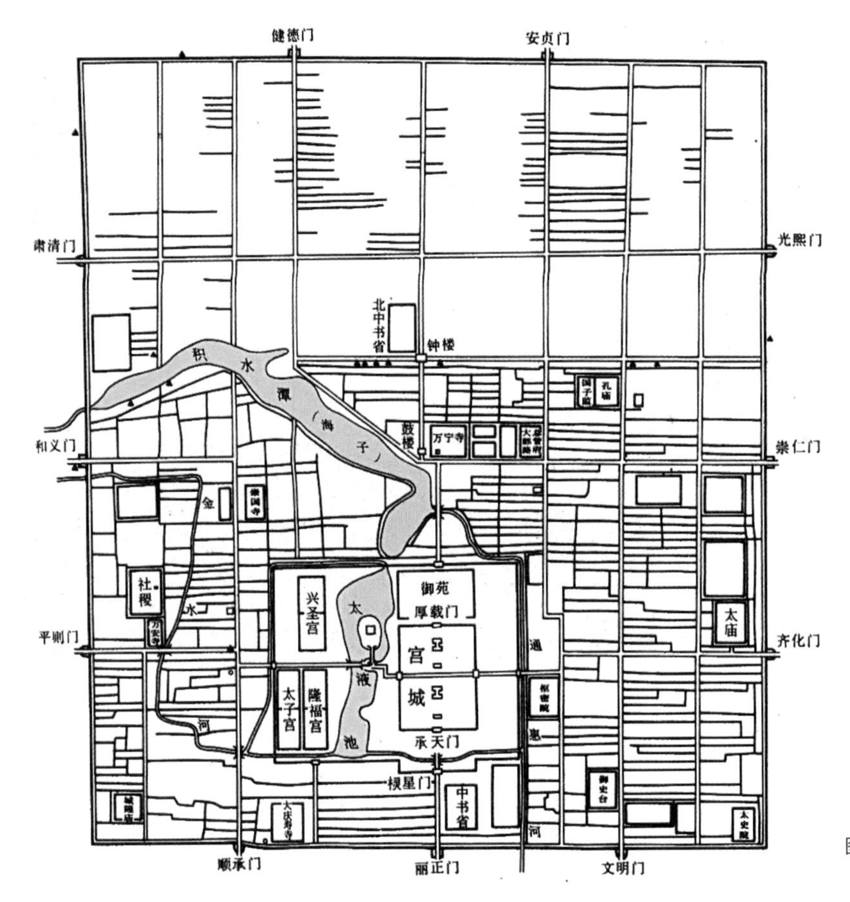

图5-9　元大都宫殿

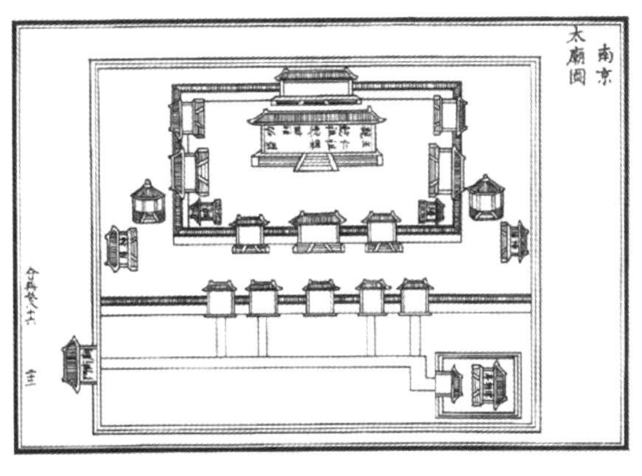

图5-10　南京故宫太庙

二、宫殿发展规律

宫殿建筑从殷商时期（公元前1600年～前1046年）开始，到秦统一全国后，建造了大批宫殿。从此，宫殿建筑步入繁盛时期，历史上著名的宫殿有秦阿房宫、西汉长乐宫、未央宫、唐大明宫等。到现在，保存最完整的就是位于北京的明清代的皇宫——故宫，它是中国现存最宏伟壮丽的古代建筑群。纵观汉、唐、明三代宫室，其发展趋势见下面所述。

（1）建筑群及单体规模愈来愈小。

图5-11 龙尾道

图5-12 麟德殿

汉代各宫占地大而建筑物布局稀疏，每殿自成一区。汉长安长乐、未央两宫占地分别为6.6及4.6平方千米；唐长安大明宫占地为3.3平方千米。宫城占地面积约为明清北京紫禁城的4.5倍。主体建筑含元殿高出地面十余米，殿基东西宽76米，南北深42米，是一座十一间的殿堂，殿前有长达70余米的坡道供登临朝见之用，坡道共七折，远望如龙尾，故称“龙尾道”（图5-11）。内廷的麟德殿（图5-12），是天子赐宴群臣、宰臣奏事、蕃臣朝见、观看伎乐等活动的重要场所，殿平面进深17间，面阔11间，面积约5000平方米，规模宏大，是明清故宫太和殿的三倍。北宋汴京宫殿是在原汴州府治的基础上改建而成，宫城面积仅及唐大明宫的1／10左右；明北京紫禁城占地仅0.73平方千米，宫殿密集、严谨。

（2）加强纵向的建筑和空间层次，门、殿增多。

隋代营大兴城，于宫城前创建皇城，集中官署于内。宫内前朝一反汉至南北朝正殿与东西堂并列，即大朝与常朝横列的布置，追沿《周礼》古制，比附三朝五门南北纵列的布置方式，在中轴线上，于宫南正门内建太极、两仪两组宫殿。唐承隋制，仅改殿门的名称。唐长安大内以宫城正门承天门为外朝，元旦和冬至设宴会、颁布政令、大赦、外国使者来朝等，均在此举行。门内中轴线上建太极、两仪两组宫殿，前者为定期视事的日朝，后者为日常视事的常朝。五门依次是：承天门、嘉德门、太极门、朱明门、两仪门。这种门殿纵列的制度为宋、明、清各朝所因袭，是中国封建社会中、后期宫殿布局的典型形式。

北京故宫从大清门至太和殿，经过五门六个封闭空间，是五门之制的典型代表，分别为大清门、天安门、端门、午门、太和门。

（3）后寝居住部分由宫苑相结合的自由布置，演变为规则、对称、严肃的庭院组合。

汉代建章宫是离宫，是宫与苑结合，兼有朝会、居住、游乐、观赏等多种功能的新宫殿类型；唐代大明宫内廷太液池利用龙首原北的低地开凿水面，池中有土山，称蓬莱山，池南岸有长廊，并环以殿阁楼台和树木，形成禁中的园林区，殿宇池沼则错综布列，自由布置，并和太液池、蓬莱山的风景区结合，富有园林气氛，这是汉、魏以来宫与苑结合的传统布局，不似明清故宫森严、刻板。明清北京故宫在中轴线的最后，有一处御花园，殿阁亭台作对称布置，植物绿化配置亦对称格局，已无园林趣味，体现出一切内容的设置，变成完全为突出皇权的政治目的，象征性大于实用性要求（图5–13）。

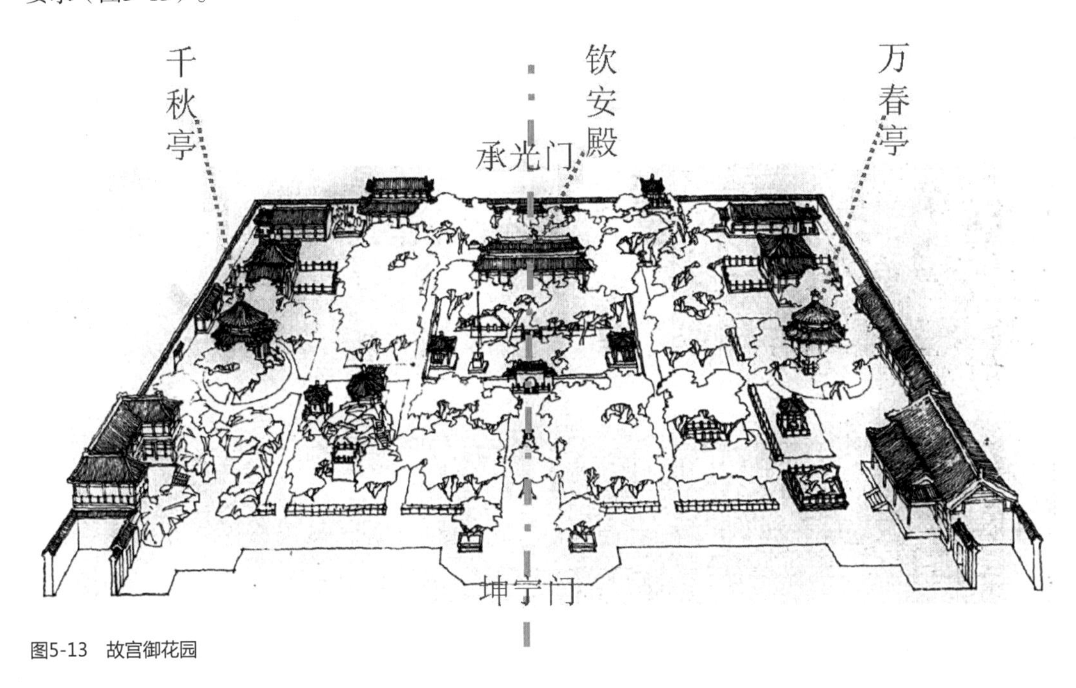

图5-13　故宫御花园

三、宫殿建筑艺术特征

（1）轴线统帅和对称格局。

为了表现君权受命于天和以皇权为核心的等级观念，宫殿建筑采取严格的中轴对称的布局方式。中轴线上的建筑高大华丽，轴线两侧的建筑低小简单。这种明显的反差，体现了皇权的至高无上；中轴线纵长深远，更显示了帝王宫殿的尊严华贵。

隋唐至明清，轴线统帅和对称格局莫不如此。如故宫宫殿是沿着一条南北向中轴线排列，三大殿、后三宫、御花园都位于这条中轴线上。这条中轴线不仅贯穿在紫禁城内，而且南达永定门，北到鼓楼、钟楼，贯穿了整个城市，构成了近8公里的南北中轴线，气魄宏伟，规划严整，极为壮观。故宫中轴线与城市轴线完全吻合，突出了中轴的空间序列，该轴线是世界城市史上最长的一条中轴线，是“择中立宫”的思想最极致的体现。这一轴线对于统一建筑群的艺术面貌起了决定作用（图5–14）。

（2）左祖右社，拱卫皇权。中国的礼制思想，有一个重要内容，则是崇敬祖先、提倡孝道；祭祀土地神和粮食神。有土地才有粮食，“民以食为天”、“有粮则安，无粮则乱”，风调雨顺，国泰民安这是人所共知的。根据《周礼·春官·小宗伯》记载，“建国之神位，右社稷，左宗庙”。帝王宫室建立时，基本遵循左祖右社的原则。宗庙的空间位置应当在整个王城的东或东南部，社稷坛的空间位置则在西或西南部，这种做法一直沿袭下来。

图5-14 北京故宫全景图

（3）前朝后寝，化国为家。前朝，是帝王上朝理政、举行大典的地方，因位于整个建筑群的前部，称“前朝”。后寝是帝王、妃子及其子女生活起居的地方，因位于建筑群的后部，称“后寝”。

（4）三朝五门，威严神圣。

根据帝王朝事活动内容的不同，分别在不同规模的殿堂内举行。隋唐以后就确立了三种朝事活动的殿堂，名为“三朝制”。所谓“三朝”是指大朝、日朝、常朝。与三朝相对应的建筑分设三大殿，如隋太极宫的承天殿、大兴殿、两仪殿；唐大明宫的含元殿、宣政殿、紫宸殿；北宋汴京的大庆、文德、紫宸（取法唐洛阳）；明初南京的奉天、华盖、谨身；明代北京的太和、中和、保和等。分工愈细愈能突出主体建筑——大朝的皇权神威。

“五门制”，是在三朝之前，沿中轴线以五道门作为朝政宫殿前的前导空间，通过门与门之间院落空间的变化，运用对比和衬托手法烘托主题，如北京故宫从南至北分别为大清门（明称大明门）、天安门、端门、午门、太和门。从大清门到天安门以千步廊构成纵深的庭院作前导，而至天安门前变为横向的广场，通过空间方向的变化和陈列在门前的华表、石狮、石桥等，突出了天安门庄重的气象，达到空间发展的第一个高潮。天安门至午门，以端门前略近方形的庭院为前导，而端门和午门之间，在狭长的庭院两侧建低而矮的廊庑，使纵长而平缓的轮廓衬托中央体形巨大和具有复杂屋顶的午门，获得了很好的对比效果，午门达到空间发展的第二个高潮。太和门前广阔的矩形庭院形成三大殿的前奏。

（5）建筑形体的多样统一。如北京故宫，在建筑布置上，用形体变化、高低起伏的手法，组合成一个整体。在功能上符合封建社会的等级制度，同时达到左右均衡和形体变化的艺术效果。屋顶是变化最大、最有特色的部分。宫殿建筑多以庑殿顶、歇山顶为主。一座院落中正殿、后殿的屋顶都不一样，有主从之分。屋顶形式最丰富的是宫廷花园建筑。中国建筑的屋顶形式是丰富多彩的，在故宫建筑中，不同形式的屋顶就有十种以上。以三大殿为例，屋顶各不相同，太和殿为重檐庑殿顶，中和殿为单檐四坡攒尖顶，保和殿为重檐歇山顶。中国匠师设计故宫时，即使是规格等级最高的三大殿，亦充分考虑了建筑艺术的多样性。同时，大片黄色琉璃屋顶、汉白玉台基和雕栏、红墙、红柱，以及规格化了的彩画，给全部建筑披上了金碧辉煌的色彩，又将多样化的建筑有机统一起来，多样统一的艺术法则得到完美的运用（图5–15）。

图5-15　故宫三大殿

（6）装修精妙绝伦。宫殿建筑装修的选料考究，类型多样，华贵富丽，精美绝伦。

装修分外檐装修、内檐装修。外檐装修是露在建筑物外面的门窗部分，起分隔室内外以避风雨的作用。外檐装修种类很多，视建筑的等级和使用功能相应配置。最高等级的纹式，有三交六椀菱花隔心（图5–16）、三交逑纹六椀菱花隔扇和双交四椀菱花隔心等。太和殿外檐的门窗均为三交六椀菱花隔心，门窗下部是浑金流云团龙及蕃草岔角裙板，铜鎏金看叶和角叶，称之为金扉金琐窗，辉映出皇家气派（图5–17）。

图5-16　三交六椀菱花隔心

内廷后妃生活区和花园等处的外檐装修，较外朝更趋于实用。大琉璃框的门窗，可开可关的支摘窗，使室内采光效果大大加强。特别是窗饰的花纹，步步锦、灯笼框、冰裂纹、竹纹等丰富了建筑的装饰艺术，而钱纹、盘肠、卍字纹，回纹等又将人们的美好企盼寓于其中。

内檐装修是建筑物内部划分空间组合的装置。宫殿建筑的内檐装修，工精料实，类型多样，所用大都是紫檀、花梨、红木等上等材料，雕饰极为精美。

（7）材料技术极尽所能。

建筑材料中最重要的首先是木料。建造宫殿所需木料不仅数量多，而且尺寸大、质量好。当时这类木材的产地多在浙江、江西、湖南、湖北和四川一带。从山上森林砍伐的木材需要经各地区的河道先运送入长江，顺长江之水由西而东漂送到京杭大运河，再经运河北上，从产地到北京，往往需要三四年的时间，号称飘来的北京城。

除木料外，宫殿需要大量的砖、瓦、石、灰等。宫城城墙和台基要用大砖，庭院地面需要多层砖铺砌，宫殿墙砖用的是打磨得十分规整的灰砖，重要殿堂室内地面用的是一种特殊高质量的“金砖”。据统计，建造紫禁城共需用砖八千万块以上。这些砖不可能都在京城附近烧制，如殿堂铺地的金砖为江苏苏州所产，这种金砖的制造需要特殊的工艺，从选泥、制坯、烧窑、晾晒一直到验收、运输都有严格的要求，产品质地坚硬，外形方整，敲之出金属声，故称“金砖”。这些砖也靠运河北运，朝廷一度规定，凡运粮船只经过产砖地，必须装载一定数量的砖才能放行（图5–18）。

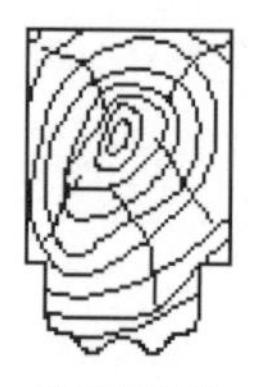
通混出双线

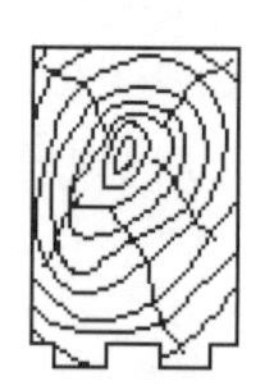
方直破瓣

凹面压边线

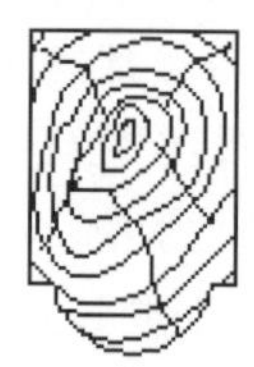
通混压边线

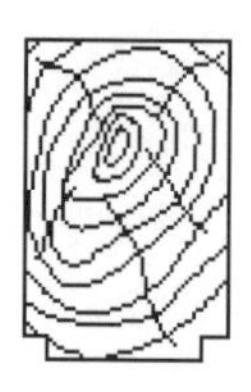
方直压边线

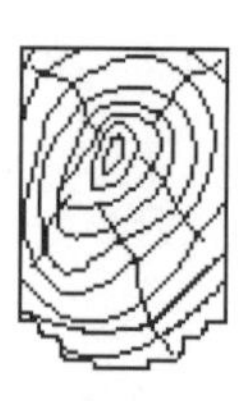
四混压边线

双混压边线

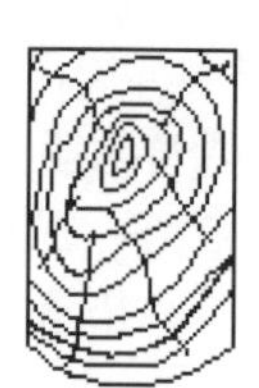
素通混

图5-17 各式隔心

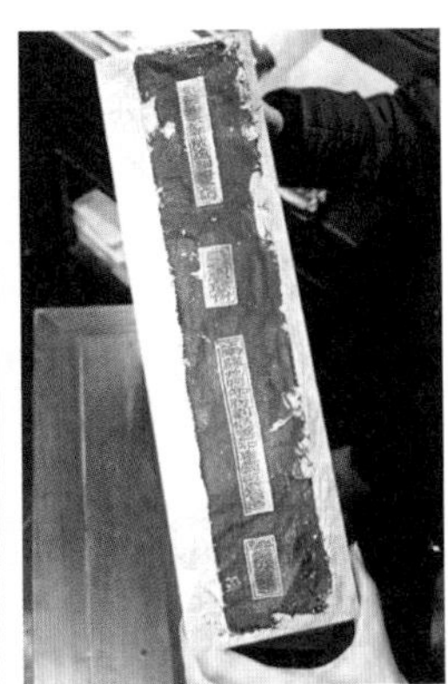

图5-18　金砖

图5-19　琉璃瓦

宫殿所需琉璃瓦数量大、品种多，制作也很复杂。为了使用方便，多在京城附近设窑烧制。现在北京南城的琉璃厂，京郊门头沟的琉璃渠都是当年设窑烧制琉璃构件的旧址。除此以外，北京城内如今还能寻找到与当年建造宫城有关系的遗址，例如西城的大木仓胡同和地安门外的方砖厂胡同就是五百多年前储存南方运来的木材和方砖的库房遗址（图5–19）。

大量的台基、台阶、栏杆所需要的石料为汉白玉产地集中在河北的曲阳县一带，距离北京有400里之遥。巨大而沉重的石料远距离运送，聪明的工匠想出了旱船滑冰的办法，即在沿路打井，利用冬季天寒地冻，取井水泼地成冰，用旱船载石，在冰上用人力拽拉前进。如保和殿前后的御道石（图5–20），长达16米，宽3.17米，重有200余吨。据史料记载，运送这块宫城中最大的巨石，动用了民工两万余人，沿途挖掘水井140余

图5-20　保和殿御道石

口，拉拽旱船的民工排成了一里长的队伍，每日才能移动5里路，从曲阳运至北京就耗费白银达11万两。后来造了一种有16个轮子的大车装运石料，用1800头骡子拉车，这样总算节省了人工和白银，但每日也只能前进6.5里。

四、宫殿建筑艺术鉴赏

（一）早期宫殿建筑艺术

1．商代二里头宫殿

在河南省偃师县二里头村，是二里头文化的典型遗址，年代约为公元前1900年～公元前1500年。在二里头遗址发现了迄今所知中国最早的宫殿建筑基址，反映了早期封闭式庭院的面貌（图5–21）。

这座宫殿宗庙遗址，坐落在二里头遗址的中部，面积约一万平方米，坐北向南，下面有台基，台基上面是由一个单体的殿堂、廊庑和门庭等单体建筑所组成的一个建筑群。中部偏北是殿堂，堂前是平坦而宽阔的庭院，南面有敞阔的大门，四周有彼此相连的廊庑。院南沿正中有面阔八间的大门一座，在东北部折进的东廊中间又有门址一处。庭院北部有一座殿堂，坐北朝南。遗址未发现瓦件，屋顶覆盖茅草。《考工记》和《韩非子》都记载先商宫殿是“茅茨土阶”，殿顶是“四阿重顶”（后世称为“庑殿顶”），这一直是中国建筑最尊贵的屋顶形式。

图5-21 二里头遗址及复原

2．秦咸阳宫、阿房宫

（1）咸阳宫。位于今咸阳市东，当初秦都咸阳城的北部阶地上。公元前350年秦孝公迁都咸阳，开始营建宫室，至秦昭王时，咸阳宫已建成。在秦始皇统一六国过程中，该宫又经扩建。据记载，该宫“因北陵营殿”，为秦始皇执政“听事”之所在。秦末项羽入咸阳，屠城纵火，咸阳宫夷为废墟。这是一座以多层夯土高台为基础、凭台重叠高起的楼阁建筑。其台顶中部是两层楼堂构成的主体宫室，四周有上下不同层次的较小宫室，底层建筑周围有回廊环绕。整座建筑借助夯土台，采用簇拥组合，结构紧

图5-22 秦咸阳宫复原图

凑，布局高下错落，主次分明，在使用和外观上均有较好效果（图5–22）。

（2）阿房宫。据《史记·秦始皇本纪》记载，秦始皇三十五年（公元前212年），秦始皇认为都城咸阳人太多，而先王的皇宫又小，下令在故周都城丰、镐之间渭河以南的皇家园林上林苑中，仿集天下的建筑之精英灵秀，营造一座新朝宫。这座朝宫便是后来被称为阿房宫的著名宫殿。依据当代现有考古证据，阿房宫并未建成。唐人杜牧在《阿房宫赋》中描写为“覆压三百余里，隔离天日”的秦阿房宫是一处规模宏大的宫殿建筑群，也是我国历史上规模最宏大的建筑之一。根据勘探发掘确定，仅阿房宫前殿遗址夯土台基东西长1270米，南北宽426米，现存最大高度12米，夯土面积541020平方米，是迄今所知中国乃至世界古代历史上规模最宏大的夯土基址。据考古专家推算，阿房宫前殿遗址的面积规模与史书记载的“东西长500步，高达数十仞，殿内举行宴飨活动可坐万人”所描写的基本一致（图5–23）。

图5-23　阿房宫复原图

3. 唐大明宫

唐大明宫是长安城三大宫殿群中规模最大又十分豪华壮丽的宫殿群，虎踞于城北禁苑的龙首原上，利用天然地势修筑宫殿，形成一座相对独立的城堡。在其上望终南千峰了如指掌，俯视京城坊市街陌如在槛内。

（1）规模宏大，规划严整。大明宫的规模很大，宫城平面呈不规则长方形。全宫分为宫、省两部分，省（衙署）基本在宣政门一线之南，宫北属于“禁中”，为帝王生活区域，其布局以太液池为中心而环列，依地形而灵活自由。宫城之北，为禁苑区。如不计太液池以北的内苑地带，遗址范围即相当于明清故宫紫禁城总面积的三倍多。大明宫中的麟德殿面积约故宫太和殿的三倍

（图5–24）。

（2）建筑群处理愈趋成熟。建筑也加强了突出主体建筑的空间组合，强调了纵轴方向的陪衬手法。全宫自南端丹凤门起，北达宫内太液池蓬莱山，为长达约1600余米的中轴线，轴线上排列全宫的主要建筑：含元殿、宣政殿、紫宸殿，轴线两侧采取大体对称的布局。如不计入内苑部分，从丹凤门到紫宸殿也约1200米，这个长度略大于从北京故宫天安门到保和殿的距离。含元殿利用的突起的高地（龙首原）作为殿基，加上两侧双阁的陪衬和轴线上空间的变化，造成朝廷所需的威严气氛。

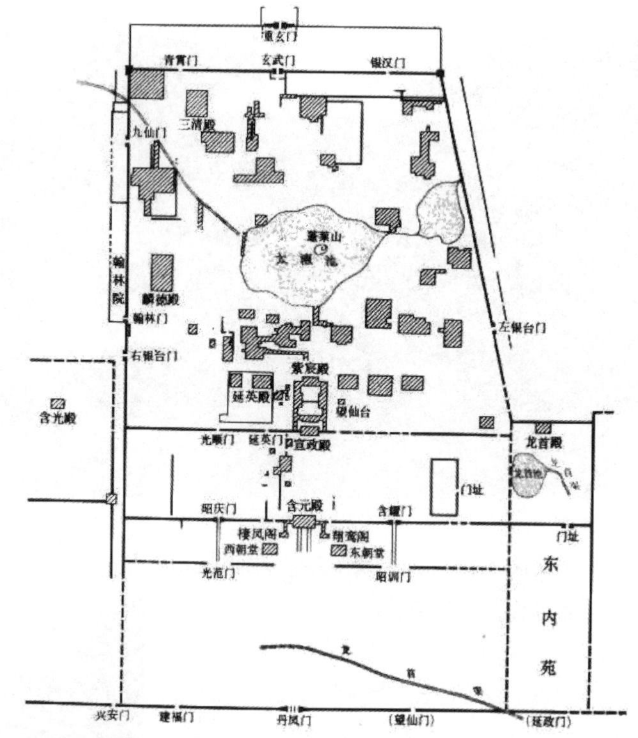

图5-24　大明宫平面

（3）木建筑解决了大面积、大体量的技术问题，并已定型化。如麟德殿（图5–12）。

（4）门窗朴实无华，给人以庄重、大方的印象（图5–25）。

图5-25　唐建筑门窗

（5）建筑艺术加工的真实和成熟。唐代建筑风格的特点是气魄宏伟，严整而又开朗。现存的木建筑遗物反映了唐代建筑艺术加工和结构的统一，在建筑物上没有纯粹为了装饰而加上去的构件，也没有歪曲建筑材料性能使之屈从于装饰要求的现象。

4．北宋皇宫

北宋汴京宫殿是在原汴州府治的基础上改建而成的。宫城面积仅及唐大明宫的1／10左右，官府衙署大部分在宫城外同居民住宅杂处，苑囿也散布城外。宫廷前朝部分仍有三朝。但受面积限制，不能如唐大明宫那样前后建三殿。其宫城正门为宣德门，门内为主殿大庆殿，供朝会大典使用，相当于大朝。其后稍偏西为紫宸殿，是日朝。大庆殿之西有文德殿，称“正衙”。其后有垂拱殿，是常朝。三朝不在一条轴线上。宫城正门宣德楼，下部砖石甃砌，开有五门，金钉朱漆，雕刻龙凤飞云，上列门楼，左右有朵楼和阙，都覆以琉璃瓦，可见北宋宫殿气势虽小，但绚丽华美超过唐代。为了弥补宫前场面局促的缺陷，宣德楼前向南开辟宽阔的大街，街两侧设御廊，街中以杈子（栅栏）和水渠将路面隔成三股道，中间为皇帝御道，两侧可通行人。渠旁植花木，形成宏丽的宫城前导部分，也是金、元、明、清宫前千步廊的滥觞（图5–26）。

北宋定都以后，对五代时期的宫殿进行了较大规模的扩建，调整了宫殿建筑群组的主轴线。这条轴线一直延伸，经东京的州桥（图5–27）、内城南门朱雀门，而外城南门南薰门，使宫殿在东京城中成为最壮丽的建筑群。

北宋宫殿建筑群的特点是主殿做工字殿形式。宫殿外朝部分主要有大庆殿，是举行大朝会的场所，大殿面阔九间，两侧有东西挟殿各五间，东西廊各60间，殿庭广阔，可容数万人。从总体布局看，重要建筑群组未能沿一条中轴线安排，其原因是因旧宫改造所致。整个宫殿建筑群中，只有举行大朝的大庆殿一组建筑的中轴线穿过宫城大门。而外朝的文德、垂拱等殿宇，只好安排在大庆殿的西侧，中央官署也随之放在文德殿前，出现了两条轴线并列的局面。标志着宫殿壮丽景象的宫城大门宣德门，从宋徽宗绘的《瑞鹤图》和辽宁省博物馆藏的北宋铁钟上所铸图案可知一二。宣德门为“冂”形的城阙，中央是城门楼，门墩上开五门，上部为带平座的七开间四阿顶建筑，门楼两侧有斜廊通往两侧朵楼，朵楼又向前伸出行廊，直抵前部的阙楼。宣德楼采用绿琉璃瓦，朱漆金钉大门，门间墙壁有龙凤飞云石雕。

公元1127年金人占领东京，北宋宫殿沦为废墟。

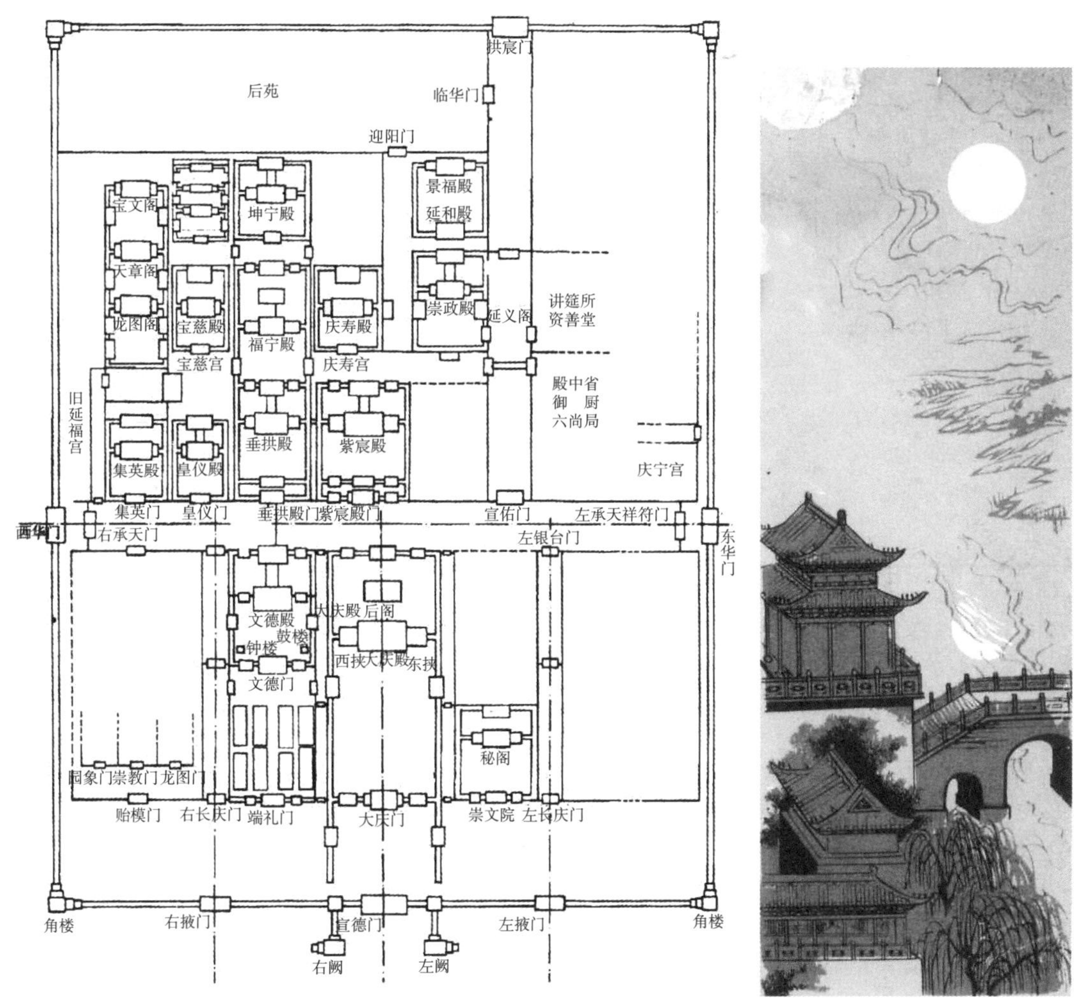

图5-26　北宋汴梁都城平面

图5-27　州桥

（二）明清北京故宫建筑艺术

故宫，又称紫禁城，位于北京市区中心，为明、清两代的皇宫，有24位皇帝相继在此登基执政。始建于1406年，至今已近600年。故宫是世界上现存规模最大、最完整的古代木构建筑群。故宫黄瓦红墙、金扉朱楹、白玉雕栏、宫阙重叠、巍峨壮观，是中国古建筑的精华。

严整的布局，深远的空间序列，“择中立宫”、“左祖右社”、“前朝后寝”、“三朝五门”一整套明晰礼制的体现，严谨的尺度处理，“九五之尊”、阴阳五行、风水营造等象征手法的成熟运用，以及其他辅助艺术手段，如雕刻，绘画，文学等的综合运用，使明清故宫建筑的空间组织和立体轮廓达到了多样变化的对立统一，故宫不愧为中国古代建筑最高艺术成就的重要载体，是世界上最优秀建筑群之一。

1．紫禁城的规划

任何一幢或组群建筑，决定其规模和内容的首先是它们的功能需要，宫殿建筑也是如此。紫禁城是封建帝王执政和生活之地，具有多方面的功能。第一是办理政务，需要有举行各种礼仪和处理日常政务的殿堂、衙署、官府；第二是生活起居，包括皇帝、皇后、皇妃、皇子、太祖、太后生活和休息用的寝宫、园林、戏台等；第三是供皇帝及家族进行宗教、祭祀活动与念书习武的场所，如佛堂、斋宫、藏书阁、射骑场等；此外还有为以上各项内容服务的设置，包括膳房、作坊、禁上房、库房以及众多服务人员的生活用房。据统计，在紫禁城内总共有近千幢房屋（图5–28）。

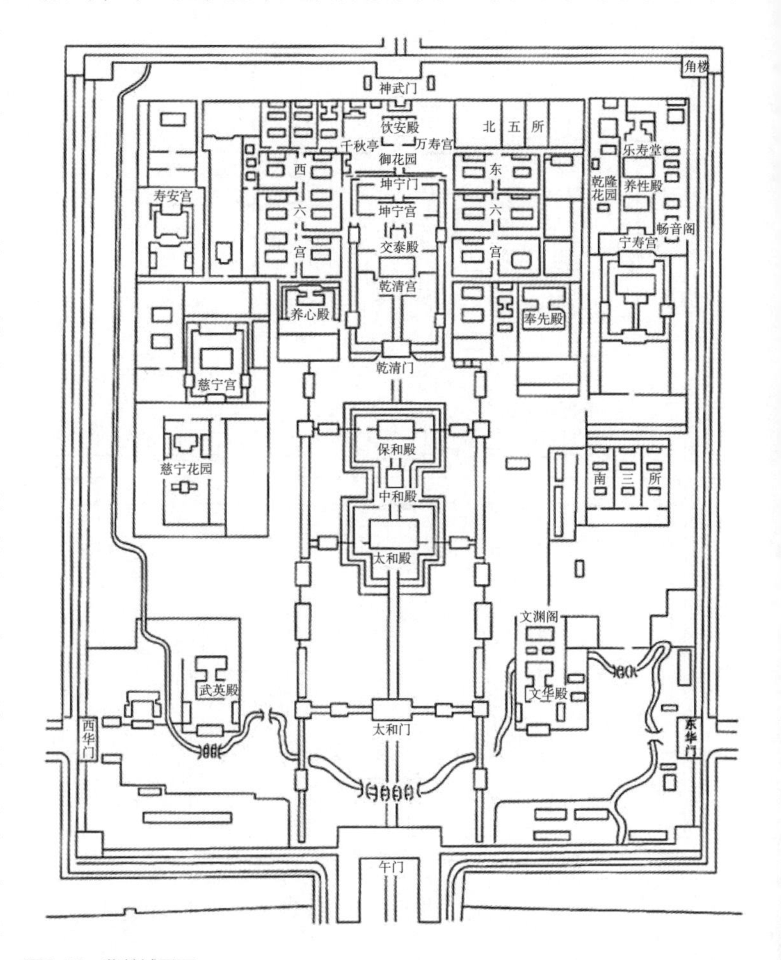

图5-28 紫禁城平面

明朝的紫禁城属于前朝部分的主要有太和、中和、保和三大殿，位于中轴线的前部，它们是皇帝在重大礼仪和节日召见朝廷文武百官、举行盛大典礼的地方，不但有庞大的殿堂和广阔的庭院，还有做各项准备和作为储存设备的众多配殿与廊庑。

紫禁城后寝三宫：后寝部分有处于中轴线上的乾清、交泰、坤宁三座宫，它们是皇帝、皇后生活起居和处理日常公务及举行内朝小礼仪的场所。三宫的两边有供太后、太妃居住的西六宫；供皇妃居住的东六宫和供皇太子居住的东西六所；供宗教与祭祀用的一些殿堂，供皇帝休息、游乐的御花园以及大量服务性建筑也散布在后寝区里。所有这些前朝、后寝两部分的建筑都按照它们不同的功能和性质分别组成一个又一个院落，前后左右并列在一起，相互之间既有分隔，又有甬道相连，组成规模庞大的皇宫建筑群。

2．紫禁城建筑布局

等级制在建筑上通过房屋的宽度、深度、屋顶形式和装饰的不同式样等表现出来，建筑往往成了传统礼制的一种象征与标志。与其他类型的建筑相比，宫殿建筑的象征与标志作用自然会表现得更为明显和突出，所以首先从礼制的秩序与等级来探讨紫禁城的规划与建筑布局。

先从位于中轴线上的各座城门、院门说起。午门是整座宫城的大门，位于紫禁城的最南面。高高的城台上的中央有一座九开间的大殿，在它的两翼各有13间殿屋向南伸出，在殿屋两端各有一座方形的殿堂，这种呈“U”字形的门楼称为“阙门”，是中国古代大门中最高级的形式（图5–29）。午门大殿用的是庑殿屋顶，这也是屋顶中最高级的式样。午门城台下的正面有三个门洞，左右城台各有一门称为掖门。正面中央的门洞是皇帝专用的门道，除皇帝外，皇后在完婚入宫时可进此门，各省举人汇集京城接受皇帝殿试，中了状元的进士也可由此门出宫，这算是特许的了。百官上朝，文武官员进出东门，王公宗室进出西门。如遇大朝皇帝升殿，朝见文武百官人数增多，和皇帝殿试各省进京的举人时，才把左右掖门打开，文、武官分别进出东、西两掖门，各省举人则按在会试时考的名次，单数走东掖门，双数走西掖门。一座午门的五个门洞也表现出了如此鲜明的等级制度。

图5-29　午门

图5-30　神武门

紫禁城的后门为神武门，位于中轴线之北。玄武为古代四神兽之一，从方位上讲，左青龙，右白虎，前朱雀，后玄武，玄武属北方，所以帝王宫殿的北宫门多取名玄武门。神武门也是一座城门楼形式，用的最高等级的重檐庑殿式屋顶，但它的大殿只有五开间加周围廊，也没有左右向前伸展的两翼，所以在形制上要比午门低一个等级（图5–30）。

图5-31　太和门

午门的北面是紫禁城前朝部分的大门太和门（图5–31）。太和门不是宫城之门而是一组建筑群体的大门，因此它没有采用城楼门的形式，用的是宫殿式大门。大门坐落在汉白玉台基之上，面阔九开间，进深四间，紫禁城后宫部分也有一座大门称乾清门，它位于前朝保和殿的北面，也是一座宫殿式大门。面阔五开间，单檐歇山式屋顶，也有汉白玉台基，门前左右也有一对铜狮。但它毕竟是后宫的大门，所以在屋顶形式、面阔大小、台基高低、铜狮子的形态上都比太和殿要低一等级。在礼制规定的许可范围内，为了不失后宫大门的身份，特别加建了两座影壁呈八字形连接在大门左右，与乾清门连成一个整体，使这座宫门也颇有气势（图5–32）。

乾清门是重檐歇山式屋顶，这是在屋顶中仅次于重檐庑殿顶的等级，大门之前的左右两边各有一只铜狮，铜狮坐落在高高的石座上，张嘴瞪目，形态十分雄伟，增添了这座大门的威势。

再看一下中轴线上的几个庭院、广场和广场上的主要建筑。从午门到紫禁城，首先来到一个横向的广场，面积有26000平方米。北面为太和门，左右两边各有门廊围合成为封闭性的庭院。在广场的中间，横列着一条称为金水河的水系，横贯东西，将广场分为南北水系两半。紫禁城在兴建时，用挖掘护城河的泥土在宫城的北面堆筑了一座景山，又从护城河中引出水流，自紫禁城的西北角流入宫中，并让它流经几座重要的建筑前面，以造成背山面水的吉利环境。于是，在这座重要的太和门前出现了这条金水河，河道弯曲如带，也称为“玉带河”。玉带河不仅具有风水作用，也有排泄雨水、供水灭火的功能，它横贯太和门前，无疑也增添了环境的意趣，加强了广场的艺术感染力（图5–33）。

图5-32　乾清门

图5-33　金水河

图5-34　太和殿

进入太和门到达前朝部分。先是一个十分宽广的庭院广场，紫禁城的中心大殿太和殿就坐落在广场之北。太和殿是宫城最重要的一座殿堂，皇帝登基、完婚、寿诞、每逢重大节日接受百官朝贺和赐宴都要在这里举行隆重的礼仪（图5–34）。其后的中和殿是帝王上大朝前做准备与休息的场所（图5–35）。中和殿北面的保和殿是皇帝举行殿试和宴请王公的殿堂（图5–36）。太和、中和、保和三大殿组成紫禁城前朝的中心，无论在整体规划与使用功能上都处于整座宫城最重要的位置，尤其以太和殿最为突出。

后宫也有三座主要的大殿。最前面的是乾清宫，在明清两朝前期这里是皇帝、皇后的寝宫，有时皇帝也在这里接见下臣，处理日常公务（图5–37）。其后是交泰殿，为皇后接受皇族朝贺的地方（图5–38）。最北面的坤宁宫为皇后居住的正宫（图5–39）。三座宫殿同处于中轴线上，并且坐落在同一座台基上。乾清宫与坤宁宫用的是最高等级的重檐庑殿式屋顶。按礼制，后宫比前朝要低一个等级，所以这里的台基只有一层。乾清宫前面的庭院远没有前朝的那么宽广，在乾清门与大殿之间还连着一条甬道，使人们进入后宫大门后直接可以走到乾清宫，而不必由庭院登上高高的台基。凡此种种，都可以使人明显地感到这里是供帝王生活的寝宫，不需要象前朝宫殿群那样威严而宏伟。

图5-35　中和殿

图5-36　保和殿

图5-37　乾清宫

图5-38　交泰殿

图5-39　坤宁宫

3．风水学在紫禁城的规划与建筑布局中的运用

（1）阴阳说对故宫建筑的影响。

我国古代皇宫宫殿的设置和命名，阶、台、亭、门、楼、堂的布局，甚至连宫门铜钉的数目都与“周易”象数有关。

皇宫的中心，布政决策的殿堂往往称为“太极殿”，取之于《周易·系辞》中的“易有太极，是生两仪”。“两仪”指“阴、阳”和“天、地”。天地相交，阴阳相配，于是生化万物。用它做主殿的名称，意味着天子权力之无限。

北京紫禁城以“和”命名的“太和、中和、保和”三大殿，取之于《周易·乾·象》中的“保和大和，乃贞利”，也即阴、阳和合滋生万物是为“和”。和谐则万事吉祥。乾清宫、坤宁宫和交泰殿的命名也取自《周易》。“乾，天也”，“坤，地也”。乾清与坤宁是天地清宁、江山永固、国泰民安的意思。《周易·泰·象》说：“天地交泰”意为阴阳交合、万物滋荣、子孙昌盛的意思。

“阳数设计”成为中国古代建筑的一种基本设计手法，从造型到构造做法，从整体到细部以及梁架排列、斗拱出挑、门窗设置等，都必须先考虑按阳数形成等差的做法。

明代北京都城，成凸字形，外城为阴，设城门七，少阳之数；内城为阴，设城门九，老阴之数。内主外从，故内用九外用七。依八卦理，变卦中老阳老阴可变异，少阳少阴不变。内用九为“阴中之阳”。内城南墙，乾阳属性，城门取象于人，故三才具备。整个城市宛如一个小宇宙的缩影。全城中轴线从永定门——太和殿——鼓楼——钟楼依次为九里、五里、一里，全长共十五里，正合洛书中线“戴九履一”方位常数十五的理念，这条轴线寓意深远，控制了北京市的规模和容量。城市数形匹配，犹如八卦矩阵布列，和谐有序，气势非凡，宏阔博大。

以“间”为基本空间单元的中国建筑，都为三、五、七、九阳（奇）数的开间。“阳数”设计方法历史悠久，早在春秋战国时期的《考工记》、《礼记》等已有明确的制度规定，“天子之

图5-40 九龙壁

堂九尺，大夫五尺，士三尺”等。皇帝乃“九五之尊”，其大朝的太和殿阔九间（不包括两侧的廊道）、深五间为最高规格。王府的大门开间虽也都是单数，但只能是七间启三、五间启三及三间启一。九龙壁（图5-40）、九龙椅（图5-41），81个门钉（纵9，横9）的大门（图5-42），大屋顶檐角的九个兽饰（图5-43），太和殿重檐四坡顶上的九条脊，紫禁城角楼的9梁18柱结构，紫禁城内房间总数为9999.5间等，都隐喻着“九五之尊”的涵意。这些都是皇帝和皇宫的专用数据。

图5-41　九龙椅

图5-43　保和殿九走兽

图5-42　门钉

（2）五行说对故宫建筑的影响。

古人认为世界是由金、木、水、火、土五种元素组成的。地上的方位分作东、西、南、北、中五方；天上的星座分为东、西、南、北、中五官；颜色分为青、黄、赤、白、黑五色；声音分作宫、商、角、徵、羽五音阶。同时还把五种元素与五方、五色、五音联系起来组成有规律的关系。例如天上五宫的中宫居于中间，而中宫又分为三垣，即上垣太殿，中垣紫微，下垣天市，中垣紫微自然又处于中宫之中，成了宇宙中最中心的位置，为天帝居住之地。地上的帝王既然自称为天之子，天子在地上居住的宫殿也应该称为紫微宫。明、清两朝把皇帝居住的宫城禁地称为紫禁城自然是事出有据了。五宫除中宫外，东宫星座呈龙形，与五色中东方的青色相配，称青龙；西宫星座呈虎形，与西方的白色相配，称白虎；南宫星座呈鸟形，与南方朱色相配，称朱雀；北宫星座呈龟形，与北方玄色（黑色）相配，称玄武。所以青龙、白虎、朱雀、玄武成了天上四个方向星座的标记，也成为地上四个方位的象征，因而也成了人间的神兽（图5–44）。

图5-44　瓦当图案

五种颜色中，除了东青、西白、南朱、北黑以外，中央为黄色，黄为土地之色，土为万物之本，尤其在农业社会，土地更有特殊的地位，所以黄色成了五色的中心。在紫禁城，几乎所有的宫殿屋顶都用黄色琉璃瓦就不奇怪了（图5–45）。

图5-45　紫禁城屋顶

（3）形势说对故宫建筑的影响。

风水学的观形察势（也即形势说），就是风水学中的“形”与“势”要领的实际应用。就本质来说，是运用建筑形体及其环境景观构成要素，如地形、地貌，山川植被以及光、色等，进行空间组合，使在体量、尺度、造型形式以及质地肌理等方面，大小高低，远近离合、主从虚实、阴阳动静等变化，都能适合人的生理和心理要求，在感受效果上，特别是视觉上，引起审美的愉悦，并臻于艺术上的完善。而建筑外部空间设计理论，也不外是有关这些空间组合处理技巧规律的概括和抽象。风水学的形势理论即是这种理论思维的内涵和特征。

北京紫禁城的规划设计备受风水学理论的制约和指导，有关风水学的形势说在紫禁城大规模建筑群的外部空间构成中表现得淋漓尽致。

紫禁城的整体立意，不仅极为注重“非壮丽无以重威”，竭力表现和强化其环境氛围的“九五之尊”，而且在艺术追求上也具有鲜明的现实理性精神。构成规模恢宏、气势磅礴的紫禁城建筑组群的各个单体建筑，其外部空间构成的基本尺度，实际上也都遵循了“百尺为形”（这百尺折合公制，约为2335米）的原则，以2335米为率来控制单体建筑的平面及竖向尺度，而没有以超人的尺度夸张来求取艺术上的威严。这点从以下几方面可见：

1）建筑高度的限定。紫禁城最高的单体建筑是午门，由于它是紫禁城的正门，在征伐凯旋献俘之际，皇帝亲御其门楼，有明确且强烈的镇压威慑作用，其自城下地平直到脊高也只有37.95米，九五之尊的太和殿，连同三层台基，全高也才35.05米。除此之外，紫禁城其余所有单体建筑的高度约在35米限下。

2）建筑进深的确定。太和殿为最大，通进深33.33米，其余各单体建筑进深均在此限之下。

3）建筑面阔的确定。紫禁城的建筑大部分通面阔均以“百尺为形”加以控制。只有在中轴线上的午门、太和门、太和殿以及神武门和横轴线上的东华门、西华门、体仁阁、弘义阁等为了体现“居中为尊”，其通面阔超过百尺之度，但由于处在主轴线上的主体建筑均为对称建筑，其通面阔则都是按轴线两侧各控制在百尺之内的。

4）近观视距的控制。如东、西六宫的绝大多数内庭院，通面阔，通进深都在35米限内。在紫禁城，就连最为显赫的三大殿，自其三台巡南而至北端，自东而西，进深和面阔逐段划分，也均在此限之下。

5）远观视距的构成。除东华门、西华门距离过大为仅有特例外，其余所有广场、街巷或相邻单体建筑间距，以及城台、城墙各段落之长，最大的也都在350米左右，以“千尺为势”作限定。

正是由于紫禁城各单体建筑的平面尺度按“百尺为形”控制，近观视距亦以“百尺为形”而限定；远观视距则控制在“千尺为势”的限界之内，其间行程又遵循以“百尺为形”划分于“千尺之势”的空间构成原则。因此，构成了一系列最佳观赏视角及空间感，保证了近观、远观以及移行其间在“形”与“势”的时空转换中获得最佳的视觉效果。

紫禁城大规模建筑群的整体布局和由此形成的艺术氛围，具有震撼人心的气势魄力，极为壮丽恢宏，在远观时尤为显赫。

（三）沈阳故宫建筑艺术

沈阳故宫又称后金故宫，始建于公元1625年，是清朝入关前建造的皇宫。清世祖福临在此即位称帝。2004年7月1日，在中国苏州召开的第28届世界遗产委员会会议批准中国的沈阳故宫作为明清皇宫文化遗产扩展项目列入《世界遗产名录》，它以独特的历史、地理条件和浓郁的满族特色而迥异于北京故宫。沈阳故宫中金龙蟠柱的大政殿、崇政殿，排如雁行的十王亭、万字炕口袋房的清宁宫，古朴典雅的文朔阁，以及凤凰楼等高台建筑，在中国宫殿建筑史上绝无仅有；极富满族情调的“宫高殿低”的建筑风格，更是“别无分号”。

图5-46 沈阳故宫大政殿

1. 大政殿（图5-46）

一座八角重檐亭式建筑，正门有两根盘龙柱，以示庄严。大政殿用于举行大典，如皇帝即位、颁布诏书、宣布军队出征、迎接将士凯旋等。从建筑上看，平面八角形，重檐攒尖式，外设回廊，其下为须弥座台基。殿顶满铺黄琉璃瓦，镶绿剪边，正中相轮火焰珠顶，宝顶周围有八条铁链各与力士相连。殿前两明柱各有金龙盘柱，殿内为梵文天花和降龙藻井。

图5-47 崇政殿

2. 崇政殿（图5-47）

位于中路前院正中，是沈阳故宫最重要的建筑。整座大殿全是木结构，五间九檩硬山建筑，前后出廊，辟有隔扇门，围以石雕的栏杆。殿身的廊柱是方形的，望柱下有吐水的螭首，顶盖黄琉璃瓦镶绿剪边；殿柱是圆形的，两柱间用一条雕刻的整龙连接，龙头探出檐外，龙尾直入殿中，实用与装饰完美地结合为一体，增加了殿宇的帝王气魄。

图5-48 十王亭

3. 十王亭（图5-48）

位于大政殿两侧，八字形依次排列，是满族八旗制度在宫殿建筑的反映，此建筑布局为中国古代宫廷建筑史所仅见。其东侧五亭由北往南依次为左翼王亭、镶黄旗亭、正白旗亭、镶白旗亭、正蓝旗亭；西侧五亭依次为右翼王亭、正黄旗亭、正红旗亭、镶黄旗亭、镶蓝旗亭。十王亭是清初八旗各主旗贝勒、大臣议政及处理政务之处。

第六章 坛庙建筑艺术

一、坛庙历史沿革

坛庙建筑远比宗教建筑历史久远，中国在内蒙古、辽宁、浙江等地发现的最早的一批祭坛和神庙，距今约有五六千年。《史记》记载，黄帝轩辕氏多次封土为坛，祭祀山川鬼神，成为“封禅”，应是坛的开始。西安半坡村新时期文化遗存中正方形大房子基址，从南北准确的方位、整齐的柱网排列和巨大的空间推测，应当是部落聚会和祭祀的场所，即庙的开始。商周非常注重祭祀，祭祀是周礼的重要组成部分。《考工记》记载，夏有世室，商有重屋，周有明堂，都是礼制祭祀建筑。秦时称“口”，它可能是坛，也可能是庙，也可能是坛上建庙的混合建筑。汉代坛庙分开，开始确立祭祀礼仪等级。以后各代坛庙数量日益增加，制度日益完善。

中国古代对天地山川的祭祀可以追溯到很早。远古时期的人类，经常会遇到雨雪风暴的袭击，他们对这些来自自然界的灾害既缺乏科学的认识，更无法抵御，于是产生了对自然天地的恐惧与祈求感，产生了对冥冥上天与沧海大地的崇敬，这就是人类早期的原始信仰。中国进入农业经济社会以后，人类主要从事农业生产，更加重了对天地自然的依赖。风调雨顺，五谷丰收，久雨使江河泛滥，不雨而赤地千里，颗粒无收，自然界的变化直接决定着农作物的丰歉，也决定着人间的祸福，于是对自然天地的崇拜进一步得到强化。随之而起的是产生与发展了对天、地、日、月的祭祀。

祭祀天地之礼很早就存在，日与月几乎是最早出现的自然神。早在夏代（约公元前21～公元前16世纪）就有了正式的祭祀活动，在以后的历朝历代都受到统治者的重视。帝王将自己比作天地之子，祭天地乃尽为子之道，所以皇帝称为“天子”，是受命于天而来统治百姓的，所以祭祀天地成了中国历史上每个王朝的重要政治活动。古代将祭祀天地日月皆称为郊祭，既在都城之郊外进行祭祀，这是因为天、地、日、月均属自然之神，在郊外祭祀更接近自然，而且可以远离城市之喧哗，以增加肃穆崇敬之情。

坛庙的出现源于祭祀，祭祀是对人们向自然、神灵、祖先、繁殖等表示一种意向的活动仪式的统称，它的出现大约在旧石器时代后期。根据现有考古材料研究分析，祭祀起源迹象，一般为2万～4万年前，最多为10余万年前，更早的迹象则难于寻觅。伴随着祭祀活动，相应地产生场所、构筑物和建筑，这就是坛庙。

在新石器时代后期，发现有良渚文化祭坛、红山文化祭坛及女神庙等。良渚文化祭坛，最早是1987年通过浙江余姚瑶山遗址的考古发掘而被确定的。瑶山是一座人工堆筑的小土山，在其顶部建有一座边长约20米的方形祭坛。从表面上看，该祭坛共由三重遗迹构成，最中央的是一个略呈方形的红土台；在其四周，是一条回字形灰土沟；灰沟的西、南、北三面，是用黄褐土筑成的土台，东面是自然土山。根据现场遗迹，估计外重台面上原铺有砾石，现西北角仍存两道石磡，残高0.9米。在祭坛的中部偏南分布着两排大墓，共12座。红山文化女神庙，位于辽宁建平牛河梁一个平台南坡，由一个多室和一个单室两组建筑构成，附近还有几座积石塚群相配属。

这一批原始社会公共建筑遗址的发现，使人们对五千年前神州大地上先民们的建筑水平有了新的了解，他们为了表示对神的祗敬，开始创造出一种超常的建筑形式，从而出现了沿轴展开的多重空间组合和建筑装饰艺术，这是建筑发展史上的一次飞跃。从此，建筑不再仅仅是物质生活手段，同时也成了社会意识形态的一种表征方式和物化形态，这一变化促进了建筑技术和艺术向更高的层次发展。

奴隶社会时期的重要遗迹有河南安阳殷墟祭祀坑、四川广汉三星堆祭祀坑等。根据这两处祭祀出土文物和遗迹现象，证明它们有相同的青铜铸造工艺，相似的都城格局，类似的自然、鬼神、祖先崇拜及相同的祭祀方法等，但也存在很大差异。殷墟祭祀坑出土青铜器铸造技术的高超、甲骨文和金文等文字的成熟、祭祀中人牲的大量使用，说明了奴隶制昌盛，“国家大事，在祀与戎”以及中原地区祭祀的特点。三星堆的蜀人祭祀虽也祭天、祭地、祭祖先，迎神驱鬼，但祭礼对象多用各种形式的青铜塑像代替，反映了图腾崇拜的残余较浓。

这些差异是地域或民族不同所致，但它们均开了秦汉隋唐以至清坛庙的先河。《尔雅·释天》所载的“祭天曰燔柴；祭地曰瘗埋，祭山曰悬；祭川曰浮沉。”这种被后来系统化的祭仪，在殷人和蜀人的祭祀中都已具备。两地的遗址遗物都有燔柴祭祀天的明证，而且殷墟祭祀坑是圆形的，与后代天坛圜丘祭天如出一辙。

到了封建社会，对坛庙的祭祀，是中国古代帝王最重要的活动之一。京城是否有坛庙，是立国合法与否的标准之一。明清北京，宫殿前左祖右社，郊外祭天于南，祭地于北，祭日于东，祭月于西，祭先农于南，祭先蚕于北，是坛庙建筑的重要留存地。

二、坛庙发展规律

（一）从原始社会至封建社会末期，合祭分祭各领风骚

《周礼·大司乐》：“冬至日，地上圜丘之制，则曰礼天神，夏至日，泽中方丘之制，则曰礼地神。天地分祀，从来久矣。合祭之说，实自莽始，汉之前皆主分祭。而汉之后亦间而有之。由汉历唐，千余年间，皆因之合祭。其亲祀北郊者，惟魏文帝、周武帝、隋高祖、唐玄宗四帝而已。宋元丰中，议罢合祭。绍圣、政和间，或分或合。高宗南渡以后，惟用合祭之礼。元成宗始合祭天地五方帝，已而立南郊，专祀天。泰定中，又合祭。文宗至顺以后，惟祀昊天上帝”。宋元皆主合祭，明初主分祭。“冬至报天，夏至报地，所以顺阴阳之义也。祭天于南郊之圜丘，祭地于北郊之方泽，所以顺阴阳之位也”。明清分合皆有。合祭分祭直至封建社会末期未曾定制。

（二）由“一祖多庙”向“多祖一庙”集约发展

早期采取“一祖多庙”制。一祖分别建立七所或九所建筑，每所奉一祖先，如汉长安城南王莽九庙，即属此类；晚期采取“多祖一庙”制。一庙多室，一室一祖。在一座建筑中设有七室或九室，每室奉一神主，其余的迁至东西夹室供奉，所以历代太庙殿宇多以七间或九间加两夹室为基本形式，但也有增至14间、15间以至18间加东西夹室的。从祭祀角度，减少了空间跨度和祭祀时间，从建筑角度走集约化道路，便于通过群体组织达到庄严肃穆氛围的营造。

（三）由单一帝王坛庙祭祀向庶民祭祀系列发展

概括来说，坛庙主要有三类：

（1）第一类祭祀自然神。其建筑包括天、地、日、月、风云雷雨、社稷、先农之坛，五岳、五镇、四海、四渎之庙等。其中天地、日月、社稷、先农等由皇帝亲祭，其余遣官致祭。祭天之礼，冬至郊祀、孟春祈谷、孟夏大雩都在京城南郊圜丘，季秋大享则于明堂举行，祭时以祖宗配祀。历代皇帝把祭天之礼列为朝廷大事，祀典极其隆重，无非是强调“受命于天”、“君权神授”，神圣不可侵犯。祭地之礼，夏至在北郊方丘举行。中国古代认为天圆地方，故分别筑园坛、方坛举行祭典。日月星辰或于祭天时附祭，或另设坛致祭，明代北京则于京城东西郊分设日坛、月坛。

社稷坛祭土地之神。社是五土之神，稷是无谷之神，古代以农立国，社稷象征国土和政权。所以不仅京师有社稷坛，诸侯王国和府县也有，只是规制低于京师的太社太稷。明制皇帝太社稷坛用五色土，而王国社稷用一色土，坛比太社小3/10，府县则小1/2。

先农坛是皇帝祭神农和行籍田礼之处。为了表示鼓励耕作，天子有籍田千亩，仲春举行耕籍田礼，并祭神农于此。明代北京先农坛设于南郊圜丘之西。

五岳、五镇是山神，四海、四渎是水神。五岳以东岳泰山为首，自汉武帝以后，历代皇帝都以泰山封禅为盛典。“封禅”是告帝业成功于天地，所以泰山之庙规模宏大，仿帝王宫城制度。其中中岳嵩山之庙，规制和岱庙相近。其他如北岳庙、济渎庙等，规模也很恢宏。

中国古代还有一种称为“明堂”的重要建筑物，其用途是皇帝于季秋大享祭天，配祀祖宗，朝会诸侯，颁布政令等，可说是朝廷举行最高登记的祀典和朝会的场所。汉长安南郊的明堂辟雍，是早期的大型建筑遗存。而历代明堂以武则天在洛阳所建“万象神宫”最为宏大壮丽，堂高294尺，东西南北各300尺。共三层：下层象四时，四面按方位用四色；中层用圆盖。堂中有巨木贯通上下。瓦用木刻，夹柠漆。经火灾后又按原样重建。玄宗开元间撤去上层，改为八角顶，更名乾元殿。宋政和年间，东京也建成明堂一所。名嘉靖年间，则在北京南郊建大享殿，也有名堂之意。

（2）第二类是祭祀祖先。帝王祖庙称太庙，臣下称家庙或祠堂。明制庶人无家庙，仅在祭祀中设父、祖二代神主，且不能设安放神主的椟。帝王宗庙仿宫殿前朝后寝之制：前设庙，供神主，四时致祭；后有寝，设衣冠几杖，以存时鲜新品。

官员家庙的明代定制：三品以上可建五间九架，奉五代祖先；三品以下建三间九架，奉四代祖先。庙之东侧设祭器库，供储存祭器、衣服、遗书之用。各地所留明、清祠堂数量颇大，徽州、浮梁两地留有一批明代祠堂，平面布置都用封闭的院落二进，入门为宽阔的廊院，大堂三间或五间，敞开无门窗。堂北设后寝，供祖先神主，后寝有多至九间的，但内部仍分隔为三间一组，似是当时制度所限。安徽沁县呈坎东舒祠即属此类。祠堂前，常列照壁或石牌坊一至数座，不少石坊造型优美、雕刻精致，是宝贵的建筑艺术精品。这批明代祠堂连同周围地区的明代住宅，是江南明代建筑的代表，有很高的工艺和历史价值。

（3）第三类是先贤祠庙。如孔子庙、诸葛武侯祠、关帝庙等。其中孔子庙数量最多，规模也大，分布遍及全国府、州、县。自汉武帝尊儒之后，历代帝王多以儒家之说为指导思想，孔子地位日崇，至唐，封为文宣王，曲阜孔庙也日益宏大壮丽，到明代，达到了目前所见的规模。府县孔庙，规模常超过一般祠庙，庙前设泮池、灵星门，庙内有大成门、大成殿、明伦堂等建筑。

（四）通过建筑空间体现礼的精神内容的艺术手法应用越来越完备

祭祀活动的本意在于观念性的诉求、宣示与表达，它的活动程序复杂，这种行为活动需要的“场所”以及相关“场所”的连带要求，主要通过广义的建筑空间组合形式的概念表达来体现。这也与前述中国传统建筑的主要特点是一致的。建筑依纵轴线布置，在轴线上安排若干空间，主体建筑前面至少有两三个空间作前导，到主体时空间突然放大，最后又以小空间结束，使得多层次的环境更富有序列性、节奏感，达到突出主体的目的。

三、坛庙建筑艺术特征

坛庙建筑的艺术形式都是以满足精神功能为主，要求充分体现出祭祀对象的崇高伟大，祭祀礼仪的严肃神圣，具有庄重严肃的纪念型风格。其特点是群体组合简明肯定，主体形象突出，富有象征涵义，整个建筑的尺度、造型和涵义内容都有一些特殊的规定。坛庙建筑的美学特征是：将丰富的艺术形式与严肃的礼制内容密切结合起来，通过感性的审美感受启示出对当代政治典章和伦理观念的理性皈依。为此，坛庙建筑艺术的主要特征有加深环境层次、组织空间序列、突出主体形象、显示等级规格、运用象征手法等几个方面。

（1）加深环境层次。坛庙占地很大，但建筑相对较少。主体建筑布置在中心部分，外面有多层围墙，并满植松柏树。人们在到达主体以前，必须通过若干门、墙、甬道，周围又是茂密的树木，这就加深了环境的层次，加强了严肃神圣的气氛。

（2）组织空间序列。建筑依纵轴线布置，在轴线上安排若干空间，主体建筑前面至少有两三个空间作前导，到主体时空间突然放大，最后又以小空间结束，使得多层次的环境更富有序列性、节奏感。

（3）突出主体形象。主体如果是殿宇，它的体量、形式、色彩等级别很高，明显与众不同；如果是祭坛，则重点处理周围环境的陪衬，使它的形象引人注目。

（4）显示等级规格。坛庙是体现王朝礼制典章的重要场所，不但每一类每一等坛庙要按照制度建造，而且一组之内每个建筑的体量、形式、装饰、色彩、用料也必须符合等级规矩。这种主次分明的艺术形象，不但显示出礼仪制度的严肃性，也符合统一和谐的美学法则。

（5）运用象征手法。为了启示人们对祭祀对象的理性认识，增加它们的神圣性，坛庙建筑中常用形和数来象征某种政治的和伦理的涵义。如明堂上圆象征天，下方象征地，设五色象征五方、五行、五材等。明堂外环水呈圆形，象征帝王的礼器璧，又象征皇道运行周回不绝。孔庙也是官学，是教化礼仪的中心，京师孔庙即太学，设辟雍象征教化圆满无缺，地方孔庙前设半圆形水池，名泮池，象征它们只是辟雍的一半，地方不能脱离朝廷独立存在。天坛以圆形、蓝色象征天（见天坛），社稷坛以五色土象征天下一统（见北京社稷坛）。天为阳，天坛建筑中都含有阳（奇）数；地为阴，地坛建筑中都含有阴（偶）数。某些建筑的梁柱、间架、基座等构件的数目、尺寸，也常和天文地理、伦理道德取得对应。这类手法增大了审美活动中的认识因素，也有助于加强建筑总体的和谐性和有机性。

四、坛庙建筑艺术鉴赏

（一）北京天坛

1. 历史沿革

天坛始建于明永乐十八年（公元1420年），用工14年，与紫禁城同时建成，天与地原是合并一起祭祀，名天地坛。设祭的地方名叫大祀殿，是方形11间的建筑物。嘉靖九年（公元1530年）因立四郊分祀制度，于嘉靖十三年（公元1534年）改称天坛。清乾隆、光绪帝重修改建后，才形成现在天坛公园的格局。

2. 地理位置和基本构成

天坛位于北京正阳门外东侧。天坛的正门位于西面居中位置，与北京城中轴线永定门内大街相连。天坛的基本构成有：圜丘及其附属建筑、祈年殿及其附属建筑、斋宫、神乐署和牺牲所四大部分。其中圜丘既为祭天坛台；祈年殿为祈谷之所，祈求风调雨顺、五谷丰登的地方；斋宫是皇帝参加祭祀大典前斋戒之处；神乐署和牺牲所则是供舞乐人员居住和饲养祭祀用牲畜的地方。

3. 规划布局

北京天坛平面（图6-1）近似方形，占地面积达4184亩，约相当于紫禁城面积的四倍。天坛被两重坛墙分隔成内坛和外坛，形似“回”字。两重坛墙的南侧转角皆为直角，北侧转角皆为圆弧形，象征着“天圆地方”。天坛的主要建筑均位于内坛，从南到北排列在一条直线上。全部宫殿、坛基都朝南成圆形，以象征天。南有圜丘坛和皇穹宇，北有祈年殿和皇乾殿，两部分之间用一座长360米、宽28米、高2.5米的“丹陛桥”（砖砌甬道）连接圜丘坛和祈谷坛，构成了内坛的有形南北轴线。

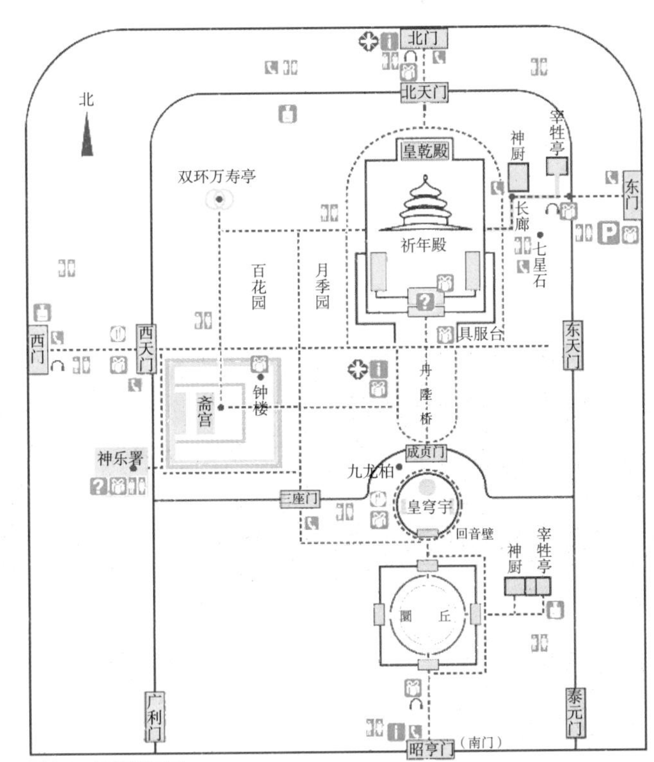

图6-1　天坛平面图

4. 建筑特点

天坛建筑的主要设计思想就是要突出天空的辽阔高远，以表现“天”的至高无上。在布局方面，内坛位于外坛的南北中轴线以东，而圜丘坛和祈年坛又位于内坛中轴线的东面，这些都是为了增加西侧的空旷程度，使人们从西边的正门进入天坛后，就能获得开阔的视野，以感受到上天的伟大和自身的渺小。就单体建筑来说，祈年殿（图6–2）和皇穹宇都使用了圆形攒尖顶，它们外部的台基和屋檐层层收缩上举，也体现出一种与天接近的感觉。

图6-2 祈年殿鸟瞰图

5. 艺术成就

（1）象征手法的成熟运用。

1）古代“天圆地方”的宇宙观。昊昊上天是圆的，四面八方无边无垠，苍茫大地是方的。在天坛，圆与方的形象被大量运用。天坛两重围墙近似方形，两重坛墙的南侧转角皆为直角，北侧转角皆为圆弧形，圜丘（图6–3）三层平台皆为圆形，而其外两次矮墙却是内圆外方；皇穹宇的大殿与围墙都是圆的；祈年殿建与台基皆圆形，而其外墙为方形等。

2）天象数字的运用，如圜丘石板数量等。圜丘最上一层即举行祭天大礼之场所，坛面全部用青石铺砌，以中央一块石为心，围绕中心石的四周皆用扇面石，逐层展开。第一层为9块扇面石，第二层共18块扇面石，第三层为27块，直至第九层81块。三层平台四面皆有石栏杆，最上一层为四面栏杆，每面各有9块栏板，四面共36块；第二层每面18块，下层每面则27块。3层平台之间皆有台阶上下，每层台阶皆为9步。祈年殿为祈求丰年之地，所用数字多与农业有关。

3）与四季天时相联系，如祈年殿柱子等。圆形大殿的柱子分里外三层，最里层为4根大立柱，象征一年四季；中间12根立柱象征一年12个月，外檐12根柱象征一天12个时辰；中、外两层24根柱又象征一年24个节气。中国社会长期以农业为经济基础，农业生产的丰歉的确与天时季节密不可分。

图6-3 圜丘

（2）色彩的天物合一。琉璃瓦的蓝色象征青天。天坛的很多建筑上用了蓝色。圜丘四周的矮墙的墙顶用的是蓝色琉璃瓦；皇穹宇、祈年殿的屋顶也全部用蓝色琉璃瓦；连皇穹宇和祈年殿两组建筑的配门与院门的屋顶也用了蓝色琉璃瓦。

图6-4 从门看皇穹宇

（3）对比统一手法综合运用，主次分明，相得益彰。轴线统率，突出重心，从大到小，巨细皆精。坛台祭祀规制“露天而祭，坛而不屋”是与上天对话中中国哲学的创造性成就，与西方教堂高耸升腾的追求异曲同工。圜丘坛台三层，高约八米。周围围墙高仅一米，围墙上所设四门尺度矮小，以衬托手法突出坛台空阔。作为一组主体祭祀建筑群，南部的圜丘坛和北部的祈年殿采取横竖对比，使二者均得到突出和强化，同时，高出地面四米的丹陛桥形成的有形轴线将两组建筑有机拉结起来，整体性跃然纸上。皇穹宇围墙是天坛有名的回音壁，做工很精细，磨砖对缝，浑然一体，由于墙面的连续折射，可以相互很清楚地听见对方的声音，这种效果虽非当初有意造成的，但施工质量足见一斑。

图6-5 从祈年门看祈年殿

（4）绿化衬托肃穆静谧气氛创造方面无与伦比。在天坛内，如果说形象与数字的象征意义比较隐晦，人们不能明白地领悟到其中的含义，那么在色彩上却不一样。色彩表现的象征意义是人们从自身的经验中能够体会得到的。天坛的苍绿环境，由白色和蓝色组成的建筑形象，使整个天坛具有一种极肃穆、神圣而崇高的意境。中国古代工匠在这座祭天祈丰年的建筑上发挥了他们无比的创造力。天坛占地四千多亩，建筑仅四组而已，绝大部分是以松柏树为主的绿化空间，建筑掩映在绿化之中，这单一纯净色彩的运用对静谧肃穆气氛的营造起着举足轻重的作用。丹陛桥两旁广植松柏，人行其上，仰望青天，四周一片起伏的绿涛，由南向北，仿佛步入昊昊苍天之怀，集中体现了这个祭天环境所要达到的意境。

（5）景框构图，创造最佳的视觉效果。圜丘以北有一组皇穹宇建筑，主殿为一圆形小殿，该建筑位置与圆形围墙的圆心并不重合，而是主体建筑北移，门与殿之间的距离设计恰如其分，两侧的配殿靠前，透过院落门洞看主体建筑（图6–4），具有良好的视角与构图，配殿在视野之外，以门洞轮廓线为画框，有完美的构图效果。

祈年门与祈年殿之间（图6–5）的关系处理如同皇穹门与皇穹宇之间的关系处理。祈年门与祈年殿之间的距离约为殿总高的三倍，由祈年门内望，手法同上，后部的皇乾殿，尺度虽然不小，但由于地坪低矮，加之祈年殿遮挡，依然不能进入最佳视野，使构图纯净单一，达到良好的艺术效果。

这组建筑的环境、空间、造型、色彩都很成功，是古代建筑群的杰作之一。1998年，天坛这一世界建筑艺术中的珍宝被联合国教科文组织列入“世界文化遗产”名录。

（二）社稷坛

帝王祭祀社稷由来已久，《周礼·考工记》中的“左祖右社”制，反映了古代把祭社稷放在与祭祖先同样重要的位置。何谓社稷，《考经纬》称：“社，土地之主也，土地阔不可尽敬，故封土为社，以报功也。稷，五谷之长也，谷众不可遍祭，故立稷神以祭之”。在以农业为主的古代中国，祭祀社稷十分重要，早期将太社与太稷分置两坛而祭，直到明永乐定都北京，才把社与稷合而祭之，设社稷坛于紫禁城之右按古制形成“左祖右社”的格局。

社稷坛面积360余亩，其中主体建筑由社稷坛、拜殿与勒门三者组成，居于全坛的中轴线上。因为祭祀是由北向南进行，所以最北为勒门，为社稷坛的正门。勒门之南为拜殿，供帝王在祭祀时避风雨之用，拜殿之南为社稷坛，是举行祭祀仪式的地方。坛为方形土台以象征地方之说，边长15米，高出地面约1米，台上铺设五色土（图6–6）。《周礼》中说：“以玉作六器，以礼天地四方，以仓璧礼天，以黄宗礼地，以青圭礼东方，以赤璋礼南方，以白琥礼西方，以玄黄礼北方”（见《周礼·春官宗伯第三》）。在这里也是在东、南、西、北四个方向分别铺青、红、白、黑四种颜色的土，而以黄色土居中，坛外设墙一周，墙上颜色也按方位分为四色。而且这五色之土皆由全国各地纳贡而来，以表示“普天之下，莫非王土”，帝王一统天下的威望。方坛四周有一道坛墙相围，坛墙很矮，墙面上贴以玻璃砖，也是按东、南、西、北四个方位，分别为青、红、白、黑四种颜色，在每面墙的中部各有一座石造的棂星门，这样的布置不但使祭坛有一个限定的空间，而且也使社稷之坛更具有气势。园内还有许多古柏，大多是明代建坛时所栽，古木虬枝，是祭坛环境的重要组成部分。

图6-6 社稷坛五色土

（三）北京太庙

在中国两千年的封建社会中，宗法制度始终是封建专制的基础。宗法制度的主要内容是以血缘的祖宗关系来维系世人，以祖为纵向，以宗为横向，以血缘关系区分嫡庶，规定长幼尊卑的等级，在皇帝世袭的制度下构成了封建社会特有的家、国密不可分的关系，形成了从上到下的重血统，敬祖先，齐家治国平天下的宗法社会意识。无论是帝王的祖庙还是庶民的祠堂都是实行宗法统治的场所。从祖庙到祠堂都是宗法制度的物质象征。

皇帝祭祀祖先的场所就是太庙（又称祖庙），是宗法社会皇权世袭的重要标志，历代朝廷都极重视，致祭很勤。

太庙的规模，在《周礼》中有规定：“古者天子七庙，诸侯五庙，大夫三庙，士一庙，庶人祭于寝。”至于宗庙的位置，在《周礼·考工记》的《匠人》中提到“匠人营国”时说：“左祖右社，面朝后市。”就是说在王城中，太庙的位置应该在王城中央宫城的左方，它与社、朝、市分别位于王城中的重要位置（图6–7）。

图6-7 北京太庙

图6-8 水镜台

太庙位于皇城内天安门与端门的左方，里外有三层围墙，西边有门与端门内庭院相通。在第一、二道院墙之间种有成片柏树，形成太庙内肃穆的环境。在第二、三两道院墙的南面正中设有琉璃砖门与戟门，戟门之内才是太庙的中心部分。这里有三座殿堂前后排列在中轴线上。前为正殿。大殿面阔原为九开间，清朝改为十一间，用的是最高等级的重檐庑殿屋顶，坐落在三层石台基上。这说明了祭祀祖先在封建制度中的重要地位。正殿之后为寝宫，是平时供奉皇帝祖先牌位的地方。最后为祧庙，按礼制，这里供奉着皇帝的远祖神位。在中轴线的两侧各有配殿，殿中存放祭祖的用具。太庙如今已成为北京市的劳动人民文化宫。

（四）太原晋祠

晋祠是为奉祀晋侯祖叔虞而立的祠庙，位于山西太原西南郊悬翁山麓，全祠依山傍泉，风景优美，具有园林风味，不同于一般庙宇。祠区内中轴线上的建筑，由南向北，依次是：水镜台、会仙桥、金人台、对越坊、钟鼓二楼、献殿、鱼沼飞梁和圣母殿（图6–8）。这组建筑和它东面的唐叔虞祠、关帝庙和文昌宫，及西面的水母楼、难老泉亭等，组成了一个综合建筑群。南北主线上的建筑，配合上东、西两组建筑，本来是不同时期建起来的，集中在一起，却好像都服从于一个精巧的总体设计，并不是杂乱无章地生拼硬凑，而是显得布局紧凑，既像庙观的院落，又像皇室的宫苑（图6–9）。主殿供叔虞之母，称圣母殿（图6–10），是宋代所建造的。檐口及正脊弯曲明显，殿前廊柱上有木雕盘龙，栩栩如生，斗拱已较唐代繁密，外貌显得轻盈富丽，和唐、辽时期的凝重雄健风格有所不同。殿前汇泉成行鱼沼，上架十字形平面的桥梁可起殿前平台的作用，构思奇特。殿内所供圣母、宫女（图6–11）、太监等41尊宋塑，神态自然，形象优美，生态地描绘了宫廷内各种人物的体态神情，是中国古代雕塑史上的名作。

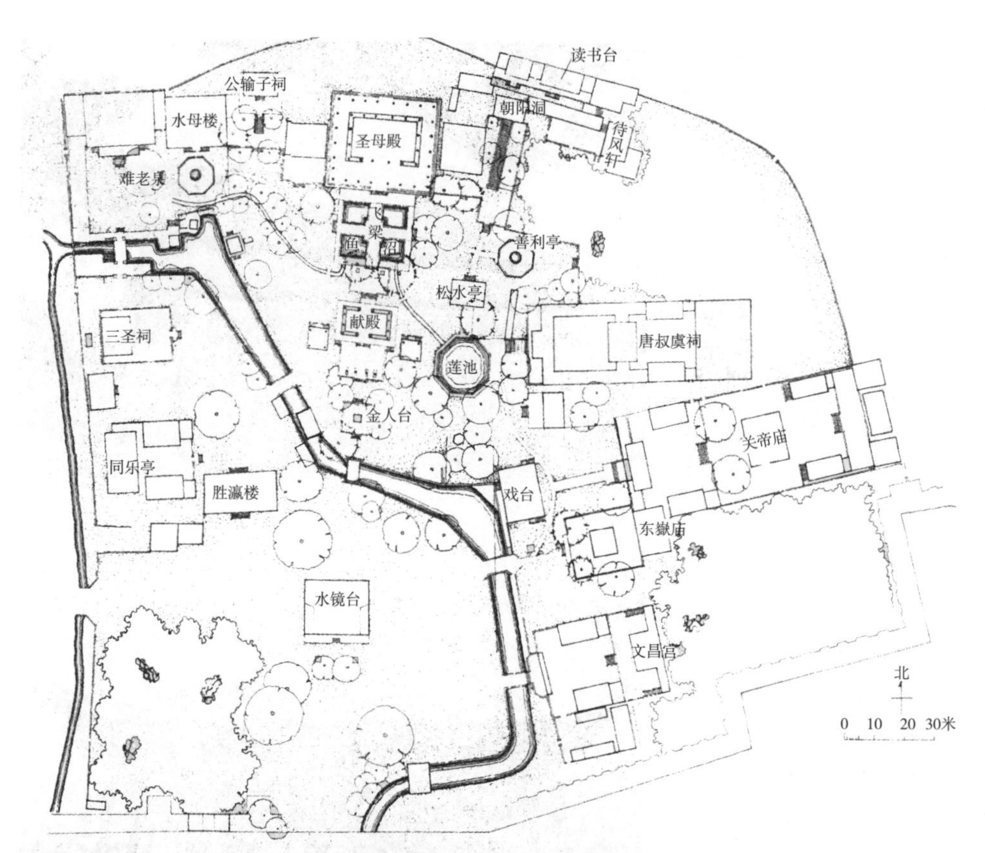

图6-9 晋祠布局

图6-10 太原晋祠圣母殿

图6-11 太原晋祠北宋宫女雕塑

（五）曲阜孔庙

孔子去世的次年（公元前478年），故居就被改作庙宇，人们按时进行祭祀。

孔庙（图6–12）的总体设计是非常成功的。前为神道，两侧栽植桧柏，创造出庄严肃穆的气氛，培养谒庙者崇敬的情绪；庙的主体贯穿在一条中轴线上，左右对称，布局严谨。前后九进院落，前三进是引导性庭院，只有一些尺度较小的门坊，院内遍植成行的松柏，浓荫蔽日，创造出使人清心涤念的环境，而高耸挺拔的苍桧古柏间辟出一条幽深的甬道，既使人感到孔庙历史的悠久，又烘托了孔子思想的深奥。座座门坊高挂的额匾，极力赞颂孔子的功绩，给人以强烈的印象，使人敬仰之情不觉油然而生。第四进以后庭院，建筑雄伟，黄瓦、红墙、绿树，交相辉映，而供奉儒家贤达的东西两厢，分别长166米。

图6-12　曲阜孔庙景色

孔庙共有建筑100余座460余间，建筑面积约16000平方米。主要建筑有金元碑亭、明代奎文阁、杏坛、德祥天地坊、清代重建的大成殿、寝殿等。金牌亭大木作做法具有不少宋式特点，斗栱疏朗，瓜子栱、令栱、慢拱长度依次递增，六铺作里跳减二铺，柱头铺作与补间铺作外观相同等。正殿采用廊庑围绕的组合方式是宋金时期常用的封闭式祠庙形制少见的遗例。大成殿（图6–13）、寝殿、奎文阁、杏坛（杏坛）、大成门等建筑采用木石混合结构，也是比较少见的形式。斗栱（图6–14）布置和细部做法灵活，根据需要，每间平身科多少不一，疏密不一，栱长不一，甚至为了弥补视觉上的空缺感，将厢栱、万栱、瓜栱加长，使同一建筑物相邻两间斗栱的栱长不一，同一柱头科两边栱长悬殊，这是孔庙建筑的独特做法。

孔庙著名的石刻艺术——雕刻（图6–15中曲阜孔庙大成殿龙柱）技法多样，有线刻、有浮雕，线刻有减、有剔、有素、有线；浮雕有深有浅，有光面，有糙面。风格或严谨精细，或豪放粗犷，线条流畅，造型优美。此外孔庙碑刻（图6–16～图6–18）是中国古代书法艺术的宝库。

图6-13　曲阜孔庙大成殿

图6-14　曲阜孔庙斗拱

图6-15　曲阜孔庙大成殿龙柱

图6-16　曲阜孔庙龟驼碑

图6-17　龟驼碑局部1

图6-18　龟驼碑局部2

两千多年来，曲阜孔庙屡毁屡修，从未废弃，在国家的保护下，由孔子的一座私人住宅发展成为规模形制与帝王宫殿相仿的庞大建筑群，延时之久，记载之丰，可以说是人类建筑史上的孤例。孔庙与孔府、孔林于1994年12月被列入《世界遗产名录》。

（六）关帝庙

关帝庙是为了供奉三国时期蜀国的大将关羽而兴建的。关帝庙已经成为中华传统文化的一个重要组成部分，与人们的生活息息相关，并与后人尊称的“文圣人”孔夫子齐名，被人们称之为武圣关公。国内关帝庙林林总总，处处可见。关帝庙建筑艺术是当地建筑艺术的杰出代表，全国规模最大、艺术水平最高的关帝庙当数山西解州关帝庙。

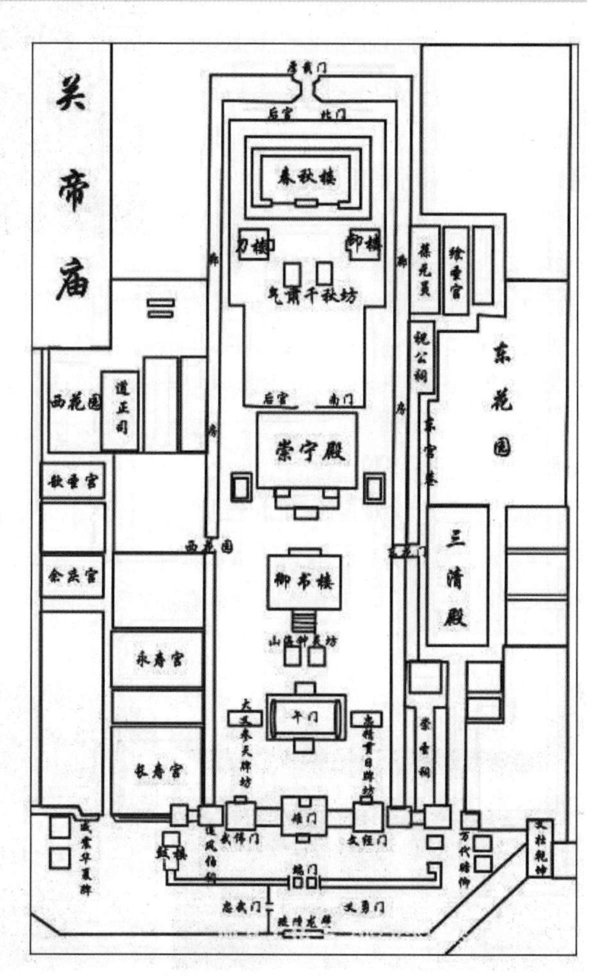

图6-19 解州关帝庙平面图

目前的解州关帝庙，总占地面积有7.3万平方米之多，为海内外众多关帝庙占地面积之最。解州关帝庙创建于隋开皇九年（公元589年），宋朝大中祥符七年（公元1014年）重建，嗣后屡建屡毁，现存建筑为清康熙四十一年（公元1072年）大火之后，历时十载而重建的。庙（图6–19）以东西向街道为界，分南北两大部分，总占地面积约66600余平方米。街南称结义园，由结义坊（图6–20）、君子亭、三义阁、莲花池、假山等建筑组成。残存高2米的结义碑1通，白描阴刻人物，桃花吐艳，竹枝扶疏，构思奇巧，刻技颇高，系清乾隆二十八年（公元1763年）言如泗主持刻建的。园内桃林繁茂，千枝万朵，颇有“三结义”的桃园风趣。街北是正庙，坐北朝南，仿宫殿式布局，占地面积18570平方米，横线上分中、东、西三院，中院是主体，主轴线上又分前院和后宫两部分。前院依次是照壁、端门、雉门、午门、山海钟灵坊、御书楼和崇宁殿。两侧是钟鼓楼、“大义参天”坊、“精忠贯日”坊、追风伯祠。后宫以“气肃千秋”坊（图6–21）、春秋楼为中心，左右有刀楼、印楼对称而立（图6–22）。东院有崇圣祠、三清殿、祝公祠、葆元宫、飨圣宫和东花园。西院有长寿宫、永寿宫、余庆宫、歆圣宫、道正司、汇善司和西花园以及前庭的“万代瞻仰”坊、“威震华夏”坊。全庙共有殿宇百余间，主次分明，布局严谨。殿阁嵯峨，气势雄伟；屋宇高低参差，前后有序；牌楼（图6–23）高高耸立，斗拱（图6–24）密密排列，建筑间既自成格局，又和谐统一，布局十分得体。庭院间古柏参天，藤萝满树，草坪如毡，花香迷人，使磅礴的关帝庙氤氲着浓烈的生活气息。

图6-20　解州关帝庙结义坊

图6-21　解州关帝庙气肃千秋坊

图6-22　解州关帝庙刀楼

图6-23　解州关帝庙木牌楼

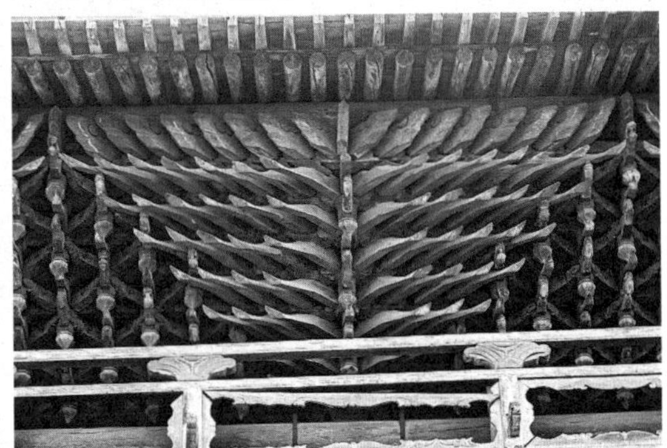

图6-24　木牌楼上精密的斗拱

解州关帝庙这座历史悠久、气势恢宏的古老庙宇，有着自己独特的价值和意义。它是中国古代道德文化发展到宋元明清时代的物质化凝结，作为珍贵的文化遗存，将永远向后人揭示着中国古代道德文化的丰富内涵和复杂内容；它是中国传统道德文化在中国封建后期社会发展和重构的历史见证，用实物而非文字的形式，向后人真实而形象地述说着中国古代道德文化的发展与变迁；它也是中国古代博大精深传统文化的实物宝库和实物载体，作为中华民族古代文化和文明的一份宝贵遗产，它在现在和将来，都会成为一条联系海内外炎黄子孙，认同传统民族文化的精神纽带；它也是一面镜子，能够让今世及后世的人们，于其中观照到中国传统道德文化中的精华和糟粕，并为现在和将来的道德文化发展提供有益的参考和借鉴。

（七）济渎庙

济渎庙（图6–25），全称济渎北海庙，坐落于济源市西北济水发源地，是古“四渎”唯一一处保存最完整、规模最宏大的历史文化遗产，也是河南省现存最大的一处古建筑群落，被誉为中原古代建筑的“博物馆”。

济渎庙坐北朝南，总体布局呈“甲”字形，总建筑面积86255平方米，现存古建筑72间，占地10万余平方米。主体建筑排列在三条纵轴线上，前为济渎庙，后为北海祠，东有御香院，西有天庆宫。现存建筑，在中轴线上有清源洞府门（山门）、清源门（图6–26）、渊德门、寝宫和临渊门，龙亭（图6–27）、灵源阁等；两侧有御香殿、接官楼、玉皇殿和长生阁等。这里朱门重重，庭院深深，古柏参天，碑碣林立，绿水环绕，曲径通幽，亭台楼榭，交相生辉。

庙内现存木结构古建筑始自北宋，历元、明而迄于清，绵延千年而不绝，本身就是一座具体而微的中国古建艺术博物馆。这里既有河南省年代最早，形制最大的单体木结构建筑——北宋济渎庙寝宫（图6–28），也有世所罕见的“工”字形大殿与长廊，既有北方建筑粗犷豪放的恢弘大气，又有江南园林精雕细琢的幽微匠心。

图6-25 济渎庙风景

图6-26 济渎庙清源门

图6-27 济渎庙龙亭

图6-28 济渎庙寝宫

寝宫建于宋开宝六年（公元973年），面阔五间，进深三间，单檐歇山造，屋坡平缓，斗拱雄巨疏朗，檐柱粗矮，是河南省现存最古老的木结构建筑。清源洞府门系三间四柱挑山造木牌楼，为河南省文物价值最高的古建筑。石勾栏为我国唯一保存最为完整的宋代石栏杆。1996年，被公布为国家重点文物保护单位。

（八）二王庙

纪念中国都江堰的开凿者、秦蜀郡太守李冰及其子二郎的祀庙——二王庙位于都江堰岷江东岸的玉垒山麓。庙内石壁上嵌有李冰以及后人关于治水的格言：深淘滩，低作堰等，被称为治水三字经。该庙（图6–29）占地面积10200平方米，建筑面积6050余平方米，规模宏大，布局严谨，整个建筑布局不受中轴线的束缚，而在纵横方向上依山就势，叠落而筑，层层楼台，起伏有序，曲折幽深，梯回壁转，而又主次分明，负山面水，极为幽静。

庙（图6–30）内建筑分主殿三重，配殿十六重；主殿二王殿内奉三眼二郎神，配祀木雕杨二郎；老王殿供奉李冰夫妇；老君殿因祀老子，故名，左右配建青龙、白虎两殿；三官殿中祀天、地、水三官大帝；灵官殿上下层，上祀道教护法神王灵官，下祀太白金星；另有城隍殿、土地殿、玉皇殿、娘娘殿、祈子宫、丁公祠、圣母殿、魁星阁、龙神殿等。

在2008年5月12日发生的汶川大地震中，二王庙损毁严重。

图6-29　都江堰二王庙（一）

图6-30　都江堰二王庙（二）

（九）武侯祠

武侯祠（Temple of Marquis）是纪念中国古代三国时期蜀汉丞相诸葛亮的祠宇。目前最有影响的是成都武侯祠、陕西勉县武侯祠、南阳武侯祠、襄樊古隆中武侯祠、重庆奉节白帝城武侯祠、云南保山武侯祠和甘肃礼县祁山武侯祠等。此外，还有建于唐代前的陕西岐山五丈原诸葛庙，建于明代的武侯宫（湖北蒲圻），建于建安时期的黄陵庙（湖北宜昌）等。由于建造年代差异，地理位置的不同，建筑规模和艺术风格异彩纷呈。

（1）成都武侯祠。

成都武侯祠位于四川省成都市南门武侯祠大街，是中国唯一的君臣合祀祠庙，由刘备、诸葛亮蜀汉君臣合祀祠宇及惠陵组成。现存祠庙的主体建筑于康熙十一年（公元1672年）重建。1961年公布为全国重点文物保护单位。

整个武侯祠（图6-31）坐北朝南，主体建筑大门，二门，汉昭烈庙，过厅，武侯祠五重建筑，严格排列在从南到北的一条中轴线上。以刘备殿最高，建筑最为雄伟壮丽。

（2）南阳武侯祠。

南阳武侯祠，又名“诸葛庐”（图6-32），位于河南省南阳市区西南部的卧龙岗上，是诸葛亮“躬耕南阳”的故址和历代祭祀诸葛亮的地方。初建于魏晋，盛于唐宋。刘禹锡《陋室铭》：“南阳诸葛庐，西蜀子云亭”。李白《南都行》：“谁识卧龙客，长吟愁鬓斑”。可见唐代卧龙岗已成为著名的人文景观。元仁宗时，南阳卧龙岗古建筑命名为武侯祠。明清时武侯祠屡有修葺，规模恢宏。今日武侯祠基本上保持元明的布局风格，其木结构建筑多为明清重建或增建。

武侯祠占地12万平方米，丛竹飒飒，松柏森森，潭水清碧，花草相映，景色宜人。总体格局婉转盘桓，结构幽雅精致，氛围古色古香，意境如诗如画，既不失名士祠的严谨肃穆气氛，也保留了故居园林的活泼清新景象。优美的自然风光与诱人的人文景观交相辉映。融合了园林建筑、祠庙建筑和当地民居的风格，展现了高水平的建筑艺术，其平面布局丰富，空间组合多变，群体布局和谐。

图6-31 成都武侯祠

图6-32 南阳武侯祠诸葛庐

武侯祠现存殿堂房舍267间，主要建筑排列在一条中轴线上，分前后两重，建筑布局严谨，疏密相宜，殿堂雄严，亭台壮观。祠前是宏伟雅致的“千古人龙”石牌坊（图6-33），高9米，面阔13.5米，三门四柱楼式，通体布满雕饰，对称的锦纹、图案，错落有致，疏朗多姿。高耸门外，望柱冲天，在苍松翠柏映衬下，武侯祠显得更加巍峨壮观。从山门（图6-34）至大拜殿，左右两廊为前部，是人们祭祀诸葛亮的场所。后部的茅庐、古柏亭（图6-35）、野云庵（图6-36）、躬耕亭、伴月台（图6-37）、小虹桥、梁父岩、抱膝石、老龙洞、躬耕田，是根据诸葛亮“躬耕”时的生活起居而兴建的纪念性建筑物（即卧龙十景）。最后是宁远楼，亦名清风楼。山门之外有“诸葛井”（图6-38）和“澹宁读书台”。祠左侧院有关张殿、三顾堂、谢圃亭；右侧院为道房院，原是道人居住的地方。台下有诸葛书院。祠西南隅有龙角塔。大拜殿（图6-39）是武侯祠前部的主体建筑，殿宇高大宏伟，为歇山式建筑，殿前悬挂匾联十余幅，两壁嵌有石刻，中塑武侯诸葛亮坐像，两侧为其子诸葛瞻、其孙诸葛尚立像，形象逼真。宁远楼是武侯祠后部的主体建筑，也是祠内最高建筑物，为重檐庑殿式建筑，流角飞檐，气势轩昂；楼正中塑有武侯诸葛亮抱膝长吟像；登楼远眺，宛城美景尽收眼底，历历在目。

图6-33 “千古人龙”石牌坊

图6-34 南阳武侯祠山门

图6-35 南阳武侯祠古柏亭

图6-36 南阳武侯祠野云庵

图6-37 南阳武侯祠伴月台

图6-38 南阳武侯祠诸葛井

图6-39 南阳武侯祠大拜殿

图6-40 南阳武侯祠卧龙碑林

祠内碑石林立，蔚然成景，也是一大特色。南阳武侯祠保存着汉以来历代碑刻近300余通，在全国诸多武侯祠中当居首位，被誉为“卧龙碑林”（图6-40）。其内容纷繁丰富，记人记事歌咏题记，其书法真草隶篆无所不具。其中汉《张景造土牛碑》、汉《李孟初碑》、汉《赵到碑》为世所罕见的珍品，在书法艺术和雕刻技巧上都有较高水平。“大文出师表，胜地卧龙岗”（武侯祠大门于右任题联）。武侯祠的“出师表”草书碑刻，笔法龙飞蛇腾，苍劲峭拔，堪称龙岗一景。

（3）勉县武侯祠。位于陕西省勉县西4千米处川陕公路之南，隔江与定军山、武侯墓遥相对峙。公元263年，即诸葛亮死后29年，蜀汉后主刘禅才下诏立祠，是唯一的“官祠”，也是世界上最早的武侯祠（图6-41）。祠现存为明、清建筑，背临汉水，面对公路，南北长约200米，东西宽约120米，呈长方形。四周有围墙，占地80亩，共有七院五十四间房舍。规模宏大，建筑雄伟，亭台楼阁，遍布祠中。祠内有古柏（图6-42）18株，直径都在1米左右，高大、繁茂、郁郁葱葱，为祠增色（图6-43）。鼓楼东院有“旱莲”一株，高约10米，直径约40厘米，为稀有的木本植物，春初开花（图6-44），类似莲花，芳香数里，别开生面，人们把它当作是诸葛亮淡泊廉洁的象征。

图6-41 勉县武侯祠

图6-42 勉县武侯祠内古柏

图6-43 勉县武侯祠院内景色

图6-44 勉县武侯祠旱莲花

（4）岐山武侯祠。位于陕西省岐山县城南约20千米处的五丈原上。此原高120余米，东西宽1000米，南北长3500米，面积约12平方公里。南倚秦岭，东西北三面临河，地势十分险要，为古代行军布阵之地；三国时，诸葛亮六出祁山曾驻兵于此，后又率兵伐魏，积劳成疾，病卒于此。后人为纪念他，于此创建祠庙，以奉其像。现存祠庙（图6–45）建于元初，明、清续有修葺，主要建筑有山门、正殿、配殿、钟楼、鼓楼、东西厢房等。正殿内供奉诸葛亮坐像（图6–46），殿壁嵌有青石四十块，上刻宋代民族英雄岳飞书写的诸葛亮《出师表》。

（5）白帝城武侯祠。重庆奉节县白帝城位于瞿塘峡口的长江北岸，东依夔门，西傍八阵图（图6–47），三面环水，雄踞水陆要津，距重庆市区451千米。现存白帝城乃明、清两代修复遗址。现存的白帝庙系清代建筑，包括明良殿、武侯祠、托孤堂（图6–48）、观星亭等，此地与诸葛亮有关的遗迹还有水八阵，在奉节县城东约六里的长江北岸，据说诸葛亮曾在坝上垒石而成八阵图，俗称“水八阵”。

（6）保山武侯祠。

太保山上的保山武侯祠建于明朝嘉靖年间，武侯祠占地4 700多平方米，由前殿、中殿、正殿组成三进两院，坐西向东，布局在一条中轴线上。武侯祠的正殿是该祠的主体，本地人也称为诸葛亮殿，大殿四周被百年大树所包围，是一个安静的地方。走进大殿，只见正殿中间端立着诸葛孔明的大型泥塑彩色像，羽扇纶巾，仪态端庄，仿佛还在运筹帷幄，面容气定神安，两目炯炯有神。

图6-45　岐山武侯祠

图6-46　岐山武侯祠诸葛亮坐像

图6-47　白帝城武侯祠八阵图遗址

图6-48　白帝城武侯祠托孤堂

在武侯祠大殿内的南北两面墙壁上，嵌刻着诸葛亮有名的前、后《出师表》，出师表为南宋爱国名将岳飞所书，《出师表》木刻字迹龙飞凤舞，气势磅礴。

（十）祠堂

在中国古代封建社会里，家族观念相当深刻，往往一个村落就生活着一个姓的一个家族或者几个家族，多建立自己的家庙祭祀祖先。这种家庙一般称作“祠堂”，其中有宗祠、支祠和家祠之分，宗祠规模宏伟，家祠小巧玲珑。祠堂建筑的艺术成就表现为都具有强烈的地方性和民俗性。“祠堂”这个名称最早出现于汉代，当时祠堂均建于墓所，曰墓祠；南宋朱熹《家礼》立祠堂之制，从此称家庙为祠堂。

1．祠堂的功能

老百姓有了专门祭祖的地方，称为祠堂。到了清代，祠堂大量出现，分布在各地。祠堂的功能，清雍正皇帝在《圣谕广训》中说：“立家庙以薦蒸尝，设家塾以课子弟，置义田以赡贫乏，修族谱以联疏远。”家庙即祠堂，它的首要功能就是祭祀祖先，通过祭祖达到敬宗收族的目的。设家塾、置义田、修族谱都是宗族的任务，这些任务又往往在祠堂或通过祠堂完成。不少地方，一族的私塾就设在祠堂里或附属在祠堂旁，族的公共义田也通过祠堂进行管理。凡修宗谱，一族之长在祠堂做出决定，选出合适人选，并在祠堂举行一定的仪式，焚香致词，宣告续修宗谱的开始。

宗族的作用自然还远不止这样几项，我们在各地的族谱中可以看到，其中多有不同的族规族法内容。这些族规书刻在族谱和碑石上，但执法却都在祠堂。犯族规者在祠堂前挨板子，然后被锁在祠内。

明清两朝，朝廷对农村的行政管理实行的是里社制与保甲制，并通过他们征收钱粮赋税，派遣差徭，维护治安。这种官方的行政机制似乎与宗族制度发生矛盾，其实他们之间并无矛盾。因为在广大农村，血缘村落占大多数，村民都隶属于一族或数族，离开宗族，保甲制度就成了空壳。宗族的族规族法除了有维护本宗族财权、人权的内容外，绝大部分皆旨在维护封建礼制和社会公共秩序，这些内容完全符合封建王朝的利益。而且不少族长或族中士绅还担任了保长、甲长。所以宗族组织，不仅在它所维护的利益上，而且在组织上也成了封建专制统治的基础。

2．祠堂形态

宗族制度赋予祠堂多种功能的要求，祠堂则为这些功能的实现提供必要的场所。

祠堂首要的功能为祭祖。祭祖需要的空间较大，在中国南方的浙江、安徽、江西等地，祠堂多为中国传统的合院式建筑。主要建筑在中轴线上，前为大门，中为享堂，后为寝室，加上左右的廊庑，组成前后两进两天井的建筑组群。享堂为举行祭祖仪式的场所，寝室供奉祖先牌位。

浙江兰溪诸葛村是三国时期诸葛亮后裔的聚居村落。村里有大小祠堂十多座，其中最讲究的是诸葛氏族的总祠堂，称丞相祠堂。这座祠堂规模很大，总深达45米，宽有42米，总面积1900平方米，其中的享堂是一座四面凌空的中庭，空间很高大。寝室建在高出地面5米的台地上，使整座祠堂显得很有气势。宗族通过祭祖达到了敬宗收族的目的，而且我们从这些祭祖的礼仪中可以看到，宗族通过主祭人的选择，祭祀人的限定，还宣扬了长幼有序鼓励读书的思想，进一步树立了宗族的权威，使祠堂成了代表宗族权力的神圣场所。

祠堂有了足够的空间供祭祖之用，同时也满足了宗族议事、审断族人犯事等的功能要求。但是这类祭祖、断案等活动不但内容严肃，而且直接参与的族人也十分有限。所以为了让更多的族人能参与活动，受到教化，逐渐出现了一些娱乐活动。江西婺源汪口村有一座俞氏宗祠，号称婺源之最，俞氏宗族每年初都要在这里举行隆重的祭祖仪式，同时还把年初的祭祖与新春的群众喜庆活动结合起来了，祭祖先、猜灯谜、发糖饼、唱大戏，除不肖子孙外，从老到幼参与其中。热热闹闹，既受到教化又得到娱乐，同样达到了敬宗合族的目的。汪口村的做法在许多地区都带有普遍性，于是一些宗祠里出现了戏台，一般都设在门屋后，隔着天井面对享堂，享堂和两边的廊庑成了观戏席位。

除了祭祖和娱乐庆典活动结合外，有的地方宗祠还与宗教活动发生了联系。浙江建德新叶村，每年农历三月三日，村里都要举行迎神活动，这一天新叶村的叶氏族人齐集村边的玉泉寺，把寺中的三圣（协天大帝、白山大帝、周宣灵王）迎到村中宗祠供奉，到次年的农历二月初二，再请回寺中。迎送的队伍敲锣打鼓，彩旗招展，浩浩荡荡地行进在田间，形式十分隆重。三圣的小型细木雕像每年轮流供奉在不同的宗祠里，族人争先恐后地到宗祠抢先拜祭，宗祠的后堂满是香火烛光，前台上演着连台好戏，宗祠外货摊聚集，人头攒动，三月三成了族人的欢庆节，宗祠成了节目的中心。

祠堂还是族人举行各种礼仪活动的场所，如婚丧嫁娶。

作为祭祖之用的祠堂，它的功能随着社会生活的发展而扩大和延伸了，它既是宗族的象征，又实实在在地成了村民活动的中心。

祖庙与祠堂一方面为祭祖和其他活动提供适宜的空间场所，另一方面，它们还需满足宗法制度在精神方面的需求。太庙从总体环境到建筑形象都显示了皇家祖庙的身份与气势，各地的祠堂也能显示出一个宗族的地位与权势。这种显示往往表现在祠堂的规模、建筑的形象、建筑的装修与装饰等方面。浙江的诸葛村中除有氏族总祠堂和一座专门奉祀诸葛亮的纪念堂——大公堂以外，还有十余座各房派的分祠堂。这些祠堂在规模上都比一般住宅大，但各祠堂之间也因财力、势力的不同而显出差异，我们只要观察这些祠堂的大门就可以清楚地看到这种差别。

3. 祠堂建筑艺术欣赏

（1）龙川胡氏宗祠。

龙川胡氏宗祠始建于宋。明嘉靖年间，兵部尚书胡宗宪倡导捐资扩建。宗祠进行过几次修缮，其中较大的一次修缮是清光绪二十四年（公元1898年），主体结构、内部装修仍保持了明代的艺术风格。

线的艺术美，在龙川胡氏宗祠亦得以充分展现。宗祠的门楼（图6–49）二进七开间，歇山式屋顶，通称五凤楼。这本是异常沉重的下压大帽，然而经过匠师们灵巧之手，它却变得轻松、明快，富有鲜明的节奏感。在这里，向上曲折流动要比平行延长具有更强的感染力。整个屋顶不是直线延长，而是明间高于次间，次间又高于稍、尽间，错落有致，主次分明。彼此间虽有差异，但仍是和谐的统一体，从而形成了在严格对称中有变化，在多样变化中又保持统一的建筑风貌。

图6-49　龙川胡氏宗祠门楼

应用雕刻工艺作为建筑中某些部位、某些构件的装饰手法，是徽派建筑风格的重要组成部分。砖、木、石三雕在每一座徽派建筑中都占有显著地位。龙川胡氏宗祠以其木雕（图6–50 ~ 图6–52）艺术精湛、内容丰富。主题鲜明、画面生动而享有“木雕艺术殿堂”之美称。大额枋、小额枋、斗拱、枫拱、雀替、梁驼、平盘斗、隔扇、柱础，就连小小的梁脐，无一不精雕细镂，臻于至美。它们或用浅浮雕，或用深浮雕，或镂空剔透，或浮镂结合，极尽雕刻之能事。为了展现人们的审美趣味，表达人们的希望、追求，定型化的道德观念的戏文人物，象征着吉祥如意的龙狮动物、松柏翠竹、蝙蝠鹿兽、荷花博古、如意菱纹，凡此种种，都带着先人们的情感走进了祠堂。门楼前方明间的大额枋上，九头雄狮，抱球欢腾，雄狮形象逼真潇洒。而与其相对应的大额枋上，则是九龙腾飞，珍珠满天。刀法苍劲有力，布局灵活生动。它们不是机械地排列成队，而是前后、上下的立体组合，气魄宏伟，蔚为大观。匠师的技艺才华在这里得到充分表现。明间前后两向以及两次间前后两向的六根小额枋上，雕饰内容各异的历史戏文。文武百官，兵舍僮环，活灵活现；楼台亭榭，山水拱桥，好似真的一样，结构对称，内容有别，雷同中求变化，严谨中求灵巧，表现了既威武庄严，又活泼亲切的情感色调。那些纯粹是装饰品的雀替、枫拱等，也都强烈地渲染着热爱世间生活的意味。

隔扇（图6–53 ~ 图6–56）在徽派古建筑的装饰中占有很重要的地位。它不但具有分隔空间、组织空间之作用，而且能够充分发挥其装饰功能。由于不是一个很大的平面，而是若干扇的有机组合，因此，人们便可以通过它们创造出各种供人自由玩赏的精细美术作品，龙川胡氏宗祠的隔

图6-50 龙川胡氏宗祠木雕1

图6-51 龙川胡氏宗祠木雕2

图6-52 龙川胡氏宗祠木雕3

图6-53 龙川胡氏宗祠隔扇木雕1

图6-54 龙川胡氏宗祠隔扇木雕2

图6-55 龙川胡氏宗祠隔扇木雕3

图6-56 龙川胡氏宗祠隔扇木雕4

扇达128扇之多。匠师们充分地利用了这些美术园地，将其分成若干组，大展其艺术技能。正厅祭龛前及其两侧的22扇隔扇，裙板上精雕出一幅幅动人的以鹿为中心，衬以水光山色、松柏翠竹、花草飞鸟的百鹿图，其布局合理、画面清新、层次分明、气韵生动，形态各异，活灵活现。这栩栩如生的百鹿图与其说是一幅幅精湛的木雕艺术，毋宁说是人们在倾吐着渴望生活、追求生活的挚热情怀。

正厅东西两序的20扇隔扇上，则以荷花为主题，配以鱼、虾、螃蟹、鸟、鸭、水草等动植物，细雕入微，技艺精良。荷叶千姿百态，无一雷同，或仰、或覆、或侧、或斜，有低垂如伞，亦有上卷似盘；菡萏也有异别，含苞低垂，绽开吐芳，相互争妍斗奇；莲蓬则带着它的希望在花中亭亭玉立。这里并非是一个宁静的世界：鸭在戏水，鱼在畅游，鸟在腾欢，虾在追侣，这一切同样是在祈求、颂扬人世间的生活，只要族人和睦团结，生活便会充满幸福与欢乐，而芙蕖恰恰是这种希求的象征。令人惊奇的是，荷与蟹同在一画面上，极为罕见，大概暗含了“和谐”理念。

如果说一件件精致秀丽的木雕艺术作品为雄伟壮观的龙川胡氏宗祠增添了逸秀美感，那么，为数不多的砖雕、石雕艺术品，则与木雕艺术相得益彰，同样增强了宗祠的艺术感染力。砖雕（图6-57）主要装饰在门楼两边的八字形墙体上。梁、枋、雀替、驼峰等，均能精心设计，入微刻画。戏剧人物潇洒自如，雄狮猛虎威武逞强；花果飘香，回纹井然。石雕除须弥座外，则以一对圆雕石狮为代表，这对石狮造型生动，体态高大。雄狮居东，脚戏绣球，侧首西望，神态安详；雌狮在西，爪抚幼狮，凝眸东眺，性情温柔。两狮坐立在宗祠大门两侧，既威严又慈祥。

图6-57　龙川胡氏宗祠砖雕

绘画艺术在龙川胡氏宗祠也是惹人注目的。在门楼八字墙的正脊上，在一座座马头墙的正面和内外两侧，在山墙的博脊上，一幅幅浓淡相宜的山水画，以其感召人心的艺术魅力，唤起人们对生活的美好憧憬。

龙川胡氏宗祠以其博大精深的文化内涵和强烈的徽派建筑风韵，屹立在中国古代建筑之林。

（2）广州陈家祠。

陈家祠，又称陈氏书院，建于清光绪十六～二十年（1890～1894年），由黎巨林设计。整座建筑坐北向南，占地1.5万平方米，主体建筑6400平方米。陈家祠以其巧夺天工的装饰艺术著称，它荟萃了岭南民间建筑装饰艺术之大成，以其“三雕、三塑、一铸铁”著称，号称“百粤冠祠”。

建筑采用抬梁式结构，硬山式封火山墙。总体采用“三进三路九堂两厢杪”布设，以六院八廊互相穿插。布局严谨对称，空间宽敞，主次分明。在建筑的处理上，以中轴为主线，两边以低矮偏间、廊庑围合，衬托出主殿堂的雄伟气概，形成纵横规整而又突出主体的构局。建筑外围有青砖围墙，形成一座外封闭内开放的建筑群体，是典型的广东民间宗祠式建筑。

陈氏书院以其精湛的装饰工艺著称于世，在它的建筑中广泛采用木雕（图6-58～图6-60）、石雕（图6-61、图6-62）、砖雕（图6-63、图6-64）、陶塑、灰塑、壁画和铜铁铸等不同风格的工艺做装饰。雕刻技法既有简练粗放，又有精雕细琢，相互映托，使书院在庄重淡雅中透出富丽堂皇。

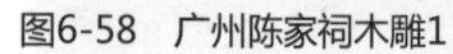

图6-58 广州陈家祠木雕1

图6-59 广州陈家祠木雕2

图6-60 广州陈家祠木雕3

图6-61 广州陈家祠石雕1

图6-62 广州陈家祠石雕2

图6-63 广州陈家祠砖雕1

图6-64 广州陈家祠砖雕2

石湾陶塑脊饰（图6–65）。清代在南海、番禺、顺德和香港、澳门等地的祠堂庙宇或富家豪宅中，正脊上大都用石湾烧制的陶塑脊饰。早期生产的脊饰，多用浮雕花卉图案纹饰，随着石湾陶塑的发展，浮雕花卉图案纹饰逐渐转变为历史故事和民间传说为题材的人物脊饰，这种石湾特有的陶塑脊饰文化，后来由广东人带往广西、马来西亚、新加坡等地。把自己家乡的传统文化传往异国，这正是乡土情怀的自然表现。

灰塑（图6–66、图6–67），即：广东旧式民居，在两边山墙上用石灰堆出简单的卷草纹，称作“草尾”。在较富有的宅第或祠堂庙宇中，灰塑的使用范围则随建筑的规格而扩大，它是广东民间建筑的主要装饰工艺，由于灰塑在现场制作，艺人便可根据题材和空间的需要，充分发挥其技艺，如将山川水涧景物随形就势穿透墙体，或将动物、花卉等塑造成凸出墙体20～60厘米，立体效果非常突出，形态栩栩如生。色彩喜用大红大绿，富丽斑斓，充满浓郁的民间艺术特色。

图6-65　广州陈家祠陶塑

图6-66　广州陈家祠灰塑1

图6-67　广州陈家祠灰塑2

第七章 陵墓建筑艺术

一、陵墓历史沿革

厚葬以明孝的社会背景决定了陵墓的建造像宫殿、坛庙一样成为特定历史时期人力、物力和财力投入最大的建筑类型之一，自然也就成了建筑技术、建筑艺术水平最高的表征。

从人类学和考古学的角度说，埋葬制是人之初伴随“魂灵观”的出现而诞生的。人类社会进入氏族公社后，同一氏族的人生前死后都要在一起，这在我国原始社会考古资料中已得到了证实。随着历史的演进，母系氏族公社相继完成了向父系氏族公社的过渡，埋葬制上也打破了以往死后必须埋到本氏族公共墓地的习俗，而出现了夫妻合葬或父子合葬的形式。同时在私有制发展的基础上，贫富分化和阶级对立逐渐产生，反映在埋葬制上则进一步出现了墓穴和棺椁。汉至明清，地下墓室类型多元化，逐渐出现砖室墓、崖墓，地上出现越来越庞大的祭祀建筑群。概括起来，可分四个历史阶段。

（一）地下木椁土坑，地上为祭祀建筑阶段

商周时期，作为奴隶主阶级高规格的墓葬形式，已出现了墓道、墓室、椁室以及祭祀杀殉坑等。在商都安阳殷墟发掘的近2000座商代墓葬中，最有代表性的是“武官村大墓”和“妇好墓”（图7–1、图7–2）。前者是一座“中”字形的地下墓坑，椁室四壁用原木交叉成“井”字形向上

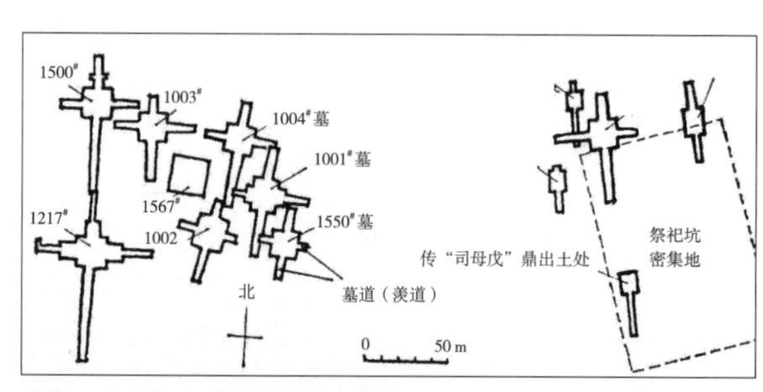

图7-1 河南安阳武官村大墓分布图

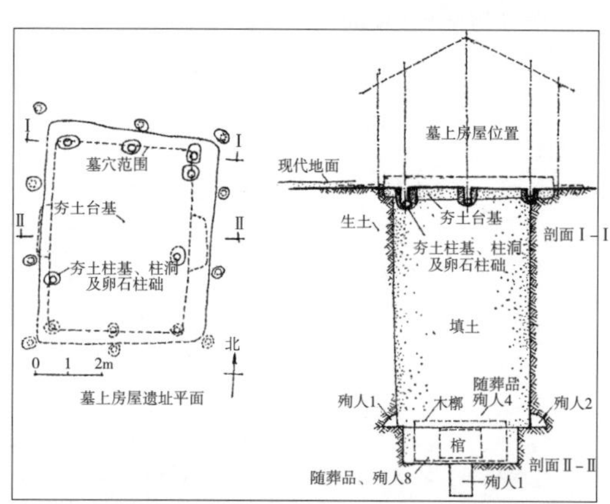

图7-2 河南安阳殷墟“妇好墓”

垒筑，椁底和椁顶也都用原木铺盖。妇好墓规格不大，但墓中随葬品十分丰富，墓室为长方形竖穴，墓口上有房基一座，对研究商代墓制有重要意义。

（二）地下砖石墓穴，地上为封土陵台阶段

墓葬制中，地面出现高耸的封土，时值春秋战国之际，这种提法存在很长时间，这是以《礼记·檀弓》记载关于孔子父母冢墓为佐证的。曰“吾闻之，古也墓而不坟，今丘也，东西南北之人也，不可以弗识也，于是封之，崇四尺”。但随着浙江余姚良渚大墓在20世纪70年代后期被辨识之后，地面有人工土墩（坟山）的历史推前了1000多年。不过春秋战国时冢墓确实已很普遍，其高度和规制，文献记载不乏所见。并且，由于存在高崇的封土，墓的称谓也发生了变化，由“墓”发展为“丘”，最后称之为“陵”。

秦始皇营骊山陵，大崇坟台。汉因秦制，帝陵都起方形截锥体陵台，称为“方上”，四面有门阙和陵墙。北宋是“方上”最后时期。

（三）因山为陵的崖墓阶段

虽然依山凿玄宫，汉已有之，但最有代表性的是唐代。它与前代不同的是选用自然的山体作为陵体，代替过去的人工封土的陵体。陵前的神道比过去更加长了，石雕也更多，因此尽管它没有秦始皇陵那些成千上万的兵马俑守陵方阵，但是在总体气魄上却比前代陵墓显得更为博大。

（四）地宫与地面建筑布置陵园阶段

因事死如生的礼仪要求，地面建筑群越来越庞大。从宋至清，整体性越来越强化，以明十三陵为代表。

明代皇陵与唐陵、宋陵以及以前各朝皇陵相比，首先，明陵仿唐陵也是选择大山为靠背而成的有利环境，但它没有开山做地宫、以山为宝顶而是在山前挖地藏地宫，在地上堆土而成宝顶。不同于秦汉皇陵的方锥形陵体的是，明陵做成圆形的宝顶，宝顶之上不建陵，所有陵墓地面建筑全部列在宝顶之前，形成前宫后寝的格局。其次，明皇陵与宋皇陵一样，集中建造在一起，但它与宋陵不同的是，各座皇陵既各自独立，又有共同的入口，共同的神道，它们相互联系在一起，组成为一个统一的庞大皇陵区，既完整又有气势。清陵沿袭明陵，单体程式化，整体分东西陵，强调陵区整体效果。

二、陵墓发展规律

（一）陵墓规模越来越小

秦始皇陵墓的主体在今陕西省临幢骊山主峰的北麓，外观上为一方锥形的夯土台，陵台由三级方截椎体组成，最下一级为350米×345米，三级总高为46米，南北长350米，东西345米，台高达47米，总面积约2平方千米。周围有陵墙二道环绕，内城四周共长2525米，外城周长6294米。该陵是中国古代最大的一座人工坟丘，尺度之大，空前绝后。

汉朝王陵仍沿承秦制，一是在帝王登位的第二年即开始兴建自己的陵墓，二是墓室仍深埋地

下，上起土丘以为陵体。据《关中记》载：“汉诸陵皆高12丈，方120丈，惟茂陵高14丈，方140丈。”上述与今测量数字基本相符。总占地面积计为56878.25平方米，封土体积848592.92立方米。陵园四周呈陵体本身高36.3米，每边长251.4米，陵体之上原来还建有殿屋，陵体外围四周有墙垣，每边长达418米。

唐因山为陵，借山之势，气魄宏伟。宋朝皇陵的制度与前代不同，规定每朝皇帝死后才能开始建陵，而且必须在7个月内完工下葬。因建造时间短，在规模上比唐朝皇陵要小得多，约为唐陵的十分之一。如永昭陵，陵台为正方形截椎体，成阶级状，底宽55米，南北57米，高22米。明清陵体采用圆宝城制度，相对更小。

（二）陵墓地上部分越来越强化

西汉以前，陵墓以强调地下墓室、棺椁、陪葬品为主导，地上设有陵园，墙垣及少量祭祀建筑，肃穆氛围主要依靠常青绿化。西汉以后，地上范围越来越大，建筑物及陈设内容越来越多。秦汉采取陵邑一一对应制度，一陵一邑，较为分散，如茂陵、霸陵、浐陵等。陵园设陵墙，四周设陵门，石象生较少，一般一至两对。唐陵各陵神道加长，地面附属物增多，如乾陵，神道长一千多米，沿神道布置石象生、番酋像、无字碑及献殿、拜殿等。宋陵各陵石象生设有十三对，较唐陵大幅度增加。明陵地面已形成庞大的建筑群，神道更长，十三陵神道长四公里，石象生多达十八对。

（三）陵墓规制越来越程式化

唐陵以前，各陵相异，自宋陵始，各陵内容程式化，以清陵最具代表，各陵设置内容一样，区别所在，唯选材与做工的差异。如清慈安和慈禧陵，二陵相像，东西并峙，两座陵均动工于同治十二年（1873），经6年建成。都有隆恩门、隆恩殿、明楼、宝顶和地宫，外观并无大的差异，但慈禧陵的隆恩殿全部用金丝楠木与花梨木筑成，殿内外的梁、柱、门、窗均不施彩绘而保持木料本色，梁、枋和天花用金丝绘出龙、祥云、花卉等纹样. 其殿堂虽然在外形上体量并不很大，色彩也不华丽，但在建筑所用材料上，装饰的精美程度上区别开来。

（四）陵墓表现手法由注重单体向强化整体发展

秦汉陵墓，强调单体的完整性和表现力，自唐陵始采取兆域制度，众陵相对集中分布，宋以后沿袭，以明十三陵最具代表性。它以天寿山为屏障，三面环山，南面敞开，形式环抱。神道南端左右各有小丘，如同双阙，使整个陵区具有宏伟、开阔的气势，选址极为成功。各陵以长陵为中心，向心布局，共用神道，共用石象生，陵区的整体性强化达到极致。

（五）陵墓表现艺术手法越来越多元化

秦始皇陵墓平地造陵，尺度之大，可谓空前绝后，以此达到了宏伟壮丽的效果；唐代一改前代方法，因山造陵，强调选址，陵借山势，气势磅礴，可谓异曲同工；宋陵尺度虽比唐陵远逊，但兆域较唐集中，手法扬长避短，各陵通过重复再现，气势不减；明陵沿袭唐宋兆域的优势，强化选址，因山为陵，陵区集中，注重视觉效果，神道深远，通过序列空间，欲扬先抑，突出开阔宏伟主题。

三、陵墓建筑艺术特征

陵墓是建筑、雕刻、绘画、自然环境融于一体的综合性艺术，总体来说中国传统陵园在空间布局、艺术构思等方面有如下特征：

（1）以陵山为主体的布局方式。以秦始皇陵为代表。其封土为覆斗状，周围建城垣，背衬骊山，轮廓简洁，气象巍峨，创造出纪念性气氛。

（2）以神道贯串全局的轴线布局方式。这种布局重点强调正面神道。如唐代高宗乾陵，以山峰为陵山主体，前面布置阙门、石象生、碑刻、华表等组成神道。神道前再建阙楼。借神道上起伏、开合的空间变化，衬托陵墓建筑的宏伟气魄。

（3）建筑群组的布局方式。明清的陵墓都是选择群山环绕的封闭性环境作为陵区，将各帝陵协调地布置在一处。在神道上增设牌坊、大红门、碑亭等，建筑与环境密切结合在一起，创造出庄严肃穆的环境。中国古代崇信人死之后，在阴间仍然过着类似阳间的生活，对待死者应该“事死如事生”，因而陵墓的地上、地下建筑和随葬生活用品均应仿照世间。文献记载，秦汉时代陵区内设殿堂收藏已故帝王的衣冠、用具，置宫人献食，犹如生时状况。秦始皇陵地下寝宫内“上具天文，下具地理”，“以水银为百川江河大海”，并用金银珍宝雕刻鸟兽树木，完全是人间世界的写照。陵东已发掘出兵马俑坑3处，坑中兵马俑密布，完全是一队万马奔腾的军阵缩影。唐代陵园布局仿长安城，四面出门，门外立双阙。神路两侧布石人、石兽、石柱、番酋像等。

四、陵墓建筑艺术鉴赏

（一）秦始皇陵

秦始皇陵在陕西临潼骊山北麓，总面积约2平方公里，周围有两道陵墙环绕。陵台由三级方截椎体组成，最下一级为350米×345米，三级总高为46米，是中国古代最大的一座人工坟丘，由于风雨侵蚀，轮廓已不堪明显。

20世纪70年代在岭东1.5公里处发现的秦兵马俑和铜马车，史书上对此并无记载。兵马俑估计有陶俑、陶马七八千件，至今完成了局部开发。陶俑队伍由将军、士兵、战马、战车组成38路纵队，面向东方。兵马的尺度与真人真马相等，兵佣所持青铜武器完好而锋利，可以想象，这一支守皇陵的卫队将是一支十分庞大的队伍（图7–3）。

陶俑替代真人殉葬，不能不说是一种进步。

秦始皇陵是中国历史上第一个皇帝陵园。其巨大的规模、丰富的陪葬物居历代帝王陵之首，是最大的皇帝陵。陵园按照秦始皇死后照样享受荣华富贵的原则，仿照秦国都城咸阳的布局建造，大体呈回字形，陵墓周围筑有内外两重城垣，陵园内城垣周长3870米，外城垣周长6210米，陵区内目前探明的大型地面建筑为寝殿、便殿、园寺吏舍等遗址。为了防止河流冲刷陵墓，秦始皇还下令将南北向的水流改成东西向。

秦陵工程的设计者不仅在墓地的选择方面表现了独特的远见卓识，而且对陵园总体布局的设计也是颇具匠心。整个陵园由南北两个狭长的长方形城垣构成。内城中部发现一道东西向夹墙，正好将内城分为南北两部分。高大的封冢坐落在内城的南半部，它是整个陵园的核心。陵园的地

图7-3 秦皇陵兵马俑

面建筑集中在封土北侧，陵园的陪葬坑都分布在封冢的东西两侧。形成了以地宫和封冢为中心，布局合理，形制规范的帝王陵园。

始皇陵园的总体布局与其他国君陵园相比有以下显著特点：

（1）在布局上体现了一冢独尊的特点。过去发现的魏国国君陵园，其中并列着三座大墓，中山国王陵园内也排列着五座大墓，秦始皇陵园内只有一座高大的坟墓，充分显示了一冢独尊的特点。其他国君陵园的布局则显示了以国君、王后、夫人多中心的特点。这一区别正是秦国尊君卑臣的传统思想在陵寝布局上的反映。

（2）封冢位置也有别于其他国君陵园。其他国君陵园大多是将封冢安置在回字形陵园的中部，而秦始皇陵封冢位于内城南半部。从陵园总体布局来看，始皇陵封冢并不在西半部。封冢围起于陵园南半部正是封冢“树草木以象山”的设计思想决定的。

据北魏时期的郦道元解释：“秦始皇大兴厚葬，营建冢圹于骊戎之山，一名蓝田，其阴多金，其阳多美玉，始皇贪其美名，因而葬焉。”郦道元的观点受到学术界多数学者的肯定。不过也有学者提出过异议，持否定意见的一方认为，秦始皇陵选在骊山，一是取决于当时的礼制，二是受“依山造陵”传统观念的影响。秦代“依山环水”的造陵观念对后代建陵产生了深远的影响。西汉帝陵如高祖长陵、文帝霸陵、景帝阳陵、武帝茂陵等就是仿效秦始皇陵“依山环水”的风水思想选择的。以后历代陵墓基本上继承了这个建陵思想。

秦始皇陵是中国历史上第一座帝王陵园，是我国劳动人民勤奋和聪明才智的结晶，是一座历史文化宝库，在所有封建帝王陵墓中以规模宏大、埋藏丰富而著称于世。

（二）汉武帝茂陵

西汉11个皇帝陵均在汉长安附近，其中高祖长陵、惠帝安陵、景帝阳陵、武帝茂陵、昭帝平陵、元帝渭陵、成帝延陵、哀帝义陵和平帝康陵分布在汉长安以北的咸阳原上，文帝灞陵和宣帝社陵分别坐落在汉长安东南的白鹿原与少陵原上。

茂陵是西汉武帝刘彻的陵墓。位于西安市西北40公里的兴平市（原兴平县）城东北南位乡茂陵村（图7–4）。其北面远依九骏山，南面遥屏终南山。东西为横亘百里的“五陵原”。此地原属汉时槐里县之茂乡，故称“茂陵”。它高46.5米，顶端东西长39.25米，南北宽40.60米。陵园四周呈方形，平顶，上小下大，形如覆斗，显得庄严稳重。

公元前139年，茂陵开始营建，至公元前87年竣工，历时53年。建陵时曾从各地征调建筑工匠、艺术大师3000余人，工程规模之浩大，令人瞠目结舌（图7–5）。

汉武帝的梓宫，是五棺二椁。五层棺木，置于墓室后部椁室正中的棺床上。墓室的后半部是一椁室，它有两层，内层以扁平立木叠成“门”形。南面是缺口，外层是黄肠题凑。五棺所用木料，是楸、梓和楠木，三种木料，质地坚细，均耐潮湿，防腐性强。梓宫的四周，设有四道羡门，并设有便房和黄肠题凑的建筑，便房的作用和目的，是“藏中便坐也”。《汉书·霍光传》曰：“便坐，谓非正寝，在于旁侧可以延宾者也。”简单地说，便房是模仿活人居住和宴飨之所，将其生前认为最珍贵的物品与死者一起殉葬于墓中，以便在幽冥中享用。“黄肠题凑”是“以柏木黄心，致累棺外，故曰黄肠。木料皆内向，故曰题凑。”汉武帝死后，所作的黄肠题凑，表面打磨十分光滑，颇费人工，由长90厘米，高宽各10厘米的黄肠木15880根，堆叠而成。

图7-4　汉茂陵

汉武帝建元二年（公元前139年），武帝刘彻在此建寿陵，公元前87年武帝死后葬于此。汉武帝刘彻是历史上可以和秦始皇相提并论的很有才略的封建帝王，他在位时，是汉帝国的鼎盛时期，他采用奖励农耕、发展生产、富国强兵、抗击匈奴的宏伟战略，在政治上加强中央集权制的同时，在经济上实行煮盐、冶铁、运输和贸易的官营制度，兴修水利，发展农业，开展对外贸易；在军事上抗击匈奴，打通了通往西

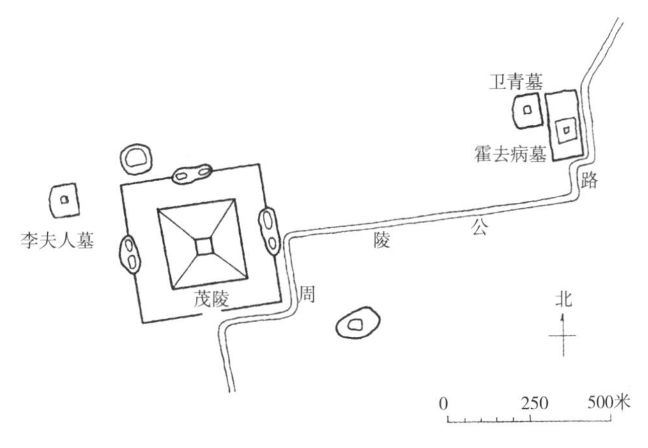

图7-5　茂陵陪葬坑分布图

域的道路，牢固地控制了河西走廊，向南直抵海南，基本上形成了中华民族生存空间的格局，从而使汉帝国以统一、繁荣、强大的姿态屹立在世界的东方。茂陵建筑宏伟，墓内殉葬品极为豪华丰厚，史称“金钱财物、鸟兽鱼鳖、牛马虎豹生禽，凡百九十物，尽瘗藏之”。

相传武帝的金镂玉衣、玉箱、玉杖等一并埋在墓中。当时在陵园内还建有祭祀的便殿、寝殿，以及宫女、守陵人居住的房屋，设有5000人在此管理陵园，负责浇树、洒扫等差事。而且在茂陵东南营建了茂陵县城，许多文武大臣、名门豪富迁居于此，人口达277000多人。茂陵封土为覆斗形，现存残高46.5米，墓冢底部基边长240米，陵园呈方形，边长约420米。至今东、西、北三面的土阙犹存，陵周陪葬墓尚有李夫人、卫青、霍去病、霍光、金日磾等人的墓葬。它是汉代帝王陵墓中规模最大、修造时间最长、陪葬品最丰富的一座，被称为“中国的金字塔”。咸阳原共葬有西汉11个皇帝中的9个，陵墓自西向东依次排列，长近百里，气势宏伟（图7–6）。

武帝在位53年，营陵时间最长，死时陵区树已成荫，殉葬品多至无法容纳。地面部分现存有方上、四面门阙与周桓的残迹，平面布置仍是以方截椎体为中心，四出陵门。

图7-6　茂陵墓群

茂陵之东一公里处有一座霍去病墓。大将军霍去病墓在其东侧，仅存方上及陵上石刻十余件。石刻有虎、羊、牛、马等，手法古拙，其中马踏匈奴最为著名，是中国早期石刻艺术的杰作。该系列石雕不仅展现了早期粗犷而写意的石雕风格，也使我们第一次看到了这种由石雕组成的墓前神道。通常，墓前神道的最前方为左右一对石阙，然后是马、虎、骆驼、羊等动物，神道之后才是陵墓的地上建筑部分。石阙形象有如一块石碑顶上安有木结构形式的石屋顶，阙身和阙顶上不但雕有柱、枋、斗拱、椽子、瓦等木建筑的构件，还附有人物等花纹（图7–7、图7–8）。四川雅安高颐阙是现存实例中最为精美的一例，阙身为一大一小拼为一体，称为子母阙（图7–9），阙位于墓前神道的前方，成为陵墓的入口标志，在有的汉墓前还立有石柱，也是墓前的一种标志性建筑。

图7-7　石阙花纹

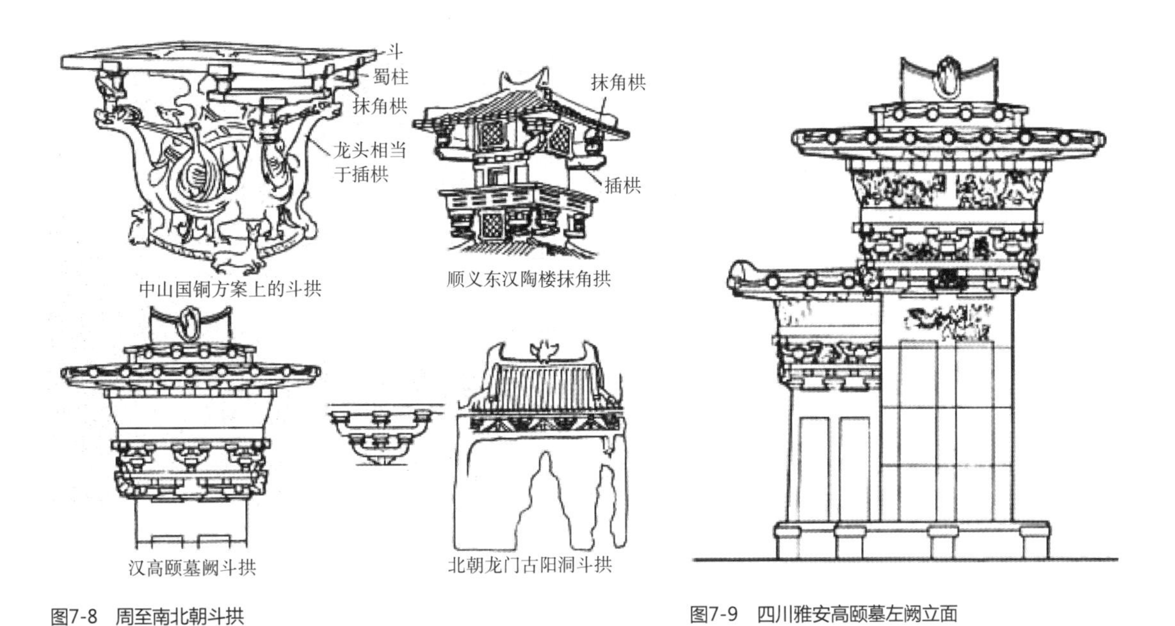

图7-8　周至南北朝斗拱

图7-9　四川雅安高颐墓左阙立面

（三）唐乾陵

唐乾陵是唐皇陵中最突出的代表（图7-10）。乾陵是中国唐代高宗皇帝李治（公元628年～公元683年）与中国历史上唯一的女皇帝武则天（公元624年～公元705年）的合葬之地，是全国乃至世界上唯一的一座夫妇皇帝合葬陵。

图7-10　唐乾陵

乾陵位于陕西乾县，它选用的自然地形就是乾县境内的梁山。梁山有三峰，三峰耸立，风景秀丽，远望宛如一位女性仰卧大地而有“睡美人”之称。乾陵利用自然山势修建，陵园雄踞整个梁山山峦，海拔1047.9米的主峰如首而高昂，其中北峰最高，南面另有两峰较低，东西对峙之南峰似其乳，左右对峙如人乳状，因此又称乳头山。

乾陵地宫即在北峰之下，开山石辟隧道深入地下。北峰四周筑方形陵墙，四面各开一门，按方位分别为东青龙门、西白虎门、南朱雀门、北玄武门，四门外各有石狮一对把门。朱雀门内建有祭祀用的献殿，陵墙四角建有角楼。在北峰与南面两乳峰之间布置为主要神道。两座乳峰之间各建有楼阁式的阙台式建筑。往北，神道两旁依次排列着华表、飞马、朱雀各一对，石马五对，石人一对，碑一对。为了增强整座陵墓的气势，更将神道引伸往南，在距离乳峰约3公里处安设了陵墓的第一道阙门，在两乳峰之间设第二道阙门，石碑以北更有第三道阙门，门内神道两旁还立有当年臣服于唐朝的外国君王石雕群像60座，每一座雕像的背后都刻有国名与人名，这些外国臣民与中国臣民一样都要恭立在皇帝墓前致礼，所不同的是在他们的顶上原来建有房屋可以避风雨。这座皇陵以高耸的北峰为陵体，以两座南乳峰为阙门，陵前神道自第一道阙门至北峰下的地宫，共长4公里有余，使整个陵区显得崇高雄伟，选址极为成功，其气魄自然是依靠人工堆筑的土丘陵体所无法比拟的。至于乾陵地宫内的情况至今未能详知。经过探测，可以知道隧道与墓门是用大石条层层填塞，并以铁汁浇灌石缝，坚固无比。唐高宗时逢唐朝盛期，朝廷好大喜功，这时建造的乾陵地宫内想必埋藏了不少世稀宝，这些只有等待日后的发掘才能展现于世人面前。

图7-11 唐乾陵神道石雕

乾陵陵园周围约40公里，园内建筑仿唐长安城格局营建，宫城、皇城、外廓城井然有序。初建时，宫殿祠堂、楼阙亭观、遍布山陵，建筑恢宏，富丽壮观。陵园内现存有华表、翼马、鸵鸟、无字牌、述圣记碑、石狮、六十一蕃臣像等大型石雕刻120多件（图7-11～图7-13）排列于朱雀门至奶头山遥遥两华里之余的司神道两侧，气势宏伟，雄浑庄严，被誉为“盛唐石刻艺术的露天展览馆”。据历史文献记载，乾陵玄宫内涵十分丰富，随葬着大量的金银器、珠宝玉器、铜铁器、琉璃、陶瓷、丝绸织物、漆木器、石刻、食品、壁画及书画墨宝等稀世珍品。

图7-12 唐乾陵石狮

唐乾陵墓分布在渭水以北的乾县、醴泉、泾阳、富平、蒲城一线山区。乾陵为唐高宗李治之陵，在乾县以北，依梁山而建。梁山前又双峰对弛，高度低于梁山，乾陵墓室藏于梁山中，而利用双峰建为墓前双阙。

（四）宋永昭陵

巩县在河南郑州、洛阳之间，南望嵩山少室，北临黄河天险，蜿蜒阻隔，东为巍峨挺拔、群山绵谒的青龙山，洛水东西横贯全县，自古以来就被风水先生视为“山高水来”的吉祥之地。所以北宋皇帝除徽、钦二宗外全部安葬在这里，统称“巩县八陵”。巩县的北宋陵区，北起孝义镇，西至西村，中贯芝田镇，较集中地分布在东西约10公里，南北约15公里的地段里。

宋陵在中国古代陵寝建筑中有着许多独特之处。位于河南巩义的北宋陵区分布着北宋“七帝八陵”以及为数众多的皇后陵、皇亲贵戚及勋臣墓，这里现有汉唐以来为数最多的陵园石刻。

图7-13 唐乾陵翼马石雕

陵园正中为高宗的陵台，象征着帝王“丰业”和尊严。陵台四周，柏树成林，纵横如织，故有“柏城”之称。宋时每陵设有专门负责培育柏苗、养植柏林的“柏子户”。而今，宋陵的柏树已不复见。陵台经近千年的风雨剥蚀，也失去了当年的雄姿。陵台之下为皇堂，是安放皇帝棺椁的地宫，全部用条石镶砌。整个布局给人以方正端庄、拱卫森严的感觉。陵台到神墙南门中间的空地为献殿的遗址，是举行祭祀大典的地方。

图7-14　宋永昭陵

永昭陵（图7-14）是宋仁宗赵祯的墓，规模较大，整个陵园遵从封建的风水地形堪舆学说，依地势而就，傍山依水，东南穹窿，西北低垂，由“皇帝陵”、“皇后陵”（图7-15）和“下宫”组成，神道两侧的石刻群形态逼真，雄浑高大，栩栩如生，其中“瑞禽”和“角端”（图7-16、图7-17）更是雕刻史上的杰作，堪称世界绝品。陵台及石刻比较完整，陵台为正方形截椎体，成阶级状，底宽55米，南北57米，高22米。四周有神墙围绕，神门四出，四隅有角阙，门外各放石狮子一对。

图7-15　皇后陵

南面神道有阙二对，一称鹊台，一称乳台，现仅存夯土台，轮廓不清楚，难以推测原形状。乳台之北为望柱一对，再北依次为象、瑞禽、角端、伏马、虎、羊、外国使节、武臣、文臣（图7-18），其中石刻人物神态各异，仍不失为较好的作品。

图7-16　瑞禽

从陵台南神门，沿神道两侧排列有整齐对仗的精湛石雕，由北往南有：宫人与内侍石雕各一对。侍立于南神门西侧的为宫人，陵台左右的为内侍。宫人雕像，眉目细长，双肩消瘦，束发簪珥，拱手而立，女性的特征惟妙惟肖。内侍雕像，体态微胖，神情拘谨，手持体现他们身份的球仗和拂尘。四门石狮各一对。其中尤以神宗永裕陵南门石狮雕像最为精美（图7-19）。武士雕像一对，为神道两侧立像的排头兵。虽然历经1000多年的风雨剥蚀，雕像甲胄的纹饰仍然细腻传神。文武朝臣雕像各二对，文臣持笏，武臣拄剑（图7-20），恭立神道两旁，象征着宫廷百官朝仪。

图7-17　角端

藩使雕像各三对。藩使为参加北宋皇帝葬礼的中国少数民族政权代表。藩使刻像于帝陵之前，始见于唐太宗昭陵，是中原王朝同周边各少数民族政权的政治、经济联系的反映。北宋后期，民族矛盾激化，帝陵仍立藩

图7-18 神道两侧石雕群

图7-19 石狮

图7-20 镇陵将军

图7-21 石羊

图7-22 仗马与控马官

图7-23 石象与驯象人

使像于神道两侧与文武朝臣同列恭候，除了不改帝陵规置的原因外，还象征着各少数民族政权要臣服于大宋皇朝之意。石虎、石羊各二对。虎是尊严与高贵的标志。羊，个性柔顺，形态淑美。我们祖先造字的时候，有“羊面从美”之说。自汉晋以来帝陵之前常置石虎、石羊为祛邪之物（图7-21）。仗马与控马官石雕二对（图7-22）。角端石雕一对。瑞禽石刻一对。石象与驯象人石雕一对（图7-23）。望柱一对，望柱类同华表，是意求吉祥的柱型石雕。望柱南为乳台一对，象征着子孙发达、繁衍万世、吉祥如意。

（五）明十三陵

1．综述

明太祖孝陵在南京钟山南，开曲折自然式神道之先河，并开始建造于宝城宝顶。永乐以下诸皇帝，除景泰帝葬于北京西郊外，其余十三帝都葬于北京北郊昌平天寿山，统称十三陵。

明十三陵坐落于天寿山麓。总面积120余平方公里，距离北京约50公里。十三陵地处东、西、北三面环山的小盆地之中，陵区周围群山环抱，中部为平原，陵前有小河曲折蜿蜒，山明水秀，景色宜人。十三座皇陵均依山而筑，分别建在东、西、北三面的山麓上，形成了体系完整、规模宏大、气势磅礴的陵寝建筑群。明代术士认为，这里是“风水”胜境，绝佳“吉壤”。因此被明朝选为营建皇陵的“万年寿域”。该陵园建于1409～1644年，距今已有300～500多年历史。陵区占地面积达40平方公里，是中国乃至世界现存规模最大、帝后陵寝最多的一处皇陵建筑群。明代时，于途中的沙河镇北，建有七孔石造“朝宗桥”；在镇东，则筑有壮丽的“巩华城”，该城原为嘉靖皇帝祭陵时中途休息的行宫，现仅存遗址。

图7-24　明十三陵

十三陵以天寿山为屏障，三面环山，南面敞开，形式环抱（图7-24）。神道南端左右各有小丘，如同双阙，使整个陵区具有宏伟、开阔的气势，选址极为成功。十三陵总神道稍有曲折，长约7公里许。北域入口是石牌坊，建于嘉靖年间，坊北1公里是陵园大门，门内有碑亭，置神功圣德碑，亭外四隅有华表。亭北是石望柱，后有石兽12对，文武臣石人6对，再北是龙凤门。由此至长陵之间约4公里，神道途径山洪河滩地段，空旷无物，布局不如南京孝陵疏密得当。

十三陵以永乐帝的长陵为中心，分布在周围的山坡上，每陵各占一山趾，其陵门、享殿、名楼的布置大体参照长陵制度，而尺度则较小。如长陵恩殿9间重檐庑殿，永陵为7间重檐歇山，其他各陵都是5间。配殿，长陵左右各15间，永陵9间，余陵5间。宝成，长陵1.1.8丈，永陵径81丈，其余丈尺有差。

十三陵是一个具有天然条件的山区，其山属太行余脉，西通居庸，北通黄花镇，南向昌平州，不仅是陵寝之屏障，实乃京师之北屏。太行山起泽州，蜿蜒绵亘北走千百里山脉不断，至居庸关，万峰矗立回翔盘曲而东，拔地而起为天寿山（原名黄土山）。山崇高正大，雄伟宽弘，主势强力。明末清初著名学者顾炎武曾写诗描述这里的优胜形势："群山自南来，势若蛟龙翔；东趾踞卢龙，西脊驰太行；后尻坐黄花（指黄花镇），前面临神京；中有万年宅，名曰康家庄；可容百万人，豁然开明堂。"这一优美的自然景观被封建统治者视为风水宝地。

明十三陵，既是一个统一的整体，各陵又自成一个独立的单位，陵墓规格大同小异。每座陵墓分别建于一座山前。陵与陵之间少至半公里，多至八公里。除思陵偏在西南一隅外，其余均成扇面形分列于长陵左右。在中国传统风水学说的指导下，十三陵从选址到规划设计，都十分注重陵寝建筑与大自然山川、水流和植被的和谐统一，追求形同"天造地设"的完美境界，用以体现"天人合一"的哲学观点。

这种依山建陵的布局也曾受到外国专家的赞赏，如英国著名史家李约瑟说：皇陵在中国建筑形制上是一个重大的成就，它整个图案的内容也许就是整个建筑部分与风景艺术相结合的最伟大的例子。他评价十三陵是"最大的杰作"。他的体验是"在门楼上可以欣赏到整个山谷的景色，在有机的平面上沉思其庄严的景象，其间所有的建筑，都和风景融汇在一起，一种人民的智慧由建筑师和建筑者的技巧很好地表达出来。"英国城市规划家爱德蒙培根也高度评价了明十三陵的艺术成就，他认为"建筑上最宏伟的关于'动'的例子就是明代皇帝的陵墓。"他指出：依山而建的陵墓建筑群的布局"它们的气势是多么壮丽，整个山谷之内的体积都利用来作为纪念死去的君王。"他们形象生动地描绘了明陵建筑与自然景观的有机结合。

2003年明十三陵被列入《世界遗产目录》。世界遗产委员会评价：明清皇家陵寝依照风水理论，精心选址，将数量众多的建筑物巧妙地安置于地下。它是人类改变自然的产物，体现了传统的建筑和装饰思想，阐释了封建中国持续五百余年的世界观与权力观。

2. 明长陵

明长陵位于天寿山主峰南麓，是明朝第三位皇帝成祖文皇帝朱棣（年号永乐）和皇后徐氏的合葬陵寝，是十三陵中的祖陵。在十三陵中建筑规模最大，营建时间最早，地面建筑也保存得最为完好。

明长陵，位于环形地势的北端，后有主山峰依托，前呈开畅之势，坐北朝南，占据了最中央的位置。长陵建成后不到10年，明宣宗在位时，在陵区的南端立起了一座"大明长陵神功圣德碑"，并在碑后开辟了神道，安放了一系列石雕。此后又经过几代皇帝的经营，才使陵区逐步完善。原来作为长陵前的神道成了整个陵区的共同神道，各座皇陵都在天寿山下寻找自己的位置，呈放射形分布于山之南麓，形成中国历史上最大的陵区。

陵区的总入口位于南面两座对峙的小山包之间，最前方为一座五开间的大石牌楼，作为陵区的大门，牌楼（图7–25）遥对着天寿山的主峰。从此向北，经大红门、碑亭（图7–26）、18对包括有马、骆驼、象、武将、文臣等的石像生直至棂星门（图7–27），全长约2.6公里。神道沿着山间地势又考虑到四周的山景，蜿蜒而行，到18对石象生这一段才取直正对前方的棂星门，造成极为神圣而肃穆的视觉与心理环境，进入棂星门后，有一条大道穿过河滩地段直去长陵，同时在这条道上先后有分道通达其他各陵。

长陵的规模居13座陵墓之首，超过了孝陵，但形制与孝陵相同。最前方为大门，其后为祾恩门、祾恩殿、方城明楼、宝顶，其中最重要的建筑是祾恩殿（图7–28）。祾恩殿是祭祀先皇的大殿，它在皇陵中的地位相当于紫禁城中的太和殿。它面阔九开间，进深五间，虽赶不上太和殿的十一开间面阔，但宽度达66.75米，还超过太和殿3米。大殿坐落在三层白石台基之上，用的是重檐庑殿式最高等级的黄琉璃瓦屋顶。大殿室内60根立柱，全部用整根楠木制成，其中直径最大的达1.17米，比现存太和殿内柱子的质量为高。顶上全部用井字天花，红棕色的楠木柱子配上青绿色的天花（图7–29），使殿内充满了肃穆的气氛。尽管这座大殿在面阔、柱子用料方面超过太和殿，屋顶、台基也用了最高等级的式样，但是它毕竟为陵墓的大殿，所以在大殿四周没有那么

图7-26　明十三陵碑亭

图7-27　神道及石雕

图7-28　明十长陵祾恩殿

图7-25　明十三陵石牌楼

图7-29　祾恩殿天花

多配殿与廊庑，没有那么大的广场，没有那么高的台基，在总体环境上，远不及太和殿那样宏伟与气魄。皇帝生前用的太和殿与死后用的祾恩殿成了目前留存下来最大的两座古建筑。

3．陵区的神道和石雕

神道由石牌坊、大红门、碑亭、石雕群、棂星门等组成。

（1）石牌坊。石牌坊为陵区前的第一座建筑物，北城的起点建于1540年（嘉靖十九年）。牌坊结构为五楹、六柱、十一楼，全部用汉白玉雕砌，在额枋和柱石的上下，刻有龙、云图纹及麒麟、狮子等浮雕。这些图纹上原来曾饰有各色彩漆，因年代久远，现已剥蚀净尽。整个牌坊结构恢宏，雕刻精美，反映了明代石质建筑工艺的卓越水平。

过了石牌坊，即可看到在神道左、右有两座小山。东为龙山（也叫蟒山），形如一条奔越腾挪的苍龙；西为虎山（俗称虎峪），状似一只伏地警觉的猛虎。中国古代道教有“左青龙，右白虎”为祥瑞之兆的传说，“龙”、“虎”分列左右，威严地守卫着十三陵的大门。

图7-30 大红门

（2）大红门。大红门坐落于陵区的正南面，门分三洞，又名大宫门，为陵园的正门。大门两旁原各竖一通石碑，上刻“官员人等至此下马”字样。凡是前来祭陵的人，都必须从此步入陵园，以显示皇陵的无上尊严。大门两侧原设有两个角门，并连接着长达80华里的红色围墙（图7–30）。在蜿蜒连绵的围墙中，另设有一座小红门和十个出入口，均派有重兵驻守，是百姓不可接近的禁地。现在这些围墙都早已坍塌，有些残迹尚依稀可辨。

大红门后的大道，叫神道，也称陵道。起于石牌坊，穿过大红门，一直通向长陵。该道纵贯陵园南北，全长7公里，沿线设有一系列建筑物，错落有致，蔚为壮观，是金陵区的主要通道。

（3）碑亭。碑亭位于神道中央，是一座歇山重檐、四出翘角的高大方形亭楼，为长陵所建。亭内竖有龙首龟趺石碑一块，高6米多。上题“大明长陵神功圣德碑”，碑文长达3500多字，是明仁宗朱高炽撰文，明初著名书法家程南云所书。该碑碑文作于1425年（洪熙元年），碑石却是1435年（宣德十年）才刻成的。在碑阴面还刻有清代乾隆皇帝写的《哀明陵十三韵》。碑文详细记录了长、永、定、思诸陵的残破情况。碑东侧是清廷修明陵的花费记录。西侧是嘉庆帝论述明代灭亡的原因。碑亭四隅立有4根白石华表，其顶部均蹲有一只异兽，名为望天吼。华表和碑亭相互映衬，显得十分庄重浑厚。在碑亭东侧，原建有行宫，为帝后前来祀陵时的更衣处，现已无存。

（4）石雕群。石雕群是陵前放置的石雕人、兽，古称石像生（石人又称翁仲）。从碑亭北的两根六角形的石柱起，至龙凤门止的千米神道两旁，整齐地排列着24只石兽和12个石人，造型生动，雕刻精细。其数量之多，形体之大，雕琢之精，保存之好，是古代陵园中罕见的。石兽共分六种，每种四只，均呈两立两跪状。将它们陈列于此，赋有一定含义。例如，雄狮威武，而且善战；獬豸为传说中的神兽，善辨忠奸，惯用头上的独角去顶触邪恶之人。狮子和獬豸均是象征守陵的卫士。麒麟，为传说中的“仁兽”，表示吉祥之意（图7–31）。骆驼和大象，忠实善良，并能负重远行。骏马善于奔跑，可为坐骑（图7–32）。石人分勋臣、文臣和武臣，各四尊，为皇帝生前的近身侍臣，均为拱手执笏的立像（图7–33），威武而虔诚。在皇陵中设置这种石像生，早在两千多年前的秦汉时期就有了，主要起装饰点缀作用，以象征皇帝生前的仪威，表示皇帝死后在阴间也拥有文武百官及各种牲畜可供驱使，仍可主宰一切。

（5）棂星门。又叫龙凤门（图7–34）。由四根石柱构成三个门洞，门柱类似华表，柱上有云板、异兽。在三个门额枋上的中央部分，还分别饰有一颗石雕火珠，因而该门又称“火焰牌坊”。龙凤门西北侧，原建有行宫，是帝后祭陵时的歇息之处。

图7-31　麒麟

图7-32　骏马

图7-33　侍臣

图7-34　棂星门（龙凤门）

（六）清陵

清朝的两位开国皇帝清太祖努尔哈赤和清太宗皇太极还没有取得全国政权时，就已经意识到，作为满族如果想要统治文化较自己民族先进的汉族，必须学习和采取汉族的政治与经济制度。他们在沈阳建造了自己的宫殿，也建造了自己的陵墓福陵和昭陵。这两座陵墓与明陵一样，前有神道，后是陵门、隆恩门、隆恩殿、明楼、宝顶一系列地面建筑，地宫深埋宝顶之下。

清代陵寝除沿袭明陵外，采取东西陵制。该两大陵区为帝“嗣后吉地各依昭穆次序，在东西陵界内分建”（乾隆六十一年十二月十二日谕旨），但实际情形非完全遵守。公元1644年，清兵入关，清朝全盘接收了明朝的皇城与宫城，同时开始经营自己的皇陵区。入关后的第一任清朝皇帝顺治当时只有7岁，去世时也不过24岁，就在这短短的时间里，这位年轻皇帝仍亲自去京郊各地选择墓地，最后选定在京东的燕山之下，地属河北遵化县，开始了清孝陵的建造。等到几十年后清康熙皇帝的景陵相继建成，这里即形成一个陵区，称清东陵。东陵承袭明陵制，各座皇陵既独立又相互联系，在规模最大的孝陵前面有一条长达500米的神道，它既为孝陵所有也成为诸陵共有的前导。

清朝第三任皇帝雍正也在东陵选定了陵地，地处其父康熙帝的景陵之旁，但雍正认为此地风水不佳，土质又差，命臣下另觅陵址。最后在河北易县的泰宁山下寻得一块宅地。为了掩饰这种破坏“子随父葬”古制的举动，他又会意臣下制造易县与遵化均与京城相距不远，可称并列神州的舆论。于是，以雍正的泰陵为开端，在易县又出现了一座清西陵。到下一任乾隆皇帝建陵时本应随父而葬在西陵，但他又怕从此下去荒废了东陵，对不起祖先，于是决定葬在东陵，并立下规矩，其子之陵应在西，其孙之陵应在东，形成父子分葬东西的格局，以达到陵虽分东西而又一脉相承，不离古制。于是，清东陵与清西陵分别有清朝五位和四位皇帝的陵墓。

1. 清昌陵

嘉庆帝昌陵所在的西陵（图7-35），位于群山环抱之中，林壑幽深，岗阜无数，如手之手指，指间即两岗挟持平坦处，诸陵在焉。昌陵起始和两旁均为茂密松林。过一片大松林就是昌陵的神功圣德碑亭；其北为石拱桥、望柱和石像生，石像生成行侍立于神道；再北为三孔桥、碑亭；东偏北为神厨库区；中轴线上

图7-35 昌陵鸟瞰

碑亭后以隆恩门为界，环以方整的围墙。墙内有两重院：第一进院内为隆恩殿；第二进院以琉璃花门相隔，内有二柱冲天牌坊和石五供，后为方城明楼、哑巴院和宝城宝顶；宝顶下为地宫。墙内外和宝顶上松柏繁茂，使整个昌陵置于苍翠绿色之中（图7–36）。

图7-36　昌陵建筑群

昌陵特色还有二：① 隆恩殿内大柱包金饰云龙，金碧辉煌，地面除槛垫石和中心石外，不用金砖，而用贵重的花斑石墁地，豪华富丽。② 排水系统十分讲究，除地宫、宝顶、内院、殿下有排水孔和排水沟外，还将院内、院外的水联成一个相通的水路，俗称“马槽沟”。东西马槽沟设在东西砂山以内，尤为特别。

2．裕陵

裕陵是乾隆皇帝的陵寝，位于孝陵以西的胜水峪，始建于乾隆八年（1743），乾隆十七年告竣，耗银170多万两。

乾隆时逢清朝鼎盛时期，国力强盛，国库充实，因此所建陵墓之宫室用料都很讲究，陵地所占面积也大，达46.2万平方米，工程进行了十多年。裕陵的地宫早年被盗，其中所藏殉葬宝物损失殆尽，但所幸地宫建筑仍保存完好。整座地宫全部由石料筑造，前后进深达54米，由明堂、穿堂与金券三部分组成，其间有四道石门。这座地宫的所有四壁、顶上和门上几乎都布满了石雕装饰。四道门的八扇门板上分别雕着八位菩萨像，门券洞的东西两壁雕有四大天王像。走进主要的金券部分，在拱形的顶上刻着三朵大佛花，花心由佛像和梵文组成，外围有24个花瓣。东西两头墙上雕有佛像与八宝图案。金券的四周墙壁上则满刻印度梵文的经文和用藏文注音的番文经书，梵文共647字，番文有29464个字。所有这些佛像、菩萨像、经文、装饰图案分布在地宫的四壁、屋顶和门上，它们和谐而统一，精美而庄重，把整座地宫装饰成了一座地下的佛堂，反映了清朝盛期建筑技术与艺术的高超水平。

裕陵明堂开阔，建筑崇宏，工精料美，气势非凡，自南向北依次为圣德神功碑亭、五孔桥、石像生、牌楼门、一孔桥、下马牌、井亭、神厨库、东西朝房、三路三孔桥及东西平桥、东西班房、隆恩殿（图7–37）、三路一孔桥、琉璃花门、二柱门、祭台五供、方城、明楼、宝城、宝顶和地宫，其规制既承袭了前朝，又有展拓和创新，主要体现在以下方面：

（1）石像生设置八对，比其祖父康熙帝的景陵多了麒麟、骆驼、狻猊各一对，虽数量少于孝陵，但种类却与孝陵一样。

（2）裕陵大殿东暖阁辟为佛楼，供奉各式佛像及大量珍宝。以后帝陵纷纷效仿，成为定制。

（3）陵寝门前的玉带河上建有三座规制相同的五孔拱桥（图7–38），龙凤柱头栏杆，桥两端以靠山龙戗住望柱。这三座拱桥造型优美，雕工精细，在清陵中仅此一例。

（4）地宫内布满了精美的佛教题材的雕刻：三世佛、五方佛、八大菩萨、四大天王、二十四佛、五欲供、狮子、八宝、法器、佛花以及三万多字的藏文、梵文经咒，雕法娴熟精湛，线条流畅细腻，造型生动传神，布局严谨有序，堪称“庄严肃穆的地下佛堂”和“石雕艺术宝库”（图7–39、图7–40）。

裕陵的这些特征既是乾隆皇帝好大喜功、笃信佛教个人意志的体现，也是处于鼎盛时期的清王朝综合国力的反映。

图7-37 裕陵隆恩殿

图7-38 裕陵拱桥

图7-39 乾隆地宫雕刻

图7-40 乾隆地宫

3. 菩陀峪定东陵

清朝制度，凡皇后死于皇帝之后的另立陵安葬，陵地定在皇陵两侧，所以咸丰皇帝的两位皇后慈安和慈禧陵均在咸丰皇帝的定陵东侧，故称定东陵。两座陵动工于同治十二年（1873年），经6年建成。有隆恩门、隆恩殿、明楼、宝顶和地宫，相当宏丽。菩陀峪定东陵是慈禧太后的陵寝，位于昌瑞山南麓偏西之菩陀峪，东距裕陵妃园寝0.5公里，西与普祥峪定东陵之间仅隔一条马槽沟。

慈禧陵与慈安陵在规模、规制上完全一样（图7–41）。尽管陵寝的修建规制崇宏，典制齐备，在有清一代诸后陵中均属上乘之作，但西太后并不满足，她利用独自掌权之机，以年久失修为借口，在光绪二十一年（1895年）下令将菩陀峪万年吉地的方城、明楼、宝城、隆恩殿、东西配殿、东西燎炉全部拆除重建，将宫门、朝房、小碑楼、神厨库等建筑揭瓦大修，地宫各券及石五供也在维修之列，重修工程于光绪二十一年十一月二十四日开始，到光绪三十四年（1908年）十月，在慈禧死前几天才告结束，历时13年之久。

图7-41　慈禧、慈安陵墓

图7-42　慈禧陵内景

重修后的慈禧陵用料考究，做工精细，装修豪华，富丽堂皇。三大殿木构架全部采用名贵的黄花行梨木，经过重建的隆恩殿全部用金丝楠木与花梨木筑成，殿内外的梁、柱、门、窗均不施彩绘而保持木料本色。梁枋及天花板上的彩画不做地仗，不敷颜料，而是在木件上直接沥粉贴金，其图案为等级最高的金龙和玺彩画。据统计，大殿内外共有金龙2400多条，原来殿内的大立柱上也装饰着鎏金盘龙和缠枝金莲，十分华丽，可惜现已剥落。

殿内墙壁雕有寓意“万福万寿”、“福寿绵长”的砖雕图案，并全部筛扫红黄金。三殿64根露明柱子上全部盘绕半立体镀金铜龙。封护墙干摆到顶，拔檐上雕“万福流云”图案（图7–42）。

大殿及月台周围的石栏杆，无论栏板、望柱还是抱鼓石上，均浮雕各式龙凤呈祥、海水江崖图案，尤其是殿前的丹陛石，以高浮雕加透雕的技法，把丹凤凌空、蛟龙出水的神态刻画得惟妙惟肖，是一件难得的石雕艺术珍品。

隆恩殿下的石台基也布满石雕，台基四周的栏杆望柱头雕凤，而在望柱身上雕有一条龙，龙首向上仰望着凤凰；在栏板上雕的也是凤在前，龙在后；在台基正中的台阶中央也有凤在上龙在下的雕刻。

这贴金的墙壁、贴金的彩画，镀金的盘龙以及精美的石雕艺术杰作，把三殿装点得金碧辉煌、精美绝伦。这豪华的装修不仅在明、清两代皇陵中绝无仅有，就连紫禁城内也难以见到。据统计，在四周的69块栏板的两面共有138副这种“凤引龙追”的石雕。菩陀峪定东陵的殿堂虽然在外形上体量并不很大，色彩也不华丽，但在建筑所用材料上，装饰的精美程度上，装饰内容的用意上却超过了一般的皇陵，鲜明地反映了这位两朝垂帘听政的太上皇后的权欲。

（七）孔林及孔子墓

孔林位于山东省曲阜市，本称至圣林，是孔子及其家族的墓地。它是世界上延续时间最长的家族墓地。经过考证，孔林已经延续了2340多年。据记载，孔子死后葬于此地，最初的墓地约有1顷，后经过历代帝王的不断赐田，到清代时已达3000多亩，孔林的围墙周长达7公里，有墓葬1万多座。林内墓冢遍地皆是，碑碣林立，石仪成群。

孔林神道长达1266米，苍翠柏，夹道侍立，龙干虬枝，多为宋、元时代所植，起点为六柱五楼石牌坊（图7–43），神道尽头为“至圣林”木构牌坊，这是孔林的大门（图7–44）。由此往北是二林门，为一座城堡式的建筑，亦称“观楼”。四周筑墙，墙高4米，周长达7000余米。林墙内有一河，即著名的圣水——洙水河。洙水桥北不远处为享殿，是祭孔时摆香坛的地方。

图7-43 神道入口石牌坊

图7-44 孔林入口

图7-45 洙水桥

图7-46 享殿

1．洙水桥

由至圣林门西行为辇路，前行约200米，路北有一座雕刻云龙、辟邪的石坊（图7–45）。坊的两面各刻“洙水桥”三字，北面署明嘉靖二年衍圣公孔闻韶立，南面署雍正十年年号。坊北有一券隆起颇高的拱桥架于洙水之上。洙水本是古代的一条河流，与泗水合流，至曲阜北又分为二水。春秋时孔子讲学洙泗之间，后人以洙泗作为儒家代称。但洙水河道久湮，为纪念孔子，后人将鲁国的护城河指为洙水，并修了精致的坊和桥。桥的南北各有历代浚修洙水桥的碑记洙水桥桥上有青石雕栏，桥北东侧有一方正的四合院，称作思堂，堂广3间，东西3间厢房，为当年祭孔时祭者更衣之所。室内墙上镶嵌着大量后世文人赞颂孔林的石碑，如“凤凰有时集嘉树，凡鸟不敢巢深林”，“荆棘不生茔域地，鸟巢长避楷林风”等等。此院东邻的另一小院，门额上刻“神庖”二字，是当年祭孔时宰杀牲畜之处。

2．享殿

洙水桥北，先是一座绿瓦三楹的高台大门——挡墓门，后面就到了供奉孔子墓主的享殿。享殿，殿广5间，黄瓦歇山顶，前后廊式木架，檐下用重昂五踩斗栱。殿内现存清帝弘历手书“谒孔林酹酒碑”，中有“教泽垂千古，泰山终未颓”等诗句（图7–46）。

3. 孔子墓

享殿之后是孔林的中心所在——孔子墓。此墓似一隆起的马背，称马鬣封。墓周环以红色垣墙，周长里许。墓前有巨墓篆刻“大成至圣文宣王墓”，是明正统八年（公元1443年）黄养正书。墓前的石台，初为汉修，唐时改为泰山运来的封禅石筑砌，清乾隆时又予扩大。孔子墓东为其子孔鲤墓，南为其孙孔伋墓，这种墓葬布局名为携子抱孙（图7–47）。

图7-47　孔子墓

第八章 民居建筑艺术

“民居”这一对民间居住形式的称谓，是相对官式与皇家建筑而言的。随着私有制的产生，阶级出现了。人类内部有了等级的划分，身份等级的划分，使居住的房屋也出现了不同的等级。在先秦时代，帝居或民舍均称宫室，自秦汉起，宫室专指帝王居所，宅第专指贵族的住宅，民居即是指用于一般人们生活起居的建筑物。

一、民居历史沿革

民居属量大面广的建筑类型，加之封建社会严格等级制度的原因，民居建设在人力、物力、财力的投入方面较低，建筑的质量耐久性较差，汉以前民居的建设状况仅能从文献记载、画像石、画像砖中了解，现存民居主要为明清时期作品。

隋唐五代，民居常用直棂窗回廊绕成庭院，这可从敦煌壁画中得到佐证。大门有些采用乌头门形式，有些仍用庑殿顶；庭院有对称的，亦有非对称的。

宋代里坊制解体，民居亦呈多样化。以《清明上河图》所描绘的北宋汴梁为例，平面十分自由，有院子闭合、院前设门的，有沿街开店、后屋为宅的，有两座或三座横列的房屋中间联以穿堂呈工字形的等。宋代院落周围为了增加居住面积，多为廊屋代替回廊，前大门进入后以照壁相隔，形成标准的四合院。南宋江南民居庭院园林化，依山就水建宅筑园，对后世江南城市住宅和私家园林的建造亦有很大影响。

元代民居还有用工字形平面构成主屋的。明清两代，北方民居以北京四合院为代表，按南北纵轴线对称地布置房屋和院落；江南地区的民居则以封闭式院落为单位，沿纵轴线布置，但方向并非一定为正南北。大型民居有中、左、右三组纵列的院落组群。

二、民居发展规律

（一）木结构体系节点精确化

中国古建筑在材料的选择上偏爱木材，并以木构架结构为主，从古至今，一脉相承。此结构方式由立柱、横梁及檩条等主要构件组成，各构件之间的结点用榫卯相结合，构成了富有弹性的框架。该主流结构是建立在榫卯节点基础上的框架体系，全国各地民居亦不例外。这种榫卯结合的形式，在浙江余姚河姆渡原始社会建筑遗址中已有发现。这种榫卯节点随着生产工具的发展而不断完善，从石器时代经青铜时代到铁器时代，榫卯从初创到完善再到精确，使民居从粗旷朴野到精巧玲珑，走过了漫长的历程。榫卯的至斟完善到清代达到无以复加的地步。

（二）建筑材料越来越人工化

长期以来，古代受生产力水平限制，材料的发展是缓慢的，人们只能以泥土草木为材料建造住宅，住宅也只是遮风挡雨的栖身之所。

（三）装饰繁密化

装饰的起源很早，几乎是伴随着人类文明的产生而产生的。装饰的内容多来自于日常生活，更多地反映了人们的思想意识、宗教信仰等精神世界的内容。主人对吉祥的追求，对邪恶的排斥，对生者的教化，对死者的礼拜，对仙境的神往，对世俗的认同，无不以装饰的形式填充于房屋的每个角落。装饰的形成是人们审美观念的具体写照。早期装饰较简单，如墙面的坑点装饰、房内墙的粉刷装饰，且均带有一定的功能性。后期装饰越来越繁密，如“砖、石、木”雕渐趋复杂。而砖雕（图8-1～图8-4）、石雕（图8-5～图8-7）和木雕（图8-8～图8-10）装饰成为重点，木雕常见于檐下挂落、门窗隔扇、梁枋垫板，砖雕多用在墙体瓦饰，石雕主要用于柱础抱鼓石等。装饰在历史的沿革中经过了从简单到复杂的历程。

图8-1　砖雕1

图8-2　砖雕2

图8-3　砖雕3

图8-4　砖雕4

图8-5 石雕1

图8-6 石雕2

图8-7 石雕3

图8-8 木雕1

图8-9 木雕2

图8-10 木雕3

图8-11 门枕石1

图8-12 门枕石2

传统民居中的装饰构件，在其产生之初，都依附于某种特定的功能。如窗通风采光，唐朝时期仅有直棂，较为单一，宋代格子窗则较丰富，明清出现如三角六碗、一马三间、龟背纹、冰裂纹等多种样式，极富有装饰性；再如柱础，它位于房屋立柱之下，与地面直接接触的地方，顾名思义是柱子的基础，其最大的功能是抬高柱子，防止雨水与潮气对柱子木材的侵蚀，保持干燥的木柱能大大延长其使用寿命。可以看出，这极微小的一个细节，却对整座房屋起着至关重要的作用。大凡木构建筑都离不开柱础，而柱础的装饰便随之兴起。由形态简单的石板到造型各异的柱础，其装饰的多元化和复杂性反映出主人官商儒雅不同的审美追求。再如门枕石（图8–11、图8–12）、抱鼓石（图8–13、图8–14），这些造型奇特的石雕装饰构件，它们的功能远远不及其形式那样引人注目，但它们确实是因功能而存在的。门枕石实际上是门轴的支点，粗壮的门轴带着巨大的门扇，整个重心都落在门枕石上，并绕其自如旋转，同时门枕石又夹住门槛，成为门槛的支撑

图8-13　抱鼓石1

图8-14　抱鼓石2

体，而门槛在将门枕石分隔成内外两部分的时候，也为匠人们留下了充分展示其技艺的空间，门枕石露在门外的部分成为装饰的重点。同样，抱鼓石与门枕石类似，也是一种支承体。抱鼓石最早出现在台阶石栏板的最下端，以稳定望柱，因常做成一面圆鼓和曲线的组合而得名。在住宅中它成为大门边框柱的支承，位于大门里外，夹住立柱起稳定作用。这“鼓”上的装饰随之千变万化，丰富多彩。装饰至清代，不仅已遍及建筑的各个部位，而且复杂到繁密的程度。为了显示主人的财气和地位，豪宅大院的装饰往往尽其奢华，追求形式上的夸张和繁琐，以达到炫耀门风的目的，这时候的装饰常是满铺于大片的墙面，缺少艺术灵气，虽其工艺精湛，技巧纯熟，却不为上乘之作。普通民宅或书香门第，朴实无华却也少不了砖石装饰，这时的砖石装饰显示的是充实的精神生活，简单而生动的线雕、浅浮雕，勾勒出一幅幅栩栩如生的神话传说或戏曲故事。

三、民居建筑艺术特征

（一）强地域性

下沉式四合院就是强地域性的体现。在平坦的地面上，人们无冲沟可利用，而木材资源又非常匮乏，在这种情况下，人们创造了最具特点的潜掩于地下的窑洞村落。这种以下沉式四合院组成的村落，不受地形限制，只需保持户与户之间相隔一定的距离，就可成排、成行或呈散点式布置。这种村落在地上看不到房舍，走进村庄，方看到家家户户掩于地下，构成了黄土高原最具独特的地下村庄，如洛阳邙山区的冢头村、三门峡市的宜村乡、灵宝市的西章村（图8-15）等。民间的能工技匠因地制宜巧妙利用地形，为下沉式窑洞村落设计出各种不同的

图8-15　西章村

入口布置方式，从平面布置上分，有直进型、曲尺型、回转型三种。下沉式窑洞村落具有独特的景观：由地面下到院落，再经由院落进到窑洞而形成收放有序的空间序列。处于地面，人的视野十分开阔，步入坡道视野受到约束，再进到院落便又有豁然开朗的感觉，整个空间充满了明暗、虚实、节奏的对比变化。下沉式院落的空间感也十分强烈，院落内不仅设有照壁，而且种植果木花卉，加之还用砖石等材料装饰窑洞洞口，从而使小环境变得幽静宜人。

（二）强生态性

西递、宏村这两个传统的古村落在很大程度上仍然保持着那些在上个世纪已经消失或改变了的乡村的面貌。其街道的风格、古建筑和装饰物，以及供水系统完备的民居都是非常独特的文化遗存。宏村是一座“牛形村”，整个村庄从高处看，宛若一头斜卧山前溪边的青牛。这种别出心裁的村落水系设计，不仅为村民生产、生活用水和消防用水提供了方便，而且调节了气温和环境。西递、宏村的村落体现了天人合一的中国传统哲学思想和对大自然的向往与尊重。那些典雅的明、清民居建筑群与大自然紧密相融，创造出一个既合乎科学，又富有情趣的生活居住环境，是中国传统民居的精髓。西递、宏村独特的水系是实用与美学相结合的水利工程典范，尤其是宏村的牛形水系，深刻体现了人类利用自然、改造自然的卓越智慧，是强地域性的体现。

（三）强景观性

四川古建筑无论是处在丘陵、山地，还是处在平原、河谷，对环境都十分重视，建筑与环境达到了相互和谐与共融。建筑以环境为依托，以环境为背景，根据自然条件将建筑融入环境之中，体现了中国传统的“天人合一”环境观，体现了“道法自然”的道家精神，反映了浓厚的环境意识。无论城市、乡镇，还是寺观、住宅，其选址都十分注重环境。布局自由、灵活多变。川内大部分地区气候炎热、多雨，因此建筑空间处理开敞、流通，庭院、天井密如蜂房；又多设敞口厅、花罩隔断，内外空间交融，空间层次丰富。庭院常种树木花草，形成有院必有园的格局，具有“苔痕上阶绿，阶前柳色青”的诗情画意。川西“一”字形、“L”形民居则用竹林、树木为界面，在房前围合室外空间，形成院坝。这种以室外空间为中心的布置原则，其实是一种景观意识的反映。

（四）强伦理性

一般民居，除了显现它的实用和美观之外，还有着一种社会伦理的性质。就汉族的情形来说吧，一家民居，大部分为几个房屋，在名称上也有正房（或正厅），有偏房，有前房，有后房。有的还有附属房室，如厨房、佣人房以及仓库等。在那些正式的房间里，谁住正房，谁住偏房，谁在后房……大都有一定的讲究，不能随意紊乱的。有的还有一定禁忌，如女儿的闺房，不但外人，就是家人和兄弟等也不能随便进入。外来客人的接待和留住，也有一定的房室。这种民居上的安排，伦理色彩是相当浓厚的，少数民族也有相似的情形。家庭成员所住位置各民族虽然不尽相同，但都按照自己民族的伦理逻辑加以安排，决不容许错乱。总之，人们可以从民居内部布局方式的安排，清楚地看到这些居民乃至于这个民族的家族伦理观念和准则。

（五）强烈的人文意识

在古代，人们视住宅为“阴阳之枢纽，人伦之轨模”（《黄帝宅经》序），住宅把天与地、阴和阳契合为一个适于人居住生活的整体，“人因宅而立，宅因人得存，人宅相扶，感通天地”（《黄帝宅经》卷上，所引出自《子夏金门宅经》之佚文）。房屋的格局中蕴含着一种宇宙的结构，并加入伦理的观念，“父天母地兄日姊月”（《渊鉴类函》卷一），使住宅具有自然性与社会性的双重意义，从而创造了一种“与天地合其德，与日月合其明，与四时合其序”的环境（《渊鉴类函》卷十四）。这与中国古典文化中始终包含的强烈的人文精神是完全一致的，无论是汉唐以来儒道佛学说，还是宋明理学，都是纳自然、社会、人生为统一体系的宇宙生成模式。它立足于人，指归于人，始终关心人的精神发展和道德发展，关心人的生活意义，主张“厚德载物”的价值理性。

（六）细腻的审美体验

长久以来，中国人对于美好居住环境的营建是不懈的，富贵之家叠石理水，普通人家莳花种草，或繁或简，都力求将宅院装点得有声有色，古代中国人对于美的追求与体验在居住环境中表达得淋漓尽致。

在传统居住环境中，人们获得了最原始的直觉体验：在听觉上，他们陶醉于自然界的天籁清音，如“秋阴不散霜飞晚，留得枯荷听雨声”（唐・李商隐）、“倚仗柴门外，临风听暮蝉”（唐・王维）、“绕檐点滴如琴筑，支枕幽斋听始奇”（宋・陆游）；在视觉上，他们饱览自然的华彩绚烂，如“苔痕上阶绿，草色入帘青”（唐・刘禹锡）、“深院下帘人昼寝，红蔷薇架碧芭蕉”（唐・韩偓）、“秋色入林红黯淡，日光穿竹翠玲珑”（宋・苏舜钦）；在嗅觉上，他们沉迷于自然的清新芬芳，如“疏影横斜水清浅，暗香浮动月黄昏”（宋・林逋）、“荷风送香气，竹露滴清响”（唐・孟浩然）……在一切可以感受到的琐事细节上，他们体验着生命的愉悦，体察出自然的物性事理，正所谓“耳闻之而得声，目遇之而成色，取之无禁，用之不竭”（宋・苏轼）。居住生活中的闲情逸致，逐渐转化为古典文化的美学主张。儒、道、禅中的重体验、重直觉、重诗化的体验审美心理学，古典绘画中讲求的“师法造化，中得心源”，文学中的“触景生情，情景交融”，都与传统居住环境有着密不可分的深厚渊源。

（七）曲折的隐喻手法

传统住宅中通过建筑、山、石、水、植物等物质要素的精心配置，一则娱观者之目，二则益人情性，三则寄托精神追求。例如植物的选择，清代李渔《闲情偶寄・种植部》记述木本、藤本、草本、花卉、竹木69种，或品位高雅，或取意吉祥，大多有其寓意。我国古代花鸟画的兴盛，并非为了单纯的赏心悦目，更有一定的寓意。宋代黄休复在《宣和画谱》花鸟叙论中论道，“花之于牡丹、芍药，禽之于鸾凤、孔翠，必使之富贵；而松竹梅菊、鸥鹭雁鹜，必见之幽闲，至于鹤立轩昂，鹰隼之击搏，杨柳梧桐之扶疏风流，乔松古柏之岁寒磊落，展张于图绘，有以兴起人意者，率能夺造化而移精神遐想，若登临览物之有得也。”所以，堂前宅后配置的、笔墨描绘的一草一木、一山一石，无不曲折、隐晦地反映了作者的审美趣味和性情操守。

当历史的车轮碾过漫漫岁月长河踏入清代时，民俗建筑这一文化特征已发展演变到一种极致，北方的民居建筑尤可以为典。北方建筑气势雄伟、风韵独到，主体建筑一般都以孔孟之道中轴对称布局，院内套院、门内有门、厅堂楼阁、各异其宜，其间的装饰内容丰富、题材多样、刀法娴熟、技艺精湛，例如灵石的王家、祁县的乔家、榆次的常家等。这些建筑既有儒道佛家的仙气，又有民间美术的俗气，还有文人士大夫的雅气，集民俗民艺于一体，可以说是清代“纤细繁密”的风格典范。

四、民居建筑艺术鉴赏

（一）四合院

四合院是北京地区乃至华北地区的传统住宅。其基本特点是按南北轴线对称布置房屋和院落，坐北朝南，大门一般开在东南角，门内建有影壁，外人看不到院内的活动。正房位于中轴线上，侧面为耳房及左右厢房。正房是长辈的起居室，厢房则供晚辈起居用，这种庄重的布局，亦体现了华北人民正统、严谨的传统性格。

中国北方院落民居以北京四合院最为典型。四合院坐北朝南，大门开在东南角，称“坎宅巽门”，认为是吉利的，实际上也有利于保持私密性和增加空间的变化。进入大门西转为外院，安排客房、仆房。从外院向北通过一座华丽的垂花门进入方正而大的内院，北面正房称堂，供奉“天地君亲师”牌位，举行家庭礼仪，接待尊贵宾客，其左右耳房居住长辈和用作书房。院两侧的厢房是后辈居室。各房以“抄手游廊”相连，不必经过露天，在廊内也可坐赏院中花树。

北京四合院之所以有名，还因为它虽为居住建筑，却蕴含着深刻的文化内涵，是中华传统文化的载体。四合院的营建是极讲究风水的，从择地、定位到确定每幢建筑的具体尺度，都要按风水理论来进行。风水学说，实际是中国古代的建筑环境学，是中国传统建筑理论的重要组成部分。四合院的装修、雕饰、彩绘也处处体现着民俗民风和传统文化，表现了一定历史条件下人们对幸福、美好、富裕、吉祥的追求。如以蝙蝠、寿字组成的图案寓意“福寿双全”；以花瓶内安插月季花的图案寓意“四季平安”；嵌于门框、门头上的吉辞祥语，附在檐柱上的抱柱楹联，以及悬挂在室内的书画佳作，更是集贤哲之古训，采古今之名句，或颂山川之美，或铭处世之学，或咏鸿鹄之志，风雅备至，充满浓郁的文化气息，登斯庭院，犹如步入一座中国传统文化的殿堂。

图8-16　四合院1

北京四合院亲切宁静，庭院尺度合宜，极大地拉近人心，是十分理想的室外生活空间，庭院方正，利于冬季多纳阳光。东北气候寒冷，院子更加宽大。北京以南夏季西晒严重，院子变成南北窄长。西北风沙很大，院墙加高（图8–16 ~ 图8–18）。

图8-17　老北京四合院2

图8-18　四合院3

（二）“四水归堂”

中国江南地区的住宅名称很多，平面布局同北方的“四合院”大体一致，只是院子较小，称为天井，仅作排水和采光之用［“四水归堂”（图8-19）为当地俗称，意为各屋面内侧坡的雨水都流入天井］。这种住宅第一进院正房常为大厅，院子略开阔，厅多敞口，与天井内外连通。后面几进院的房子多为楼房，天井更深、更小些。屋顶铺小青瓦，室内多以石板铺地，以适合江南温湿的气候。江南水乡住宅往往临水而建，前门通巷，后门临水，每家自有码头，供洗濯、汲水和上下船之用。

图8-19　四水归堂

以苏州为代表。房屋多依水而建，门、台阶、过道均设在水旁，民居自然被融于水、路、桥之中，多以楼房，砖瓦结构为主。青砖蓝瓦、玲珑剔透的建筑风格，形成了江南地区纤巧、细腻、温情的水乡民居文化。古老的苏州河两岸民居是典型的小桥、流水、人家意境所在。

中国南方炎热多雨而潮湿，人稠山多地窄，故重视防晒通风，布局密集而多楼房。墙头高出屋顶，作阶梯状，砖墙抹灰，覆以青瓦墙檐，白墙黛瓦，明朗而素雅，是南方建筑一大造型特色。天井民居以中国东南部皖南赣北即徽州地区最为典型。其特点主要表现在村落选址、平面布局和空间处理等方面。

其中，村落选址符合天时、地利、人和皆备的条件，达到“天人合一”的境界。村落多建在山之阳，依山傍水或引水入村，和山光水色融成一片。住宅多面临街巷。整个村落给人幽静、典雅、古朴的感觉。

平面布局及空间处理可谓结构紧凑、自由、屋宇相连，平面沿轴向对称布置。建筑形象突出的特征是：白墙、青瓦、马头山墙、砖雕门楼、门罩、木构架、木门窗。内部穿斗式木构架围以高墙，正面多用水平型高墙封闭起来，两侧山墙做成阶梯形的马头墙，高低起伏，错落有致，黑白辉映，增加了空间的层次和韵律美。民居前后或侧旁设有庭园，置石桌石凳，掘水井鱼池，植果木花卉，甚至叠山造泉，将人和自然融为一体。大门上几乎都建门罩或门楼，砖雕精致，成为徽州民居的一个重要特征。

（三）“一颗印”

云南滇中高原地区，四季如春，无严寒，多风，住房墙厚重。最常见的形式是毗连式三间四耳，即正房三间，耳房东西各两间，有些还在正房对面，即进门处建有倒座。通常为楼房，为节省用地，改善房间的气候，促成阴凉，采用了小天井。外墙一般无窗、高墙，主要是为了挡风沙和安全，住宅地盘方整，外观方整，当地称“一颗印”（图8–20）。

“一颗印”民居的大门开在正房对面的中轴线上，设倒座或门廊，一般进深为八尺，有楼，无侧门或后门，有的在大门入口处设木屏风一道，由四扇活动的格扇组合而成，平时关闭，人从两侧绕行。每逢喜庆节日便打开屏风，迎客入门，使倒座、天井、堂屋融为一个宽敞的大空间。“一颗印”民居主房屋顶稍高，双坡硬山式。厢房屋顶为不对称的硬山式，分长短坡，长坡向内院，在外墙外作一个小转折成短坡向墙外。院内各层屋面均不互相交接，正房屋面高，厢房上层屋面正好插入正房的上下两层屋面间隙中，厢房下层屋面在正房下层屋面之下，无斜沟，减少了梅雨的麻烦。外墙封闭，仅在二楼开有一两个小窗，前围墙较高，常达厢房上层檐口。农村的“一颗印”民居，为了适应居民的生活习惯和方便农民在堂屋和游春上干杂活；堂屋一般不安装格子门，这样堂屋便和游春浑然一体了。而城里的“一颗印”民居，堂屋一般都安装有格子门。

图8-20 “一颗印”

“一颗印”无论是在山区、平坝、城镇、村寨都宜修建。可单幢，也可联幢，可豪华，也能简朴，千百年来是滇池地区最普遍、最温馨的平民住宅。

（四）“阿以旺”

阿以旺式民居由阿以旺厅而得名，“阿以旺”是维吾尔语，意为“明亮的处所”，它是新疆维吾尔族民居享有盛名的建筑形式，具有十分鲜明的民族特点和地方特色，已有2000多年历史（图8–21）。

图8-21 “阿以旺”

新疆维吾尔自治区地处祖国西北，地域辽阔，是多民族聚居的地区。新疆属大陆性气候，气温变化剧烈，昼夜温差很大，素有“早穿皮袄午穿纱，晚围火炉吃西瓜”的说法。维族的传统民居以土坯建筑为主，多为带有地下室的单层或双层拱式平顶，农家还用土坯块砌成晾制葡萄干的镂空花墙的晾房。住宅一般分前后院，后院是饲养牲畜和积肥的场地，前院为生活起居的主要空间，院中引进渠水，栽植葡萄和杏等果木，葡萄架既可蔽日纳凉，又可为市场提供丰盛的鲜葡萄和葡萄干，从而获得良好的经济效益。院内有用土块砌成的拱式小梯通至屋顶，梯下可储物，空间很紧凑。

新疆特有的气候特征，是维吾尔族人民创造出“阿以旺”民居的最主要的源泉。“阿以旺”完全是室内部分，是民居内共有的起居室；但从功能分析，它却是室外活动场地，是待客、聚会、歌舞活动的场所。“阿以旺”比其他户外活动场所如外廊、天井等更加适应风沙、寒冷、酷暑等气候特点。这是一种根植于当地地理、文化环境中的本土建筑。

在建筑装饰方面，多用虚实对比、重点点缀的手法，廊檐彩画、砖雕、木刻以及窗棂花饰，多为花草或几何图形；门窗口多为拱形；色彩则以白色和绿色为主调，表现出伊斯兰教的特有风格。

（五）碉楼

西藏大部分地区平均海拔高，气候寒冷干燥，荒原上的石头成为人们建筑房屋的主材。藏族人用石块石片垒砌出三四层高的房子，因形似碉堡而得名碉房（图8-22、图8-23）。碉楼和民居本是两种不同的建筑类型。居住之处称为住宅，是先民息止之所，也是人类最原初的、最大量的建筑类型。碉楼则为具有防御功能的军事建筑。

在文明早期，人们以氏族为单位组织生活、生产，并共同抵御外敌入侵。这时候出现的是“依山据险，屯聚相保”的聚落联防形式，并且防御性的单独碉楼在碉楼与村寨关系中占主导地位。随着社会、经济和文化的发展，氏族社会转入以家庭为单位的家族社会形态。碉楼随之发展的更深层次则是碉楼与居住空间上结合，这就形成了在村落整体防御之外家庭的第二道防御屏障。

碉楼和住宅紧靠在一起，并以门、墙、廊、道、梁柱等结构与住宅统为一体，于是带来了碉楼和民居之间从平面关系到空间组合的相互衔接、渗透、融会的变化。事实上，中国各地的碉楼绝大部分是与院落连在一起，与院墙组合为一个防御体系，是整个院落或围屋的附属性建筑。这

图8-22　囊色林庄园

图8-23　藏族碉房

样就出现了另一类空间形态，即碉楼民居，也即《蜀中广记风俗记》所载的“碉巢”。

从地理上看，碉楼民居在国内的分布集中在川西北的羌藏少数民族地区、四川盆地汉族地区、赣南和闽粤客家地区以及广东五邑地区。我们主要从各地碉楼民居形成的文化背景、建筑形制、聚落特征诸方面做一简述，目的在于从历史文化的流变上分析它们之间的异同之处。

在家族制基础上产生的碉楼民居，是羌人生存质量反映在建筑上的一种深化，是一种文明程度进化的表现，也是社会发展的必然。这和汉代望楼、坞堡、阙等高耸建筑物出现的时期大致相同，说明在汉代羌汉两个民族已经进行了相当深入的文化交流。

藏族由于宗教原因，在檐上悬挂红、蓝、白三色条形布幔，转角插“幡”，形成与素墙面的强烈对比，形成人文景观，具有强烈的民族特色。

（六）毡包

蒙古包（图8-24～图8-26）是蒙古族牧民居住的一种房子。传统上蒙古族牧民逐水草而居，每年大的迁徙有四次，有“春洼、夏岗、秋平、冬阳”之说，蒙古包是草原地区流动放牧的产物，具有制作简便、便于搬运、耐御风寒、适牧等特点。

图8-24　蒙古包1

蒙古包主要由架木、苫毡、绳带三大部分组成。制作不用水泥、土坯、砖瓦，原料非木即毛，可谓建筑史上的奇观，是游牧民族的一大贡献。

图8-25　蒙古包2

蒙古包呈圆形，有利于抵御水平风力是广阔草原合理的选择，架设很简单，一般搭建在水草适宜的地方，根据蒙古包的大小先画一个圆圈，然后便可以开始按照圈的大小搭建。蒙古包搭好后，人们进行包内装饰，铺上厚厚的地毯，四周挂上镜框和招贴花。蒙古包看起来外形虽小，但包内使用面积却很大，而且室内空气流通，采光条件好，冬暖夏凉，不怕风吹雨打，非常适合经常转场的放牧民族居住和使用。

蒙古包的最大优点就是拆装容易，20个小时就能搭盖起来，搬迁简便。一顶蒙古包只需要40峰骆驼或10辆双轮牛车就可以运走。

图8-26　蒙古包3

（七）吊脚楼

吊脚楼也叫“吊楼”，为苗族、壮族、布依族、侗族、水族、土家族等族的传统民居，在湘西、鄂西、贵州、重庆地区的吊脚楼也很多。吊脚楼多依山就势而建，属于干栏式建筑，但与一般所指干栏有所不同。干栏应该全部都悬空的，所以称吊脚楼为半干栏式建筑。

湘西土家族生活在风景优美的武陵山区，境内沟壑纵横，溪水如流，山多地少，属亚热带山区气候，常年雾气缭绕，湿度大。在这种自然环境中，土家人结合地理条件，顺应自然，在建筑上“借天不借地、天平地不平”，依山就势，在起伏的地形上建造接触地面少的房子，减少对地形地貌的破坏。同时，力求向上部空间发展，在房屋底面随倾斜地形变化，从而形成错层、掉层、附崖等建筑形式。吊脚楼飞檐翘角，走栏周匝，腾空而起，轻盈纤巧，亭亭玉立。通常背倚山坡，面临溪流或坪坝以形成群落，往后层层高起，现出纵深。竹树参差，掩映建筑轮廓，显得十分优美（图8–27、图8–28）。

重庆依山而建，由于长江、嘉陵江横跨城区，造就了两江四岸，重庆的吊脚楼反映了重庆人坚韧顽强的意志。由于山多，土地紧张，重庆就依山就势，因地制宜，利用木方、竹条，悬虚构屋，陡壁悬挑，加设坡顶，增建梭屋，依山建造出一栋栋楼房。这些吊脚楼不是穿斗结构就是绑扎结构，十分简陋。远远望去，如果是独自一间，歪歪斜斜，晃晃荡荡，似乎风一吹就要倒下来。如果是一排排的，则你挤着我，我靠着你，手握着手，肩并着肩，体现着一种团队精神。就

图8-27　土家族吊脚楼

图8-28　土家族吊脚楼2

图8-29　吊脚楼1

图8-30　吊脚楼2

是这样的吊脚楼，重庆人住了两三千年。遇上洪水，大水淹漫；遇上滑坡，泥土冲埋；遇上风雨，风吹雨打。年复一年，人们总是不断地与大自然抗争，一次又一次地战胜它，把吊脚楼修得更加牢固，更加坚强。简陋的吊脚楼是千百年来重庆人在贫困的经济条件下，充分利用自然条件修建的栖身之处，最能体现重庆人的顽强精神和不屈不挠的意志（图8–29、图8–30）。

（八）干栏式

干栏式建筑自新石器时代至现代均有流行。主要分布于多雨潮湿地区，如长江流域以南以及东南亚，中国内蒙古自治区、黑龙江省北部，俄罗斯西伯利亚和日本等地都有类似的建筑。日本所谓的高床住居，亦属此类建筑。干栏式建筑现主要分布在西双版纳全境和德宏州的瑞丽，遮放坝子，我国傣族、壮族等地。

干栏式建筑不仅能防毒虫野兽，而且还冬暖夏凉。干栏式建筑主要为防潮湿而建，长脊短檐式的屋顶以及高出地面的底架，都是为适应多雨地区的需要，各地发现的干栏式陶屋、陶囷以及栅居式陶屋，均代表了防潮湿的建筑形制，特别是仓廪建筑采用这种形制的用意更为明显。

干栏式建筑一般有上下两层，楼上住人，楼下关牛马猪鸡，安置舂碓，还可以堆放干柴及其他杂物，不砌围墙，四周有栅栏，设进出口。竹楼屋顶为歇山式，分为四面，脊短坡陡，下有坡屋面，上用草排或瓦片覆盖。楼室门口一方安置木梯一架，一侧设有阳台（图8–31）。

图8-31　干栏式民居

（九）土楼

福建是东南沿海的“山国”，境内山地丘陵占80%以上，地形复杂，历史上匪盗现象较为严重，中原汉族迁居此地后，为御匪盗防械斗，同族数百人筑土楼而居所，故形同要塞的土楼（图8–32、图8–33），防御功能突出。此外，福建地处东南沿海地震带，气候暖热多雨，坚固的土楼既能防震防潮，又可保暖隔热，可谓一举数得。

福建土楼产生于宋元时期，经过明代早、中期的发展，明末、清代、民国时期逐渐成熟，并一直延续至今。福建土楼是世界上独一无二的山区大型夯土民居建筑，是创造性的生土建筑艺术杰作。福建土楼依山就势，布局合理，吸收了中国传统建筑规划的风水理念，适应聚族而居的生活和防御的要求，巧妙地利用了山间狭小的平地和当地的生土、木材、鹅卵石等建筑材料，是一种自成体系，具有节约、坚固、防御性强等特点，又极富美感的生土高层建筑类型。

土楼按形状分，可分为圆楼、方楼、五凤楼。另外还有凹字形、半圆形、八卦形。其中，以圆楼与方楼最常见，也常常两种形状并存。该长达数千平方米面积且聚族而居的圆楼与方楼以简单几何形建筑构筑于山岭狭谷之间，人造建物与周遭翠青自然景观形成强烈对比。

图8-32　客家土楼1

图8-33　客家土楼2

土楼共有的特点是建造工期长，墙厚，坚实牢固，“三防”（防风、防水、防震）性能好。如建于公元1693年的永定湖坑镇的“环极楼”，300年来经历了数次地震。1918年农历四月初六的大震，仅在其正门右上方3楼到4楼之间出现一条20公分宽的裂缝，由于圆楼墙结构下面厚1.2米，向上延伸时略向内斜，呈梯形状，向心力强。多年来竟神奇地自然弥合，现仅留下一道细的裂缝。永定“资历”最深的“馥馨楼”，近年来为避免众人从一大门出入不便，另开一小门，请来石匠费尽九牛二虎之力，用钢凿撬挖数日才开通，这种三合土墙的坚韧由此可见一斑。

土楼建筑的另一特色是结构极为规范，房间的规格大小一致。大多数土楼均只有一个大门供出入，楼内均有天井，可储半年以上粮食，犹如一座坚固的城堡，易于防盗和防匪。由于墙壁较高较厚，既可防潮保暖，又可隔热纳凉。

土楼不仅在建筑风格上特色鲜明，大多数土楼的命名也寓意隽永、意味深长。永定土楼或以方位命名，如“东升楼”为坐东朝西，喻意旭日从东方升起；或以主人名字命名，如“振福楼”，乃苏振福独资兴建；或为纪念先祖定名，如永定林福成的后代所建“庆福楼”、“福裕楼”、“振成楼”、“庆成楼”，总不离“福”“成”两字；或以自然环境定名，如“望峰楼”因面朝笔架山峰而取名，“环兴楼”则因三面环水，而本身造型又是环形大圆楼而得名；或为祝愿祈祥定名，如“松竹楼”和“五十楼”，分别取“竹苍松茂”和“五风十雨皆呈瑞”之意；或为劝勉后人定名，如“经训楼”、“承启楼”；或以创业者定名，如“福侨楼”，为江氏华侨所建，意为华侨福宅；“群兴楼”因众人集资兴建，并寓群居兴旺发达之意；或以褒贬双关定名，“如升楼”，坐东朝西，喻如日之升，其后代又戏称其小如米升。

土楼作为福建客家人引为自豪的建筑形式，是福建民居中的瑰宝。同时又揉进了人文因素，堪称“天、地、人”三方结合的缩影。数十户、几百人同住一楼，反映客家人聚族而居、和睦相处的家族传统。因此，一部土楼史，便是一部乡村家族史。土楼的子孙往往无需族谱便能侃侃道出家族的源流。

此外，就地取材，用最平常的土料筑成高大的楼堡，化平凡为神奇，又体现了客家人征服自然的过程中匠心独运的创造。

2008年7月6日，“福建土楼”被联合国教科文组织世界遗产委员会列入世界文化遗产名录。

（十）窑洞

窑洞是黄土高原上特有的一种民居形式。深达一二百米、极难渗水、直立性很强的黄土，为窑洞提供了很好的发展前提。同时，气候干燥少雨、冬季寒冷、木材较少等自然状况，也为冬暖夏凉、十分经济、不需木材的窑洞，创造了发展和延续的契机。

窑洞具有就地取材，易于施工，便于自建，造价低廉，冬暖夏凉，节省能源，节约占地，有利于生态平衡、隔声、减少污染等优点。

窑洞是孕育人类的摇篮，是中华民族几千年文明史的组成部分。窑洞是人类创造的物质财富之一，有其独特的建筑结构和特点，它承袭了中国古代形成的特有的建筑观念，并由此而决定了它的建筑格局。由于自然环境、地貌特征和地方风土的影响，窑洞形成各式各样的形式。但从建筑的布局结构形式上划分可归纳为靠崖式、下沉式和独立式三种形式。

图8-34　窑洞（带晒场）

（1）靠崖式窑洞。靠崖式窑洞有靠山式和沿沟式，窑洞常呈现曲线或折线形排列，有和谐美观的建筑艺术效果。在山坡高度允许的情况下，有时布置几层台梯式窑洞，类似楼房（图8–35）。

靠崖式窑洞是将山坡一面垂直铲平，然后在平面上凿挖窑洞，窑洞一般修在朝南的山坡上，向阳，背靠山，面朝开阔地带，少有树木遮挡，十分适宜居住生活。一院窑洞一般修3孔或5孔，中窑为正窑，有的分前后窑，有的1进3开，从外面看4孔要各开门户，走到里面可以发现它们有隧道式小门互通，顶部呈半圆形，这样窑洞空间就会增大。

（2）下沉式窑洞（图8–36）。下沉式窑洞就是地下窑洞，主要分布在黄土塬区——没有山坡、沟壁可利用的地区。这种窑洞的做法是：先就地挖下一个方形地坑，然后再向四壁挖窑洞，形成一个四合院。进入村内，只闻人言笑语，鸡鸣马欢，却不见村舍房屋，所谓“进村不见房，见树不见村”。外地人又称它是“地下的四合院”。

下沉式窑洞是在平地上挖坑，深7米余，四周见方，然后在坑的四壁下部凿挖窑洞，形成天井式四方宅院。从窑院一角的一孔窑洞内凿出一条斜坡甬道通向地面，为住户进出之阶梯式通道。下沉窑院内设置有渗水井，院内一般都种有高大树木，沿窑院顶部四周筑有带排水檐道的砖墙。宅院内有作粮仓用的窑洞，顶部开有小孔，直通地面打谷场，收获之时可直接将谷场的粮食灌入窑内粮仓，平时孔口置避雨席棚（图8–34）。宅院内有单独窑洞，可作鸡舍牛棚。天井窑院还有二进院、三进院等，即多个井院的组合。

（3）独立式窑洞。独立式窑洞又称锢窑，是一种掩土的拱形房屋，有土坯拱窑洞，也有砖拱石拱窑洞。这种窑洞无需靠山依崖，能自身独立，又不失窑洞的优点。可为单层，也可建成为楼。若上层也是锢窑即称“窑上窑”；若上层是木结构房屋则称“窑上房”（图8–37）。

作为地下空间生土建筑类型的窑洞，其建筑艺术特征又与一般建筑大异其趣。

窑洞建筑是一个系列组合。窑洞的载体是院落，院落的载体是村落，村落的载体是山或川，或黄土大自然。所以这种建筑造型艺术特色从宏观的窑洞聚落的整合美到微观细部的装饰美，无不打上“窑”字号的印记。窑洞村落的“田园风光”情趣，在于在苍凉和壮阔的背景中化呆板单调为神奇。或以院落为单元，或以成排连成线，沿地形变化，随山顶势，成群，成堆，成线地镶嵌于山间，构图上形成台阶形空间，给人以雄浑的壮美感受。大自然稀释了人口，消解了拥挤的喧闹；窑洞又赋予山体以人的生命的活跃，其一派田园风光景象，俨然神笔绘就的水墨画，给人以一种疏离的静谧美。

图8-35　靠崖式窑洞

图8-36　下沉式窑洞

图8-37　锢窑天窑

（十一）舟居

黎族世居海南岛五指山，风大雨多，气候潮湿。其民居为一种架空不高的低干阑，上面为覆盖着茅草的半圆形船篷顶，无墙无窗，前后有门，门外有船头，就像被架空起来的纵长形的船，故又称“船形屋”（图8–38、图8–39）。

图8-38 舟居1

图8-39 舟居2

第九章
园林建筑艺术

一、园林历史沿革

图9-1　商益广沙丘苑台总体图

我国的园林艺术，从殷周时代“囿”的出现算起，至今已有三千多年的历史，是世界园林艺术起源最早的国家之一，在世界园林史上占有极其重要的位置，中国自然式山水园与欧洲规则几何式园林并列为世界两大园林体系。中国园林在历史的长河中始终是沿着师法自然和崇尚天人合一的哲学思想发展的。商周的“囿”，就是把自然景色优美的地方圈起来，放养禽兽，供帝王狩猎，所以也叫游囿（图9–1）。汉起称苑，汉朝把早期的游囿发展到以园林为主的帝王苑囿行宫，除布置园景供皇帝游憩之外，还举行朝贺，处理朝政。魏晋南北朝是中国园林艺术化的奠基时期，园林的建造融合诗文、楹联、匾额、绘画等艺术手法，通过小型化、写意化的手法，大大促进了园林的普及和发展。明、清是中国园林创作的高峰期，在明末还产生了园林艺术创作的理论书籍《园冶》。园林发展经过五个历史阶段。

（一）人工山水为造园主题——模拟自然山水阶段

本时期以秦汉为代表，以规模宏大、气魄雄伟的宫廷园林为主流，是权势和财富的象征。贵富们修造园林不仅为了游乐玩赏，而且还带有扩张地盘、开拓生产的目的，因此，他们往往把园林建于郊野之地。秦时上林苑，“作长池、引渭水、筑土为蓬莱山”，开创了人工堆土为山的记录。上林苑水体不仅仅是观赏游乐的需要，更重要的是训练水军、生活、生产需要。

汉武帝时期的建章宫（图9–2），堆土为山，池中堆土为蓬莱、方丈、瀛洲诸山，以象征东海神山。这是模仿自然山水的造园方法和池中置岛的布局方式的再次利用。除此之后，西汉时期已开创了人工山水配合花木房屋而成园景的造园风格。

图9-2 汉建章宫

（二）魏晋南北朝是中国山水园林的奠基时期

魏晋南北朝政权更替，战争连年不断，汉以来占统治地位的儒家思想衰落，“专谈玄理，不理时政”成为一时的时尚。以士大夫为主体的文化思想领域异常活跃，佛教的渗透和道家清淡玄学的盛行，又为隐逸清静或及时行乐的生活主张提供了理论依据。一方面，私家园林作为一个与世隔绝的个人天地，作为一个自由自在的私密场所，逐渐赢得了众多名士文人的青睐。这一时期的园林虽然主要还是生活资料的生产基地，但在讲究奢华或喜好艺术的文人的治理下，已不乏游乐观赏的内容。园林造山已从汉代期待神仙和宴游玩乐为目标转变为对自然美的欣赏，表现自然美成为园林的主流。另一方面，名士高逸和佛教僧侣为逃避尘嚣而寻找清净的安身之地，出现公共游览的城郊风景点，也促进了山区景点的开发。

魏晋以后，园林不仅成为生活资料的生产基地和闲暇游乐的场所，也是人们有意构筑的私密天地，而且后者渐渐成为造园的主要目的，宅园形式的园林日益流行。谢灵运的“网罗天地于门户，饮吸山川于胸怀”的空间意识得以广泛应用。“落叶半床，狂花满屋，名为野人之家，是谓愚公之谷”。魏晋南北朝时期这种不事藻饰、唯求自然的园林风格影响深远。随着园林小型化趋势的加强，采用概括、再现园林意境的写意手法渐占主要地位。堆山的目的是为追求“仿佛丘中，有若自然”。松、竹、梅、石成为文人雅士的宠物。中国山水风景园作为一种艺术到南北朝时期已形成稳定的创作思想和方法。多向、普遍、小型、精致、高雅、人工山水写意是本时期园

图9-3　魏晋南北朝时期园林

林发展的主要趋势。魏晋南北朝时期是我国自然式山水风景园林的奠基时期，由物质认识转向美学认识的关键时期（图9-3）。

（三）唐代是风景园林全面发展时期

唐朝政通人和，儒、道、释互补，思想活跃，经济发达，园林发展进入全盛时期。从城市及近郊的公共场所园林建设到帝王、文人士大夫、富商等园林营构，再至山居别墅的开发，不仅量大面广，而且成就卓著，体现了唐代园林疏朗、淡雅、清越的风格。唐代园林体现出以下几个特点：理景的普及化，从都城到地方性城市，从帝王到平民；园林功能的生活化，建筑比重增加，文人士大夫在园亭聚会、游赏赋诗成为常事，即使不通文墨的富家大户修建园林，也必然邀请文人画师捧场宣扬；造园要素密集化，造山、理水、植物配置以及诗、文、画的融合多元有机；造园手法精致化，不论是受入世哲学的儒家思想影响的，还是受出世哲学的道家思想影响的，或是受禅味的佛家思想影响的，都达到“诗情画意”造园的普遍追求。

（1）城市和近郊风景点有所发展。为官一任，造福一方。各地官员为标榜政绩，同时为城市人民营造良好的游乐环境，改观城市面貌，利用自然环境的优势，大力营造城市和近郊风景点。这类园林一般具有规模大、公共性强、建设周期长、有自然环境依托等特点。文人的介入，使园林建设更富有浪漫色彩，颜真卿、白居易、柳宗元等即为理论与实践的风景建筑家。有中国“四大名楼”之称的黄鹤楼（图9-4）、岳阳楼（图9-5）、滕王阁（图9-6）和鹳雀楼（图9-7），即是这类景区的点睛之作。文人的诗词颂扬之作，更使它们意境高雅深远。如：崔颢的“昔人已乘黄鹤去，此地空余黄鹤楼。黄鹤一去不复返，白云千载空悠悠。晴川历历汉阳树，芳草萋萋鹦鹉洲。日暮乡关何处是，烟波江上使人愁”；范仲淹的《岳阳楼记》；苏东坡的“落霞与孤鹜齐飞，秋水共长天一色”；王之涣的“白日依山尽，黄河入海流。欲穷千里目，更上一层楼”。

（2）各地私家园林兴建日益趋于小型化。白居易赞小池“勿言不深广，但足幽人适”，以小喻大，在方圆数丈的水池中追求江湖烟水之趣。甚至出现盆池，杜牧写《盆池》：“凿破苍苔

图9-4　黄鹤楼

图9-5　岳阳楼

图9-6 滕王阁

图9-7 鹳雀楼

地，偷他一片天，白云生镜里，明月落阶前。”园林小型化促进了小庭院的发展，如竹院、梅院等。白居易在营建洛阳真小园时写了《家园三绝》“沧浪峡水子陵滩，路远江深欲去难。何如家池通小院，卧房阶下插渔竿”。

（3）山居别墅发展。自然山水园林盛极一时，如王维的辋川别墅、白居易的庐山草堂、李德裕的平泉山庄皆建于山野之地，利用美丽的天然山水营造成休憩场所。王维将住宅游馆建于风景绝胜之地，又以园林建筑或富有特色的山水、植物为主体，构成了一个个雅致独特的景观。王维不仅偕同裴迪等友人经常赏游、聚酒酬唱，而且还用他擅长的画笔对辋川加以描绘，从而使得辋川别墅更加闻名遐迩。

（4）帝室苑囿和离宫的兴作极盛。隋炀帝时期洛阳西苑，以人工湖为中心，湖上建有方丈、蓬莱、瀛洲三座仙山，湖之北所建各样的十六宫院，形成“苑中园”的特色，开创出别样的离宫型皇家园林，成为清代圆明园的滥觞。唐长安都城周围有苑囿多处，以城北禁苑和城东南的曲江池、骊山为主要内容。其中城东南终南耸峙，河流密布，既有高大雄伟的山原，又有突然凹陷的低地，取其自然之美再加以人工的雕凿，建设风景优美的游乐胜地，实在是理想不过的。曲江池、骊山华清宫就是自然之美大放异彩的典型代表。

（四）两宋时造园活动更普遍，已波及地方城市和一般士庶

宋代是我国历史上诗词文学的极盛时期，绘画也甚流行，出现了许多著名的山水诗、山水画。而文人画家陶醉于山水风光，企图将生活诗意化，园林从可游到可观、可居全面发展的实践阶段，是诗文画园融为一体的关键时期。宋代的造园活动由单纯的山居别业转而在城市中营造园林，由因山就涧转而人造丘壑。因此大量的人工理水、叠造假山、再构筑园林建筑成为宋代造园活动的重要特点。这些文人画家本人也亲自参加造园，所造之园多以山水画为蓝本，诗词为主题，以画设景，以景入画，寓情于景，寓意于形，以情立意，以形传神。楹联、诗对与园林建筑相结合，富于诗情画意，耐人寻味。因此，由文人画家参与园林设计，使三度空间的园林艺术比一纸平面的创作更有特色，给造园活动带来了深刻影响，所以，文人画家借景抒情，融汇交织，把缠绵的情思从一角红楼、小桥流水、树木绿化中泄露出来，形成文人构思的写意山水园林艺术。宋代造园艺术因徽宗的喜好而达到顶峰，以书画著称的赵佶设计营造的汴京（今开封）西北角的著名园林“寿山艮岳”为代表。

宋代追求奇石，开创了叠石造山的记录，是继堆土为山以来人工写意造景的一大创造，同时启蒙了枯山水的萌芽；宋代在植物配置方面，栽培、驯化、嫁接技术有很大发展，植物种类超过自然界的存在；建筑方面，亭、台、轩、榭型制多种多样，造型绚丽多姿。“夜缺一檐雨，春天四面花”的三角亭即为典型写照；建筑屋顶样式有十字脊、勾连搭、丁字脊，丰富多彩；园林格局疏密错落，有的追求清淡脱俗、典雅宁静，有的可供坐观静赏，而在峰峦之势，则可以远眺近览，宋画黄鹤楼、滕王阁、临江阁，其体形组合、屋顶穿插和环境结合诸多方面所表现的娴熟设计技巧仍能使今天的建筑师为之倾倒。

（五）明清是我国古代园林最后兴盛时期

随着社会经济的发展和统治阶级的生活需要，明清时期的园林艺术出现了繁盛的局面，皇家园林和私人园林的数量、规模都大大超越前代，自然观、写意、诗情画意成为创作的主导，园林中的建筑起了最重要的作用，成为造景的主要手段。叠石在明清造园中占有突出重要的地位。大型园林不但模仿自然山水，而且还集仿各地名胜于一体，形成园中有园、大园套小园的风格。

明、清时期造园理论也有了重要的发展，出现了明末吴江人计成所著的《园冶》一书，这一著作是明代江南一带造园艺术的总结。该书比较系统地论述了园林中的空间处理、叠山理水、园林建筑设计、树木花草的配置等许多具体的艺术手法。书中所提“因地制宜”、“虽由人作，宛自天开”等主张和造园手法，为我国的造园艺术提供了理论基础。《园冶》是我国古代最系统的园林艺术论著，对江南乃至全国园林的营造有着深远的影响。

明清两代皇家在建造宫殿的同时，以巨大的人力与财力不断地营建园林，至清代康熙、雍正、乾隆时达到高潮。皇家园林规模大，多与离宫相结合，建于郊外，少数设在城内，往往利用天然条件，以自然山水为基础，加以人工加工改造，同时集仿各地名园于一体，园中建筑宏伟浑厚、色彩丰富、豪华富丽。

私人园林在明清两代也有极大的发展，一些官僚、士大夫、巨商富户的深宅大院之中常有精致的园林池榭，风景幽胜处又建有别墅。择地叠石造园蔚然成风，特别是在经济繁荣、达官文人荟萃之地的苏州、扬州、无锡、松江、杭州、嘉兴一带更为发达。前代园林得到修整与改造，新修园林争奇斗胜，私人造园出现前代未有的盛况。

私人园林不像皇家宫苑那样占有广阔之地，但更注意在有限的空间内容纳丰富的景区，以创造动人的意境及无穷的变化。园内以重重庭院及花石分隔景区，布置以水为主点缀亭台桥榭创造平淡清新之境（如苏州拙政园），或堆山叠石，奇峰罗列，林木萧森，出现清奇之丘壑。又根据生活、游赏的不同需要布置观赏、居住、品茗、宴游、小憩之建筑，考虑四时晨昏风雨，包括流水、声响、竹影摇曳所产生之效果，对一台一阁一亭一轩甚至门窗家具的形制设计都极为考究，更由名人题咏集联，以诗歌书法点缀而引人玩味，在造型、色调、园艺多方面要求达到高度的和谐与统一。

二、园林发展规律

中国园林建筑艺术是世界文化中最具特色的。它与中国传统文化的其他门类一起发展，是中国传统文化的重要组成部分。它经历了一个长达三千多年的历史发展过程，有着极为丰富的文学、美学内涵。从先秦及秦汉时期的初创，经唐宋时期的全面发展，到明清时期之集大成，有着简明的发展规律。

（一）从帝王独有到多元并存

中国园林从权属上看，从商周时期修建灵台、囿、圃，到秦汉时期的苑囿，均属皇家园林，虽然也有少量王侯的私家园林，但都是模拟皇家园林的做法，没有自己的风格特色。两汉以前以皇家园林为主，皇家园林的成就高于私家园林。魏晋南北朝时期，私家园林异军突起。由于大一统帝国的衰落和少数民族的入侵，社会处于动荡不安的境地，人民流离失所，许多士大夫和文人产生了及时行乐和隐逸的思想。皇权衰落，豪门兴起，仕族为了争豪夸富，也为了过奢靡安逸的生活，争相建造私人园邸；同时儒道玄学并起，打破了儒家一统的局面，道家崇尚清静无为，玄学家崇尚自然，而园林最富自然情趣，许多人受了道玄两家思想影响，都建起了私家园林。宋代的园林之多开创了历史记录。北宋的东京，文献登录的皇家、私家园林就多达一百五十余处，其他寺观园林、衙署园林、茶楼酒肆附设的园林更是不计其数。寺观园林所以能够得到发展，一是因佛道两家都是力主出世之说，喜欢在山清水秀的地方建寺观，以接近自然远避尘世；二是因佛道两家日趋世俗化，为了吸引香客和游人，也需要建造园林式的寺观。随着写意化、小型化的引导，加之宋代叠石为山的出现，盆景为园林浓缩的典范，园林已影响到庶民；唐宋以后私家园林的水平渐高，到了清代，皇家园林转而要向私家园林借鉴。它们虽具有共通的艺术风格，但私家园林更多体现了文人雅士的审美心态。现存者以江南地区成就更高，其风格清新秀雅，手法更为精妙；皇家园林主要在华北发展，现存者以北京一带最集中，规模巨大，风格华丽。

（二）从敬神求仙到观赏游乐

商周时期修建灵台、囿、圃，可以说是园林的萌芽。这时整个社会已进入农耕为主的时期，生产力很低下，人们对自然现象中的风雨雷电水火的生成不能理解，但常受其灾害，就以为上天有神在主宰，即所谓的雷公、电母、风婆、火神等，因此对天产生了一种敬畏心理，很愿意接受天的旨意，按其旨意行事。以为天神是住在很高的地方，于是就筑起了灵台，逐渐形成了园林的雏形（图9–8）。可明显看出，雏形的形成是和敬天文化、农耕文化和审美文化有着密切关系的。从商周时期的灵台、灵沼发展到秦汉时期的上林苑，确有很大的进步，表现为从敬神发展为求仙。秦汉皇帝渴望长生不老，信奉方士求仙之术，东海三山即是采药最佳之地，由于路途遥远，“蓬莱、方丈、瀛洲”逐渐成为营造园林时池中置岛的重要内容。这一时期的园林总的说有失之粗糙之弊，艺术性不够强，但为后期的园林发展奠定了基础。魏晋南北朝伴随着私家

图9-8　周文王修建灵台复原图

园林的兴建，文人淡泊名利，钟爱自然，进而欣赏自然，讴歌自然，园林从简单狩猎耕作发展为游乐观赏居住，从简单的修筑台沼发展为能够把山、水、植被、建筑造园的四大要素兼容并重，观赏游乐式园林成了发展方向。

（三）从出世隐逸到入世养性

魏晋南北朝时期，社会动荡，战争连年不断，儒家思想失落，佛道玄学兴起，“专谈玄理，不理时政”成为一时风尚。佛道两家都力主出世之说，喜欢山清水秀之地，道家崇尚清静无为，玄学家崇尚自然，而园林最富自然情趣，许多人受了道玄两家思想影响，都建起了私家园林，以达遁世隐逸的目的。

唐宋时期，在政治稳定、经济繁荣的基础上，文化也取得了长足的发展，是诗词书画最为发达的时期，当时政府开科取士，很多文人得以进入仕途。文人做官有了钱，为了能够有个自娱和接待宾客的场所，也为了致仕退休之后能有个诗书自娱的清静环境，都纷纷修建起自家的园邸。大诗人白居易就很爱建园，居官杭州时整修了西湖，筑了白堤，沿堤种了树，建了亭阁，成了个风景区。他在九江当司马时，建了庐山草堂。后来在洛阳的履道坊又建了宅园。柳宗元被贬永州时，参与了建园，把泉、石、岛等处分别命名为愚泉、愚池、愚岛、愚堂、愚亭、愚溪、愚沟，这些命名表示了他是“以愚获罪”遭致贬谪。大诗人王维建有辋川别业，其中有二十个景点，有山、岭、坞、湖、溪、泉，植物相当茂盛，建筑不多，从其名称如文杏馆、斤竹岭、柳浪、白石滩等即可知风景一定很秀美。王维工诗善画，他所营造的辋川别业当然会是很有诗情画意的。这时的文人园林已从出世隐逸转为入世养性。

（四）从阔达朴野到小巧精致

秦汉时期“苑囿”的特点是占地宽广，工程浩大，手法朴野，艺术性不够强，最具有代表性的是汉武帝在秦上林苑旧址上扩建的上林苑。它南倚终南山，北临渭水，把所谓“关中八水”即霸、浐、泾、渭、沣、镐、潦、潏等水都含于其内，苑的围墙长约三百多里，面积之大算得上是空前的。以朴素淡雅的山村野趣为格调，取自然山水之本色，苑内还有天然的湖泊、人工湖泊十多处，大型宫殿建筑群十二处，还有三十六处园中园。这种气吞山河、规模巨大、功能众多的上林苑，就是用园林艺术再现汉代宏伟成就。

魏晋南北朝时期，私家园林由于权力和财力的限制，规模不可能像皇家园林那样占地庞大，写意手法在园林营造中应运而生，多向、普遍、小型、精致、高雅成了园林发展的主要趋势。

从唐宋至明清，历史又发展了一千多年，到了清朝的康、雍、乾时代，园林已臻成熟，成熟的标志是园的规模渐小，工艺却日趋精致。明清江南私家园林规模较小，一般只有几亩至十几亩，小者仅一亩半亩而已。造园家的主要构思是“小中见大”，即在有限的范围内运用含蓄、扬抑、曲折、暗示等手法来启动人的主观再创造，曲折有致，造成一种似乎深邃不尽的景境，扩大人们对于实际空间的感受，追求目标可谓小巧精致。

（五）从物质认识到艺术升华

商周“灵台、囿、圃”不仅是祈神之所，同时也可放养禽兽、种菜、从事生产，还可供游猎活动，开创了皇家园林的先河；魏晋初期归隐田园生活，及时行乐和隐逸的思想以及热爱自然的情致，主导了当时私家园林的建设。这个时期及以前的园林，不论皇家园林还是私家园林，都体现了生产生活的内容，是对园林营造的物质认识阶段。但这样的私家园林数量很大，不仅开了后世文人园林之先河，也对后来的皇家园林产生了一定的影响。魏晋南北朝以后，诗词书画与园林的融和达到了前所未有的境界。自然界已不再是人类可敬可畏的对立物，而是可倚可亲的依托环境，对自然美的发掘和追求成为这个时期造园艺术发展的生机勃勃的推动力，园林由此成为一种真正的艺术。造园四要素“山、水、植物、建筑”均超过自身的存在，成为审美的对象和情感的载体。有“四君子”之称的梅兰竹菊即为典型写照。造园对大自然模拟，不是单纯的抄袭，而是经过巧妙的加工与提炼后的艺术升华，在某种场合下，人们对风景的意会往往会超过实物自身的形象。

三、园林艺术特征

中国园林艺术是自然环境、建筑、诗、画、楹联、雕塑等多种艺术的综合。

园林的艺术特征可概括为：天人合一的自然崇拜；仿自然山水格局的景观类型；诗情画意的表现手法；舒适宜人的人居环境；巧于因借的视阈扩展；循序渐进的空间序列；小中见大的视觉效果；委婉含蓄的情感表达。

（一）自然风趣的环境艺术

中国古典园林是风景式园林的典型，是人们在一定空间内，经过精心设计，运用各种造园手法将山、水、植物、建筑等加以构配而组合成源于自然又高于自然的有机整体，将人工美和自然美巧妙地相结合，从而做到虽由人作，宛若天成。这种“师法自然”的造园艺术，体现了人的自然化和自然的人化，使中国园林属于写情的自然山水型。它以自然界的山水为蓝本，由曲折之水、错落之山、迂回之径、参差之石、幽奇之洞所构成的建筑环境把自然界的景物荟萃一处，以此借景生情，托物言志。

（二）生境、画境和意境

生境就是自然美，园林的叠山理水，要达到虽由人作，宛若天成的境界，模山仿水，取局部之景而非缩小。所谓画境就是艺术美。我国自唐宋以来，诗情画意就是园林设计思想的主流，明清时代尤甚。园林将封闭和空间相结合，使山、池、房屋、假山的设置排布，有开有合，互相穿插，以增加各景区的联系和风景的层次，达到移步换景的效果，给人以“柳暗花明又一村”的印象。意境即理想美，它是指园林主人通过园林所表达出的某种意思或理想。这种意境往往以构景、命名、楹联、题额和花木等来表达。

（三）多曲、多变、雅朴、空透

我国园林建筑一般具有多曲、多变、雅朴、空透四大特点。多曲是为了和风景环境和谐组合，设计曲径、曲桥、曲廊、飞檐翘角等；多变是为了适应山水地形的高低曲折，因地制宜，灵活布置；雅朴指追求宁静自然、简洁淡泊、朴实无华、风韵清新的风格；空透是为了使人们可以自由自在地环顾四周，尽情赏景，以达到“纳千顷之汪洋，收四时字浪漫”的观景效果。

四、园林艺术鉴赏

园林总体布置和局部处理上采用灵活多变的自由方式，不采取中轴对称手法；叠山在中国园林中是一个重要的组成部分，它的艺术构思曾受到传统的山水画的影响，特别是石山，在意境创造方面独树一帜；建筑物是园林中活跃因素；园林中一般均有水面，池、涧、溪、瀑各得其意，各尽其妙；绿化布置依景面所需，随意栽植，花木时令、层次、疏密、姿态考虑周密；园林为少数统治阶级服务。

（一）皇家园林

皇家园林一般占地规模较大，内部功能比较齐全，以真山真水为基础，建筑类型丰富多彩，装饰富丽堂皇，植物配置以面为主，明清园林采取集仿式风格，形成园中园的格局。

1．颐和园

颐和园位于北京市西北近郊海淀区，距北京城区15千米。它是利用昆明湖、万寿山为基址，以杭州西湖风景为蓝本，吸取江南园林的某些设计手法和意境而建成的一座大型天然山水园，占地约290公顷，是我国现存规模最大，保存最完整的皇家园林之一。1998年11月被列入《世界遗产名录》。

颐和园，始建于1750年，1860年在战火中严重损毁，1886年在原址上重新进行了修缮。颐和园集传统造园艺术之大成，万寿山、昆明湖构成其基本框架，借景周围的山水环境，饱含中国皇家园林的恢弘富丽气势，又充满自然之趣，高度体现了“虽由人作，宛自天开”的造园准则。颐和园亭台、长廊（图9–9）、殿堂、庙宇和小桥（图9–10）等人工景观与自然山峦和开阔的湖面相互和谐、艺术地融为一体，整个园林艺术构思巧妙，是集中国园林建筑艺术之大成的杰作，在中外园林艺术史上地位显著。

（1）万寿山。万寿山属燕山余脉，高58.59米。建筑群依山而筑，万寿山前山，以八面三层四重檐的佛香阁（图9–11）为中心，组成巨大的主体建筑群。从山脚的“云辉玉宇”牌楼（图9–12）直至山顶的智慧海，形成了一条层层上升的中轴线。东侧有“转轮藏”和“万寿山昆明湖”石碑。西侧有五方阁和铜铸的宝云阁（图9–13）。后山有宏丽的西藏佛教建筑和屹立于绿树丛中的五彩琉璃多宝塔（图9–14）。山上还有景福阁、重翠亭、写秋轩、画中游等楼台亭阁，登临可俯瞰昆明湖上的景色。

图9-9　颐和园长廊

图9-10　颐和园十七孔桥

图9-11 颐和园佛香阁

图9-12 颐和园云辉玉宇牌楼

图9-13 宝云阁

图9-14 颐和园五彩琉璃多宝塔

（2）昆明湖。昆明湖是清代皇家诸园中最大的湖泊，湖中一道长堤——西堤，自西北逶迤向南。西堤及其支堤把湖面划分为三个大小不等的水域，每个水域各有一个湖心岛。这三个岛在湖面上成鼎足而峙的布列，象征着中国古老传说中的东海三神山——蓬莱、方丈、瀛洲。由于岛堤分隔，湖面出现层次，避免了单调空疏。西堤以及堤上的六座桥是有意识地模仿杭州西湖的苏堤和“苏堤六桥”，使昆明湖益发神似西湖。西堤一带碧波垂柳，自然景色开阔，园外数里的玉泉山秀丽山形和山顶的玉峰塔影排闼而来，被收摄作为园景的组成部分。从昆明湖上和湖滨西望，园外之景和园内湖山浑然一体，这是中国园林中运用借景手法的杰出范例。湖区建筑主要集中在三个岛上。湖岸和湖堤绿树荫浓，掩映潋滟水光，呈现一派富于江南情调的近湖远山的自然美。

图9-15　颐和园后山后湖苏州街

（3）后湖的河道与苏州街（图9–15）。后湖的河道与苏州街蜿蜒于万寿山北坡即后山的山麓，造园匠师巧妙地利用河道北岸与宫墙的局促环境，在北岸堆筑假山障隔宫墙，并与南岸的真山脉络相配合而造成两山夹一水的地貌。河道的水面有宽有窄，时收时放，泛舟后湖给人以山复水回、柳暗花明之趣，成为园内一处出色的幽静水景。后山的景观与前山迥然不同，是富有山林野趣的自然环境，林木蓊郁，山道弯曲，景色幽邃。除中部的佛寺“须弥灵境”外，建筑物大都集中为若干处自成一体，与周围环境组成精致的小园林。它们或踞山头，或倚山坡，或临水面，均能随地貌而灵活布置。后湖中段两岸，是乾隆帝时模仿江南河街市肆而修建的“买卖街”遗址。

（4）谐趣园（图9–16、图9–17）。谐趣园原名惠山园，是模仿无锡寄畅园而建成的一座园中园。全园以水面为中心，以水景为主体，环池布置清朴雅洁的厅、堂、楼、榭、亭、轩等建筑，曲廊连接，间植垂柳修竹。池北岸叠石为假山，从后湖引来活水经玉琴峡沿山石叠落而下注于池中。流水叮咚，以声入景，更增加了这座小园林的诗情画意。

图9-16　颐和园谐趣园1

图9-17　颐和园谐趣园2

2．避暑山庄

避暑山庄是清代皇帝夏日避暑和处理政务的场所，为中国著名的古代帝王宫苑，始建于康熙四十二年（1703年），建成于乾隆五十五年，历时87年。避暑山庄占地564万平方米，环绕山庄蜿蜒起伏的宫墙长达万米避暑山庄以朴素淡雅的山村野趣为格调，取自然山水之本色，吸收江南塞北之风光，成为中国现存占地最大的古代帝王宫苑（图9–18）。

避暑山庄及周围寺庙是中国现存最大的古代帝王范囿和皇家寺庙群。它的最大的特色是园中有山，山中有园。避暑山庄不仅规模宏大，而且在总体规划布局和园林建筑设计上都充分利用了原有的自然山水的景观特点和有利条件，吸取唐、宋、明历代造园的优秀传统和江南园林的创作

图9-18 避暑山庄鸟瞰图

经验，加以综合、提高，把园林艺术与技术水准推向了空前的高度，成为中国古典园林的最高典范（图9-19）。

避暑山庄及周围寺庙是一个紧密关联的有机整体，同时又具有不同风格的强烈对比，避暑山庄朴素淡雅，其周围寺庙金碧辉煌。1994年12月，避暑山庄及周围寺庙被列入世界文化遗产名录。

世界遗产委员会评价：承德避暑山庄是清王朝的夏季行宫，位于河北省境内，修建于公元1703～1792年。它是由众多的宫殿以及其他处理政务、举行仪式的建筑构成的一个庞大的建筑群。建筑风格各异的庙宇和皇家园林同周围的湖泊、牧场和森林巧妙地融为一体。避暑山庄不仅具有极高的美学研究价值，而且还保留着中国封建社会发展末期的罕见的历史遗迹。

（1）宫殿区。宫殿区是皇帝处理朝政、举行庆典和生活起居的地方，占地10万平方米，由正宫、松鹤斋（图9-20）、万壑松风（图9-21）和东宫四组建筑组成。它布局严谨，建筑朴素，景区自然野趣，宫殿与天然景观和谐地融为一体，达到了回归自然的境界。山庄融南北建筑的艺术精华，园内建筑规模不大，殿宇和围墙多采用青砖灰瓦，原木本色，淡雅庄重，简朴适度，与京城故宫的黄瓦红墙、描金彩绘、堂皇耀目呈明显对比。山庄的建筑既具有南方园林的风格、结构和工程做法，又多沿袭北方常用的手法，成为南北建筑艺术完美结合的典范（图9-22）。

（2）湖泊区（图9-23）。湖泊面积包括洲岛约占43公顷，有8个小岛屿，将湖面分割成大小不同的区域，层次分明，洲岛错落，碧波荡漾，富有江南鱼米之乡的特色。东北角有清泉，即著名的热河泉。此区总体结构以山环水、以水绕岛，布局运用中国传统造园手法，组成中国神话传说中的神仙世界的构图。多组建筑巧妙地营构在洲岛、堤岸和水面之中，展示出一片水乡景色。湖区的风景建筑大多是仿照江南的名胜建造的，如烟雨楼（图9–24）是模仿浙江嘉兴南湖烟雨楼的形状修的。金山岛（图9–25）的布局仿自江苏镇江金山。

（3）平原区（图9–26）。地势开阔，有万树园和试马埭，碧草茵茵，林木茂盛，一派茫茫草原风光。当年这里有万树园，山区自南而北，由四条沟壑组成，依次为榛子峪、松林峪、梨树峪、松云峡。山峦之中，古松参天，林木茂盛，原建有四十多组轩斋亭舍、佛寺道观等建筑，但多已只存基址。平原区西部绿草如茵，一派蒙古草原风光；东部古木参天，具有大兴安岭莽莽森林的景象。

（4）山峦区（见图9–27棒槌山）。面积约占全园的五分之四，这里山峦起伏，沟壑纵横，众多楼堂殿阁、寺庙点缀其间。

（5）外八庙。其名称分别为：普陀宗乘之庙（图9–28、图9–29）、须弥福寿之庙（图9–30）、普乐寺（图9–31）、普宁寺（图9–32）、安远庙（图9–33）、殊像寺（图9–34）。外八庙以汉式宫殿建筑为基调，吸收了蒙、藏、维等民族建筑的艺术特征，创造了中国的多样统一的寺庙建筑风格。

图9-19　河北承德避暑山庄湖区景色

图9-20　避暑山庄松鹤斋

图9-21　避暑山庄万壑松风

图9-22　避暑山庄淡泊敬诚殿

图9-23　避暑山庄湖泊区风景

图9-24　避暑山庄烟雨楼

图9-25　避暑山庄金山岛

图9-26　避暑山庄平原区万树园

图9-27　避暑山庄棒槌山

图9-29　普陀宗乘之庙五塔门

图9-28　普陀宗乘之庙

图9-30　须弥福寿之庙

图9-31　普乐寺

图9-32　普宁寺

图9-33　安远庙

图9-34　殊像寺

（二）私家园林

1．拙政园

位于苏州市东北街178号，是江南园林的代表，也是苏州园林中面积最大的古典山水园林，也是世界文化遗产。拙政园占地78亩（52000平方米），分为东、中、西和住宅四个部分。其中住宅是典型的苏州民居，现布置为园林博物馆展厅。

拙政园的布局疏密自然，其特点是以水为主，水面广阔，景色平淡天真，疏朗自然。它以池水为中心，楼阁轩榭建在池的周围，其间有漏窗、回廊相连，园内的山石、古木、绿竹、花卉，构成了一幅幽远宁静的画面，代表了明代园林的建筑风格。拙政园形成的湖、池、涧等不同的景区，把风景诗、山水画的意境和自然环境的实境再现于园中，富有诗情画意。整个园林建筑仿佛浮于水面，加上木映花承，在不同境界中产生不同的艺术情趣，无不四时宜人，处处有情，面面生诗，含蓄曲折，余味无尽，不愧为江南园林的典型代表。

造园的艺术特点：因地制宜，以水见长；疏朗典雅，天然野趣；庭院错落，曲折变化；园林景观，花木为胜。

中部为全园精华之所在，最能代表造园艺术的特点，虽历经变迁，与早期拙政园有较大变化和差异，但园林以水为主，池中堆山，环池布置堂、榭、亭、轩，基本上延续了明代的格局。中区现有面积约为18.5亩，其中水面占1/3。水面有分有聚，临水建有形体各不相同，位置参差错落的楼台亭榭多处。主厅远香堂为原园主宴饮宾客之所，四面长窗通透，可环览园中景色；厅北有临池平台，隔水可欣赏岛山和远处亭榭；南侧为小潭、曲桥和黄石假山；西循曲廊，接小沧浪廊桥和水院；东经圆洞门入枇杷园，园中以轩廊小院数区自成天地，外绕波形云墙和复廊，内植枇杷、海棠、芭蕉、竹等花木，建筑处理和庭院布置都很雅致精巧（图9–35、图9–36）。

远香堂（图9–37、图9–38）既是中园的主体建筑，又是拙政园的主建筑，园林中各种各样的景观都是围绕这个建筑而展开的。远香堂是一座四面厅，建于原“若墅堂”的旧址上，为清乾隆时所建，青石屋基是当时的原物。它面水而筑，面阔三间，结构精巧，周围都是落地玻璃窗，可以从里面看到周围景色，堂里面的陈设非常精雅，堂的正中间有一块匾额，上面写着“远香堂”三字，是明代文征明所写。堂的南面有小池和假山，还有一片竹林。堂的北面是宽阔的平台，平台连接着荷花池。每逢夏天来临的时候，池塘里荷花盛开，当微风吹拂，就有阵阵清香飘来（图9–39、图9–40）。

图9-35　拙政园中部水池东望

图9-36　拙政园中部池南景观

图9-37　拙政园远香堂

图9-38　拙政园远香堂室内

堂的北面也是拙政园的主景所在，池中有东西两座假山，西山上有雪香云蔚亭（图9–41），亭子正对远香堂的两根柱子上挂有文征明手书“蝉噪林愈静，鸟鸣山更幽”的对联，亭的中央是元代倪云林所书“山花野鸟之间”的题额。东山上有待霜亭（图9–42）。两座山之间以溪桥（图9–43）相连接。山上到处都是花草树木，岸边则有众多的灌木，使得这里到处是一片生机。远香堂的东面有一座小山，小山上有绣绮亭（图9–44），这里还有枇杷园、玲珑馆（图9–45）、嘉实亭、听雨轩、梧竹幽居（图9–46）等众多景点。从梧竹幽居向西远望，还能看到耸立云霄之中的北寺塔（图9–47）。水池的中央还建有荷风四面亭（图9–48），亭的西面有一座曲桥通向柳荫路曲，从这里转向北方可以见到见山楼（图9–49）。亭子的南部有一座小桥连接着倚玉轩（图9–50），从这里向西走就到了“小飞虹”（图9–51），这是苏州园林中唯一的廊桥。桥的南面有小沧浪水阁（图9–52），桥的北面是香洲（图9–53）。

图9-39　拙政园远香堂周边夏景

图9-41　拙政园云蔚亭

图9-40　拙政园远香堂远景

图9-42　拙政园待霜亭

图9-43　拙政园溪桥

图9-44　拙政园绣绮亭

图9-45　拙政园玲珑馆

图9-47　拙政园远借北寺塔

图9-46　拙政园梧竹幽居方亭

图9-48　拙政园荷风四面亭

图9-49　拙政园见山楼

图9-50　拙政园倚玉轩

图9-51　拙政园“小飞虹”廊桥

图9-52　小沧浪水阁

图9-53　香洲

2．留园

坐落在苏州市阊门外，原为明代徐时泰的东园，清代归刘蓉峰所有，改称寒碧山庄，俗称“刘园”。清光绪二年又为盛旭人所据，始称留园。留园占地30余亩，集住宅、祠堂、家庵园林于一身，该园综合了江南造园艺术，并以建筑结构见长，善于运用大小、曲直、明暗、高低、收放等文化，吸取四周景色，形成一组组层次丰富、错落相连的，有节奏、有色彩、有对比的空间体系。

特色一是精湛丰富的空间处理。层层相属的建筑群组，变化无穷的建筑空间，藏露互引，疏密有致，虚实相间，旷奥自如，令人叹为观止（图9–54留园清风池馆）。占地30余亩的留园，建筑占总面积的1/3。全园分成主题不同、景观各异的东、中、西、北四个景区，景区之间以墙相隔，以廊贯通，又以空窗、漏窗、洞门使两边景色相互渗透，隔而不绝。园内有蜿蜒高下的长廊670余米（图9–55），漏窗200余孔（图9–56、图9–57）。一进大门，留园的建筑艺术处理就不同凡响：狭窄的入口内，两道高墙之间是长达50余米的曲折走道，造园家充分运用了空间大小、方向、明暗的变化，将这条单调的通道处理得意趣无穷（图9–58）。过道尽头是迷离掩映的漏窗、洞门，中部景区的湖光山色若隐若现。绕过门窗，眼前景色才一览无余，达到了欲扬先抑的艺术效果（图9–59）。留园内的通道，通过环环相扣的空间造成层层加深的气氛，游人看到的是回廊复折、小院深深，是接连不断、错落变化的建筑组合。园内精美宏丽的厅堂，则与安静闲适的书斋、丰富多样的庭院、幽僻小巧的天井、高高下下的凉台燠馆、迤逦相属的风亭月榭巧妙地组成有韵律的整体，使园内每个部分、每个角落无不受到建筑美的光辉辐射。

特色二是它内外空间关系格外密切，并根据不同意境采取多种结合手法。建筑面对山池时，欲得湖山真意，则采取面湖的整片墙面；建筑各方面对着不同的露天空间时，就以室内窗框为画框，室外空间作为立体画幅引入室内。室内外空间的关系既可以建筑围成庭院，也可以庭园包围建筑；既可以用小小天井取得装饰效果，也可以室内外空间融为一体（图9-60）。千姿百态、赏心悦目的园林景观，呈现出诗情画意的无穷境界。

（1）冠云峰（图9-61、图9-62）。留园内的冠云峰乃太湖石中绝品，齐集太湖石“瘦、皱、漏、透”于一身，相传这块奇石还是宋末年花石纲中的遗物。

图9-54　留园清风池馆

图9-55　留园长廊

图9-56　留园漏窗1

图9-57　留园漏窗2

图9-58　留园建筑群入口门洞

图9-59　留园漏窗3

图9-60　拙政园扇面亭

图9-61　留园东部冠云峰庭院俯视

图9-62　留园东部冠云峰正面

（2）楠木殿。楠木殿是“五峰仙馆”的俗称，“五峰”源于李白的诗句：“庐山东南五老峰，晴天削出金芙蓉”。楠木殿厅堂面阔五间，中间用纱隔屏风（图9-63）隔出前后两厅。其中前厅约占了整个建筑的2/3的面积。正厅中间朝南设供桌、天然几、太师椅等家具，左右两边分设几、椅（图9-64）。众多家具将正厅空间分隔成为明间、次间和梢间等空间系列，这样的空间分布较一般的江南厅堂更加错综复杂，典雅繁美（图9-65）。仙馆东西墙上分别设了一列开合非常大，但是装饰却简洁精雅的窗户。这样的做法是要把窗户外的两个小庭院的风景借鉴进来，拓展厅堂的视觉空间，保证建筑中有充分的光线。

图9-63　留园楠木殿厅花式隔断

图9-64　留园楠木殿厅主景

3．十笏园

十笏园是中国北方园林的袖珍式建筑。最初建于清光绪11年（1885年），原名“丁家花园”。位于山东潍坊市胡家牌坊街中段，坐北向南，青砖灰瓦，主体是砖木结构（图9-66），总建筑面积约2000平方米。因占地较小，喻若十个板笏之大而得其名。1988年中华人民共和国国务院公布十笏园为全国重点文物保护单位。

图9-65　留园楠木殿厅堂室内

十笏园面积虽小，但由于设计精巧，在有限的空间里能呈现自然山水之美，含蓄曲折，引人入胜。园中楼台亭榭、假山池塘、客房书斋、曲桥回廊等建筑无不玲珑精美，共34处，房间67间，紧凑而不拥挤，身临其境，如在画中，给人一种布局严谨、一步一景的感觉，体现出北方建筑的特色（图9-67）。十笏园以布局新巧、匠心独运誉冠北国小园之首，中国著名园林专家陈丛周教授在他的著作《说园》中赞誉说：“潍坊十笏园、清水一池、轩榭浮波……北国小园，能饶水石之胜者，以此为最。”整个园林疏密有致、错落相间，集我国南北方园林建筑艺术之大成，是我国古典造园艺术中的奇葩。

图9-66　十笏园春雨楼

图9-67　十笏园长廊

（三）公共理景

1. 江苏苏州虎丘

江苏苏州虎丘位于苏州古城西北角的虎丘山风景名胜区，已有2500多年的悠久历史。最为著名的是云岩寺塔、剑池和千人石。其中千人石气势磅礴，留下了“生公讲座，顽石点头”的佳话。虎丘后山植被茂密，林相丰富，群鸟绕塔盘旋，蔚为壮观。

图9-68 苏州虎丘云岩寺塔远景

（1）云岩寺塔（图9–68）。具体见后面第十章宗教建筑艺术中佛塔相应内容。

（2）剑池。苏州虎丘最神秘、最吸引人的古迹是剑池。从千人石上朝北望去，“别有洞天”圆洞门旁有“虎丘剑池”四个大字，每个字的笔画都有三尺来长，笔力遒劲（图9–69）。据《山志》等书记载，原为唐代大书法家颜真卿所书，后因年久，石面经风霜剥蚀，“虎丘”两字断落湮没。在明代万历年间，由一个名叫章仲玉的苏州刻石名家照原样钩摹重刻。所以在苏州有“假虎丘真剑池”的谚语。也有人说这句话是指阖闾之墓的秘密。

进入“别有洞天”圆洞门，顿觉“池暗生寒气”、“空山剑气深”，气象为之一变。举目便见两片陡峭的石崖拔地而起，锁住了一池绿水。池形狭长，南稍宽而北微窄，模样颇像一口平放着的宝剑，当阳光斜射水面时，给人以寒光闪闪的感觉，即便是炎夏也会觉得凉飕飕的。水中照出一道石桥的影子（图9–70）。抬头望去，拱形的石桥高高地飞悬在半空，此情此景显得十分奇险。石壁上长满苔藓，藤萝野花像飘带一样倒挂下来。透过高耸的岩壁仰望塔顶，有如临深渊之感。这就是名闻中外的古剑池遗址。

剑池广约六十多步，深约二丈，终年不干，清澈见底，可以汲饮。据方志记载，剑池下面是吴王阖闾埋葬的地方。之所以名为剑池，据说还因入葬时把他生前喜爱的“专诸”、“鱼肠”等三千宝剑作为殉葬品埋在他的墓里。但《元和郡县志》却记载：“秦皇凿山以求珍异，莫知所在；孙权穿之亦无所得，其凿处遂成深涧。”后来演变而为剑池。总之，剑池究竟是怎样形成的，吴王墓是否在剑池下面，说法颇多，莫衷一是。

图9-69 苏州虎丘剑池

图9-70 苏州虎丘别有洞天

2. 浙江绍兴兰亭

兰亭（图9–71）位于绍兴城西南13公里的兰渚山麓。据传，春秋时越王勾践种兰于此，东汉时建有驿亭，因而得名。“此地有崇山峻岭，茂林修竹，又有清流急湍，映带左右。”自然景观幽雅怡人。东晋王羲之在此书写了著名的《兰亭序》（图9–72）更使兰亭闻名遐迩。

兰亭景区，布局疏密相间，建筑错落有致，小巧而不失恢宏之势，典雅而更具豪放之气。漫步其间，但见修篁凝翠，曲径通幽，给人以“山重水复疑无路，柳暗花明又一村”之感。驻足鹅池，倚栏观赏群鹅戏水，能尽情体味“曲项向天歌，白毛浮绿水，红掌拨清波”的野趣逸韵（图9–73）。举步往前，有一开阔地，叠石为凳，插柳成荫，一条“之”字形小溪穿行而过，斯为流觞赋诗饮酒之“曲水”。正北建有流觞亭（图9–74），其匾曰“曲水邀欢处”。

兰亭的魅力，不仅来自山水风光的瑰丽，更来自历史文化的深厚。先是鹅池旁的“鹅池”碑，相传其“鹅”字系王羲之一笔而就，“池”字由王献之从容续成，父子合璧，千古称奇；接着是“兰亭”碑，系清康熙所题，曾一度遭受破坏，劫后重生，难能可贵；随后是有“东南第一大碑”之誉的“御碑”，碑阳为康熙手书《兰亭序》，碑阴为乾隆1751年游兰亭时所书《兰亭即事诗》手迹，祖孙二帝手迹同碑，世所罕见，令人叹为观止（图9–75）。

兰亭景区的重心所在是右军祠。一进大门，便有幽雅肃穆之感。跨小桥而入墨华亭（图9–76），当年王羲之临池习书，使池水尽黑的情景仿佛历历在目。穿亭而过即为大厅，高大轩敞，其内供奉王羲之像及陈列各种版本的《兰亭序》，是历次觐圣活动的主要场所。从右军祠的天井可见到屋外葱郁的兰渚山，这一室内见山的借景手法，构思奇巧，素为人所称道。

图9-71 浙江绍兴兰亭

图9-72 浙江绍兴兰亭鹅池

图9-73 兰亭集序

图9-74　浙江绍兴兰亭流觞亭

图9-76　浙江绍兴兰亭墨华亭

图9-75　浙江绍兴兰亭鹅池碑文

兰亭，融秀美的山水风光、雅致的园林景观、独享的书坛盛名、丰厚的历史文化积淀于一体，以“景幽、事雅、文妙、书绝”四大特色而享誉海内外，成为中国一处重要的名胜古迹。

3. 安徽歙县唐模村头景点

唐模始建于唐，发展于宋元，盛于明清，是徽州历史悠久、自然环境优美、人文积淀深厚的文明古村。唐模至今保存了较为完整的古村落空间格局和历史风貌。恬静的田园风光和古朴的人文景观相得益彰，青山绿水，粉墙黛瓦，是个具有浓郁徽派气息的古村落（图9–77），特别是唐模人在选择、营造、完善生存空间，规划布局整体村落方面的创举堪称皖南古村落之典范，唐模村的水口园林更是皖南古村落水口园林的杰出代表（图9–78）。

唐模村价值最高的是古朴典雅、安详宁谧的徽派水口园林。由村中流出的小溪穿过一座座小石桥，翻越一道道拦水坝，形成一道道人工瀑布流往下游，两岸数十株巨大的樟树浓荫蔽日（图9–79、图9–80）。特别是那株决定汪氏家族命运的银杏树，历经1300多年的风风雨雨，依然枝繁叶茂、生机盎然。徽州人为什么钟情在村口营造水口园林呢？这主要源于两个原因：一是村口如人的脸面，故需以优雅先声夺人；二是受阴阳风水理论的影响，徽州人认为水流象征着时间和财富，随着流动将把一切都带走，故修好“水口”加以镇留。

图9-77 安徽歙县唐模村村内景观

图9-78 安徽歙县唐模村村头“小西湖”（檀干园）

图9-79 安徽歙县北岸村廊桥近景

图9-80 安徽歙县唐模村头瀑布

第十章

宗教建筑艺术

一、宗教建筑历史沿革

在我国古代曾出现过多种宗教，比较重要的是佛教、道教和伊斯兰教，另外还有很多，如摩尼教（明教）、天主教、基督教、笨教等。其中延续时间最长和传播地域最广的，应属自印度经西域辗转传来的佛教（图10–1）。

图10-1　甘肃永靖的炳灵寺石窟

（一）佛教建筑历史沿革

佛教大约在东汉初期传入我国，所建的第一个寺院是洛阳的白马寺（图10–2）。现在见到的白马寺是重建的。据《魏书》卷一百十四・释老志：“自洛中构白马寺，盛饰佛图，画迹甚妙，为四方式，凡宫塔制度，犹依天竺旧状而重构之……”。表明当时寺院布局仍按印度及西域式样，即以佛塔为中心之方形庭院平面。

图10-2　洛阳的白马寺

汉末笮融在徐州兴建的浮屠寺，亦复如此。“大起浮屠寺，上累金盘，下为重楼，又堂阁周回，可容三千许人。作黄金涂像，衣以锦采。每浴佛，辄多设饮饭，布席于路，其有就食及观者且万余人。”（载《后汉书》卷一百三・陶谦传）。可见寺院规模很大，只是此寺塔的木楼阁式结构与四周的回廊殿阁，却已逐渐被改为中国建筑的传统式样了。

三国东吴时，康居国僧人康僧会于247年来建业传法，建造了建初寺和阿育王塔。

两晋南北朝时期，佛教得到很大的发展，仅洛阳一带就曾建寺院1200多座，我国著名的佛像石窟多数是在这个时代开始建造的。北魏的永宁寺是当时著名的寺院之一，由皇室建造，该寺的主体部分由塔、殿和廊院组成，采取中轴线对称布局，中心为三层台基上的九层方塔，塔北建佛殿，四面环绕围墙形成矩形院落。院落的东、南、西三面中央开门，门上都建有门楼。院北是较简单的乌头门。僧舍等附属建筑在主体建筑的后面和西侧。寺墙四角建角楼，墙上有短椽并盖瓦，墙外挖壕沟环绕，栽种槐树。该寺与东汉末期的浮屠寺一样，属于前塔后殿的形式。

这个时期有很多“舍宅为寺”的情况，这种寺院一般利用原有的建筑，成为“前殿后堂”的样式。

此时期的石窟寺还没有脱离印度佛寺的影响，表现的特征主要是：石窟内除了佛像外还有佛塔、火焰形的拱门、束莲柱、卷涡纹柱头。但从其整体来看，如石窟建筑中所表现的外檐柱廊与斗拱以及壁画、雕刻中所反映的廊院式佛寺布局、木梁柱屋架、四阿或九脊屋顶、鸱尾、筒瓦、勾阑等很多建筑符号都表现出中国传统建筑特点，这表明此时的佛教建筑在很大程度上已经中国化了。

隋、唐五代到宋是中国佛教大发展时期，虽然其间出现过唐武宗和周世宗灭佛事件，但时间较短；在佛经学说方面，自西晋以降，大乘教逐渐占据上风，佛学思想的研究达到了空前的繁荣，但这些对中国佛教建筑并未带来决定性的影响。

由敦煌壁画等可以间接看出：隋、唐时期较大佛寺的主体部分仍采用对称式布置，即沿中轴线排列山门、莲池、平台、佛阁、配殿及大殿等；其建筑群的核心已经从塔变为殿（图10-3），佛塔一般建在侧面或另建塔院；或建为双塔（最早之例见于南朝），矗立于大殿或寺门之前；较大的寺庙除中央一组主要建筑外，又按供奉内容或用途划分为若干庭院。庭院各有命名，如药师院、大悲院、六师院、罗汉院、般若院、法华院、华严院、净土院、圣容院、方丈院、翻经院、行香院、山庭院……大寺所属庭院，常达数十处之多。

图10-3 天津蓟县独乐寺的观音阁

唐代晚期密宗盛行，佛寺出现了十一面观音和千手千眼观音造像，还有刻《佛顶胜尊陀罗尼经》的石幢。到晚唐时，寺院已经有钟楼的定制，钟楼一般在轴线的东侧，到了明代才普遍在轴线的西侧建鼓楼。五代时候出现了“田”字形的罗汉堂；转轮藏最早出现在南朝，我国现存的最早的转轮藏在宋代建造的隆兴寺里；宋代律宗寺院出现了专门的戒坛。流行在汉族地区的佛教一般称为汉传佛教。小的寺院称为“庵”（或比丘尼寺院），大的称“寺”，更大的在寺院名称前加一个“大”字，如大慈恩寺、大相国寺、大圆通寺等。明、清时期又建立了以四座名山为圣地的道场，所谓的道场就是佛教的普法之地。山西五台山为文殊菩萨道场，峨眉山为普贤菩萨的道场，安徽九华山为地藏菩萨的道场，浙江普陀山为观音菩萨的道场。

元、清两代在西藏和蒙古一带藏传佛教流行，但对中原佛教建筑的影响不大。藏传佛教俗称

"喇嘛教"，是从古印度和中国内地传入西藏并与当地古老宗教融合而成的具有西藏地方色彩的佛教。藏传佛教寺院大多采取汉族宫殿形式而又有所发展，一般规模宏大，气势雄伟，雕梁画栋，十分精巧。如拉萨的布达拉宫、哲蚌寺和青海塔尔寺等均为古代建筑中的佳作。藏地佛寺还特别注重渲染藏传佛教的神秘色彩。一般寺庙内佛殿高而进深、挂满彩色的幡帷，殿柱上饰以彩色毡毯，光线幽暗，神秘压抑。在寺庙外观上注重色彩对比，寺墙刷红色，红墙面上用白色及棕色饰带；经堂和塔刷白色，白墙面上用黑色窗框，这种色彩突出了建筑的神秘感。

儒家的宫、殿、堂、厅、门、阙等官方建筑固然已被佛道大量移入神堂佛殿建筑，即佛道的山门、藏经楼、牌坊等和孔庙、书院等同类建筑，在形制和布局组合上都有相似之处。

（二）道教建筑历史沿革

道教奉祀系统的建筑源于华夏先民的墓葬祭祀活动。道教奉祀系统建筑的第二个来源是秦汉的神仙思想，作为与神沟通的普通建筑，逐渐发展演变成为祀神之所。

东汉末年，道教初创，山居修道者大都沿袭道家以"自然为本"的思想，结舍深山，茅屋土阶，甚至栖宿洞穴。

魏晋南北朝时，北方寇谦之、南方陆修静分别整顿改革道教，创立了新的南、北天师道，以适应儒家的礼法制度，受到了统治阶级的欢迎，很多崇道皇帝在京邑为道士大兴道观。如北魏太武帝为寇谦之建五层重坛道场；南朝宋建崇虚观；齐梁建兴世馆、朱阳馆；北周改馆为观等。当时道教建筑已达到相当的规模，并趋于定型。

唐、宋两代是道教的鼎盛期，恰好这一时期以高台基、大屋顶、装饰与结构功能高度统一为主要特色的中国木结构建筑，经过两汉和魏晋南北朝的发展，在建筑形制、组群布局和工艺水平等方面，都达到了相当成熟的阶段。帝王宫殿陵寝以至王公官吏和庶人的住宅，门厅的大小、间数、架数，以及装饰、色彩等都有严格的规定，这就为道教建筑的大规模发展奠定了基础，据《唐六典・祠部》记载，当时天下宫观共1687所。道教建筑统称为宫观，就是从这一时期开始的。后来更以高祖、太宗、高宗、中宗、睿宗五帝陪祀老子。此后，规模较大的道观多称宫。

宋太宗赐华山道士陈抟为"希夷先生"，在全国各地大修宫观。宋真宗加封老子为"太上老君混元上德皇帝"，又建玉清昭应宫，"总二千六百一十区"。从宋真宗起，道教在宫观内才开始普遍塑像供奉。

唐宋两朝660多年间，是儒、佛、道三教建筑相互影响、彼此吸收的大圆融时期。

元明以后，道教衰落，在建筑上也墨守成规，没有大的发展。12世纪中叶，全真道在北方兴起，后来扩及南方。

全真道主张出家清修，因而它的宫观建筑也多仿照佛教禅院，并且建立起子孙庙和十方丛林两个系统。庙中师傅即住持，收授弟子，称之为道童。十方丛林不招收弟子，只为各小庙推荐来的弟子传戒。教规和财产管理都有严格的制度。

（三）伊斯兰教建筑历史沿革

创建于7世纪初的伊斯兰教，约在唐代就已自西亚传入中国。由于伊斯兰教的教义与仪典的要求，礼拜寺（或称清真寺）的布置与我国历史较悠久的佛寺、道观有所区别。如此类礼拜寺常建有召唤信徒礼拜的邦克楼或光塔（夜间燃灯火），以及供膜拜者净身的浴室；殿内均不置偶像，仅设朝向圣地麦加供参拜的神龛；建筑常用砖或石料砌成拱券或穹窿；一切装饰纹样唯用可兰经文或植物与几何形图案等。早期的礼拜寺（如建于唐代的广州怀圣寺，元代重建的泉州清净寺），在建筑上仍保持了较多的外来影响：高矗的光塔、葱头形尖拱券门和半球形穹窿结构的礼拜殿等。建造较晚的寺院（如明西安化觉巷清真寺、北京牛街清真寺等），除了神龛和装饰题材以外，所有建筑的结构与外观都已完全采用中土传统的木架构形式。但在某些兄弟民族聚居的地区，如新疆维吾尔自治区的伊斯兰教礼拜寺，基本上还保持着本地区和本民族的固有特点。

二、宗教建筑发展规律

（一）佛教建筑的发展规律

根据已知的历史文献、考古发掘和实物资料，大体可将流行于我国的佛寺划分为以佛塔为主和以佛殿为主两大类型。

1. 以佛塔为主的佛寺

以佛塔为主的佛寺在我国出现最早，是随着西域僧人来华所引进的“天竺”制式。简单地说，这类寺院系以一座高大居中的佛塔为主体，其周围环绕方形广庭和回廊门殿，例如建于东汉洛阳的我国首座佛寺白马寺、建于汉末徐州的浮屠祠以及建于北魏洛阳的永宁寺等。这种佛寺形制的产生与形成，乃出于古印度佛教徒绕塔膜拜的仪礼需要。

2. 以佛殿为主的佛寺

由于我国的冬季相当寒冷，特别是在北方的室外，举行礼佛仪式有诸多不便，因此佛寺中出现了可容多人顶礼传法的金堂、法堂，并且逐渐发展成为寺中取代佛塔的主体建筑。此时佛塔已不再成为寺内的主要膜拜对象，其位置也从寺内中心移至侧后，甚至后来成为寺中可有可无的建筑。

以佛殿为主的佛寺，基本采用了我国传统宅邸的多进庭院式布局。它的出现，最早可能源于南北朝时期王公贵族的“舍宅为寺”。为了利用原有房屋，多采取“以前厅为大殿，以后堂为佛堂”的形式。这种类型的佛寺，解决了以佛塔为主体的佛寺在实用上的不足，又符合人们日常生活的习惯与观念，更重要的是它在建造时所消耗的物资与时间可大大减少，从而成为自隋唐以后国内最通行的佛寺制度。

（二）道教建筑的发展规律

中国的道家思想，一般认为始于老子（李耳）的《道德经》，实际最早的肇源，应是远古的巫术，后来发展到战国及秦、汉的方士，直至东汉时才正式成为宗教。道家所倡导的阴阳五行、冶炼丹药和东海三神山等思想，对我国古代社会及文化曾起过相当大的影响。但就道教建筑而言，却未形成独立的系统与风格。

道教初创，山居修道者，大都沿袭道家以“自然为本”的思想，结舍深山，茅屋土阶，甚至栖宿洞穴，反映了他们顺乎自然、回归自然的旨趣，建筑规模小而简陋。魏晋南北朝时，道教盛行，道教建筑达到相当的规模，且已定型。唐、宋两代是道教的鼎盛期，元明以后，道教衰落，在建筑上也墨守成规，没有大的发展。

道教建筑一般称宫、观、院，其布局和形式，大体仍遵循我国传统的宫殿、祠庙体制。即建筑以殿堂、楼阁为主，平面组合布局有两种形式。一种是按中轴线前后递进、左右均衡对称展开的传统建筑手法；另一种就是按五行八卦方位确定主要建筑位置，然后再围绕八卦方位放射展开具有神秘色彩的建筑手法。前一种均衡对称式建筑，以道教正一派祖庭上清宫和全真派祖庭白云观为代表。第二种以江西省三清山丹鼎派建筑为代表。与佛寺相比较，规模一般偏小，且不建塔、经幢。

在风景名胜点建筑的道观，除了奉祀系统的建筑为服从宗教需要显得比较刻板外，大都利用奇异的地形地貌，巧妙地构建楼、阁、亭、榭、塔、坊、游廊等建筑，造成以自然景观为主的园林系统，配置壁画、雕塑和碑文、诗词题刻等，供人观赏。这些建筑充分体现了道家"王法地，地法天，天法道，道法自然"的思想，或以林掩其幽，或以山壮其势，或以水秀其姿，形成了自然山水与建筑自然结合的独特风格。

目前保存较完整的早期道观，可以建于元代中期的山西芮城县永乐宫为代表。道教的圣地，最著名的有江西龙虎山、江苏茅山、湖北武当山和山东崂山。其他如四川青城山，陕西华山也是道教的中心。

（三）伊斯兰建筑的发展规律

中国清真寺虽然都有伊斯兰教所要求的建筑内容，每座寺都有礼拜堂、邦克楼、水房、经堂等，但是这些建筑扬弃了阿拉伯地区伊斯兰建筑的形式，而采用了中国内地传统的建筑样式。建筑个体按规则的中轴对称布置，组成前后规整的院落；原来细高的邦克楼成了多层楼阁；圆拱形的穹窿顶不见了，代之从几座屋顶相并连的殿堂，阿拉伯礼拜寺变成了中国内地的清真寺。

三、宗教建筑艺术特征

中国流行的宗教主要是佛教、道教、伊斯兰教，这些宗教建筑主要有以下几个特征：

（1）中国化的建筑类型。中国式的庙门制度、中国传统楼阁式的邦克楼、中国大木起背式的礼拜殿、勾连搭的建筑结构等都是已经民族化的中国宗教建筑形式。

（2）平和、安详的宗教建筑性格。中国与西方的宗教建筑在艺术性格上也很不相同，后者强调表现信仰者对天国向往的激情和狂热，所以，神秘的光影变幻、出人意料的体形、飞扬跋扈的动势、动荡不安的气氛，就成了它的性格基调；前者则强调再现彼岸世界的宁静与平和，寺庙应该就是天国净土的地上缩影，虽然必然会伴随着某种神秘，但温婉馥郁的庭院、舒展平缓的体形、平易近人的体量，都使得中国宗教建筑更多地显现出一种安详与亲和的气氛。

（3）以院落为主的建筑布局。中国寺观与住宅和宫殿有很多共同之处，同样都采取以院落形式为主的群体组合方式，而不像西方的教堂，与住宅或宫殿截然不同。中国寺院一般采用四合院并且往往是一连串的四合院制度。其特点是沿着一条中轴线有次序有节奏地布置若干进四合院，形成一组完整的空间序列。每一进院落都有自己独具的功能要求和艺术特色，而又循序渐进，层层引深，共同表达完整的建筑艺术风格。

（4）中西合璧的建筑装饰。丰富多彩的建筑装饰，是中国寺观建筑艺术的重要组成部分，也是中国寺观建筑的鲜明特点之一。不少寺观都成功地将佛教文化与中国传统建筑装饰手法融会贯通，把握住建筑群的色彩基调，突出宗教内容，充分利用中国传统装饰手段，取得富有中国传统特色的装饰效果。如北京东四清真寺，其后宫殿乃至龛上的彩画艺术精美绝伦，显得极其富丽堂皇。一般而言，华北地区多用青绿彩画，西南地区多为五彩盒装，西北地区喜用蓝绿点金。采用何种颜色的彩画都源于中国传统。

（5）富有中国情趣的庭园处理。中国佛寺大多具有浓厚生活情趣的庭园风格，反映出中国人不避世厌俗，注重现实的生活态度。他们在寺院内遍植花草树木，设置香炉、鱼、缸，立碑悬匾，堆石叠翠，园林味十足，给人以赏心悦目的感觉。

道教是中国的本土宗教，道教建筑称道观，往往模仿佛寺。

（6）风水学与寺庙建筑相结合。佛教寺庙建筑起源于印度，传入中国后，受到风水学的影响，强调“天人合一”、“阴阳转化”宇宙观的思想，刻意将内外空间模糊化，讲究室内室外空间的互相转化。殿堂、门窗、亭榭、游廊均面向庭院，形成一种亦虚亦实、亦动亦滞的灵活通透效果。中国寺庙建筑群并不把自然排斥在外，而是要纳入其中。“深山藏古寺”，讲究内敛含蓄，主动将自己和自然融合在一起。寺既然藏于深山，自然也就成为深山的一部分。欧洲的教堂则与中国寺庙截然不同，都在闹市繁华之地，高、直、尖和具有强烈向上动势为特征的造型风格使人也有飘然欲升的意向，向上则暗示着上一层空间的存在，上一层空间也即“天堂”，从而表达出天国与人间两个世界的对比。中国寺庙无论规模和地点，其建筑布局也遵循风水学的规划原则。以大雄宝殿为中心，由山门——天王殿——大雄宝殿——本寺主供菩萨殿——法堂——藏经楼这条南北纵深的轴线组织寺庙的平面方形空间，对称稳重，整饬严谨。沿着中轴线，前后建筑起伏变化、起承转合，宛如一曲前呼后应、气韵生动的乐章。

四、宗教建筑艺术鉴赏

（一）石窟

石窟寺源于印度，随佛教东传经阿富汗、新疆至敦煌，后又传入中原，出现麦积、炳灵、云冈、龙门、大足等石窟。一般人们以敦煌、云冈、龙门为中国之三大石窟。

中国佛教石窟和一般的寺庙在形制与功能上有所不同，还在浮雕、塑像、彩画方面给我们留下了十分丰富的资料，在历史上和艺术上都是很宝贵的，主要体现在：

（1）建筑以石洞窟为主，附属之土木构筑很少；

（2）其规模以洞窟多少与面积大小为依凭；

（3）总体平面常依崖壁作带形展开，与一般寺院沿纵深布置不同；

（4）由于建造需开山凿石，故工程量大，费时也长；

（5）除石窟本身以外，在其雕刻、绘画等艺术中还保存了许多我国早期的建筑形象。

1. 敦煌石窟

敦煌，位于甘肃省河西走廊的西端，敦煌市东南25公里的鸣沙山东麓崖壁上，上下五层，南北长约1600米。南枕祁连，襟带西域；前有阳关，后有玉门，是古代丝绸之路的咽喉。敦煌石窟包括莫高窟（图10-4）、西千佛洞、安西榆林窟、东千佛洞、水峡口下洞子石窟、肃北五个庙石窟、一个庙石窟、玉门昌马石窟，位于今甘肃省敦煌市、安西县、肃北蒙古族自治县和玉门市境内。因各石窟的艺术风格同属一脉，主要石窟莫高窟位于古敦煌郡，且古代敦煌又为本地区政治、经

图10-4 敦煌莫高窟

图10-5 敦煌石窟

济、文化中心，故统称敦煌石窟（图10–5）。

敦煌石窟始凿于东晋穆帝永和九年（353年），或说是前秦苻坚建元二年（366年）。1600年间，这里先后开岩凿洞，最盛时，曾有石窟千余，号称千佛崖、千佛洞等。最早一窟由沙门乐傅开凿，称莫高窟（早已无存），后经北凉、北魏、西魏、北周、隋、唐、五代、宋、回鹘、西夏、元等时代连续修凿，历时千年，延续时间最长；现存北魏至西魏窟22个，隋窟96个，唐窟202个，五代窟31个，北宋窟96个，西夏窟4个，元窟9个，清窟4个，年代不明的5个等，共计石窟700余个，规模最大；雕塑3000余身（图10–6），壁画4500余平方米，内容最丰富（图10–7、图10–8）；唐宋木构窟檐5座。窟内绘、塑佛像及佛典内容，为佛徒修行、观像、礼拜处所。

敦煌艺术是佛教题材的艺术。有历代壁画五万多平方米，彩塑近三千身，内容非常丰富。敦煌石窟艺术是产生和积存在敦煌的多门类的艺术综合体，包括敦煌建筑、敦煌壁画和敦煌彩塑。以莫高窟为中心的敦煌石窟，1987年被联合国教科文组织列入《世界遗产名录》。

敦煌莫高窟的艺术表现形式主要是壁画和塑像。莫高窟的石窟建筑，由于时代不同，石窟形制呈现不同的特色，主要有五种：禅窟（即僧房）、塔庙窟（即中心窟）、殿堂窟、佛坛窟、大佛窟（及涅槃窟）。这些石窟表现在建筑上的价值并不仅仅在于它本身是建筑的一个类别，更重要的是在它的雕刻与壁画中反映了我国早期的建筑活动与形象。

敦煌壁画是敦煌艺术的主要组成部分，规模巨大，内容丰富，技艺精湛。五万多平方米的壁画分为佛像画、经变画、民族传统神话题材、供养人画像、装饰图案画、故事画和山水画。从敦煌石窟壁画中，还可以看到古代房屋施工的场面（图10–9）。在敦煌莫高窟中有一幅《五台山

图10-6 敦煌塑像

图10-7 敦煌石窟壁画1

图10-8 敦煌石窟壁画2

图10-9 敦煌壁画生活场景

图》，表现了五代时期五台山佛教寺院的兴盛场面，但目前在五台山只剩下两座唐代的寺庙殿堂，昔日的兴盛已经见不到了。

敦煌飞天（图10–10）是印度文化、西域文化和中原文化共同孕育成的，它主要凭借飘曳的衣裙、飞舞的彩带而凌空翱翔的飞天。敦煌飞天是敦煌莫高窟的名片，是敦煌艺术的标志。

图10-10 敦煌飞天

2. 山西大同云冈石窟

云冈石窟（图10–11）位于山西大同，这里是北魏迁都洛阳前的都城，古称平城。石窟始凿于北魏兴安二年（公元453年），大部分完成于北魏迁都洛阳之前（公元494年），造像工程则一直延续到正光年间（公元520～525年），前后经历60余年，共凿大小窟龛数百座。有名的昙曜五窟就是当时的作品。其他诸窟，也大多建于北魏孝文帝太和十八年（公元494年）。

云冈石窟位于大同市以西16公里处的武周山南麓。沿着武周山麓，依山凿窟，东西连绵1公里，有洞窟40多个，大小佛像10万余尊，是我国最早的大石窟群之一，气势恢弘，内容丰富。现存主要洞窟45个，大小窟龛252个，石雕造像51000余躯，最大者达17米，最小者仅几厘米。窟中菩萨、力士、飞天形象生动活泼，塔柱上的雕刻精致细腻，上承秦汉（公元前221年～公元220年）现实主义艺术的精华，下开隋唐（公元581～907年）浪漫主义色彩之先河，与甘肃敦煌莫高窟、河南龙门石窟并称“中国三大石窟群”，也是世界闻名的石雕艺术宝库之一（图10–12）。

云冈石窟的造像气势宏伟，内容丰富多彩，堪称公元5世纪中国石刻艺术之冠，被誉为中国古代雕刻艺术的宝库。按照开凿的时间可分为早、中、晚三期，不同时期的石窟造像风格也各有特色。早期的“昙曜五窟”气势磅礴，具有浑厚、纯朴的西域情调。中期石窟则以精雕细琢、装饰华丽著称于世，显示出复杂多变、富丽堂皇的北魏时期艺术风格。晚期窟室规模虽小，但人物形象清瘦俊美，比例适中，是中国北方石窟艺术的榜样和“瘦骨清像”的源起。此外，石窟中留下的乐舞和百戏杂技雕刻，也是当时佛教思想流行的体现和北魏社会生活的反映。

由于石质较好，云冈石窟全用雕刻而不用塑像及壁画。此时我国石窟还在发展时期，吸收外来影响较多，如印度的塔柱、希腊的卷涡柱头、中亚的兽形柱头以及卷草、璎珞等装饰纹样。但在建筑上，无论是佛殿还是佛塔，从它们的整体到局部，都已经表现为了中国的传统建筑风格。

图10-11　云冈石窟

早期的石窟（如昙曜五窟）平面呈椭圆形，顶部为穹窿状，前壁开门，门上有洞窗。后壁中央雕大佛像，布局比较局促，且洞顶及洞壁未加建筑处理。后来的石窟多采用方形平面，规模大的则分前、后二室，或在室中设置塔柱。窟顶已使用覆斗或长方形、方形平棋天花，壁上则遍刻包括台基、柱、枋、斗栱等的木架构佛殿或佛陀本生故事等内容之浮雕。

图10-12　云冈石窟石雕

云冈石窟形象地记录了印度及中亚佛教艺术向中国佛教艺术发展的历史轨迹，反映出佛教造像在中国逐渐世俗化、民族化的过程。多种佛教艺术造像风格在云冈石窟实现了前所未有的融会贯通，由此而形成的“云冈模式”成为中国佛教艺术发展的转折点。敦煌莫高窟、龙门石窟中的北魏时期造像均不同程度地受到云冈石窟的影响。

云冈石窟是石窟艺术“中国化”的开始。云冈中期石窟出现的中国宫殿建筑式样雕刻，以及在此基础上发展出的中国式佛像龛，在后世的石窟寺建造中得到广泛应用。云冈晚期石窟的窟室布局和装饰，更加突出地展现了浓郁的中国式建筑和装饰风格，反映出佛教艺术“中国化”的不断深入。

3. 河南洛阳龙门石窟

北魏孝文帝太和十八年（公元500年）迁都洛阳后，就在都城南伊水两岸的龙门山修建石窟（图10–13）。经东魏、西魏、北齐、北周、隋、唐、五代、北宋的经营修凿，绵延四五百年，共开凿石窟1352座，造像达97300余尊，使这里成为我国最为著名的石刻艺术宝库。现在保存下来的洞窟尚有1352处，小龛750个，塔39座，大小造像约10万尊。虽然其中60%都是唐代的，但由于前后延续近500年，各个时代的特点在这里都有所反映，而且在艺术上的造诣也较早期的更为成熟。

龙门诸窟都未用塔心柱和洞口的柱廊，洞的平面多为独间方形，未见有前、后室或椭圆形平面。窟内均置较大佛像。

宾阳中洞是龙门石窟中最宏伟与富丽的洞窟，也是耗时最长（自北魏景明元年到正光四年，公元500～523年，共24年）、耗工最多（共802 366工）的洞窟。内有大佛11尊。本尊释迦如来通高8.4米。洞口两侧浮雕“帝后礼佛图”，是我国雕刻中的杰作，新中国成立前被帝国主义分子盗走，现存美国。

龙门石窟最大的石刻是奉先寺的卢舍那佛像（图10–14）。奉先寺是龙门唐代石窟中最大的一个石窟，长宽各30余米。据碑文记载，此窟开凿于唐高宗李治和武则天在位时期，于公元675年建成，费时3年9个月。洞中佛像明显体现了唐代佛像艺术特点，面形丰肥、两耳下垂，形态圆满、安详、温存、亲切，极为动人。石窟正中卢舍那佛坐像为龙门石窟中最大佛像，身高17.14米，头高4米，耳朵长1.9米，造型丰满，仪表堂皇，衣纹流畅，具有高度的艺术感染力，实在是一件精美绝伦的艺术杰作。据佛经说，卢舍那意即光明遍照。这尊佛像，丰颐秀目，嘴角微翘，呈微笑状，头部稍低，略作俯视态，宛若一位睿智而慈祥的中年妇女，令人敬而不惧（图10–15）。因此，她具有巨大的艺术魅力。卢舍那佛像两侧的阿难、迦叶二弟子、二胁侍菩萨、二供养人及天王、力神等都雕刻得很生动，这些像也高达10米。二弟子迦叶和阿难，形态温顺虔诚，二菩萨和善开朗。天王手托宝塔（图10–16），显得魁梧刚劲。而力士像更加动人，只见他右手叉腰，左手合十，威武雄壮，栩栩如生。

图10-13 洛阳龙门石窟

图10-14 卢舍那

图10-15 卢舍那全景

图10-16 胁侍菩萨与天王

4．山西太原天龙山石窟

图10-17　山西太原天龙山石窟

山西太原天龙山石窟位于山西太原市西南40公里天龙山腰（图10-17）。天龙山亦名方山，海拔高1700米。这里风光秀丽，四周山峦起伏，遍山松柏葱郁。山头龙王石洞泉水荡漾，山前溪涧清流潺潺。天龙山石窟创建于东魏（公元534～550年），经过历代开凿，至唐代（公元618～907年）达到高峰。

石窟分布在天龙山东西两峰的悬崖腰部，有东魏（公元534～550年）、北齐（公元550～577年）、隋（公元581～618年）、唐（公元618～907年）开凿的24个洞窟，东峰8窟，西峰13窟，山北3窟。现存石窟造像1500余尊，浮雕、藻井、画像1144幅。各窟的开凿年代不一，以唐代最多，达15窟。东魏石雕比例适度，形象写实、逼真，生活气息浓郁；唐代雕像则愈见严谨、洗练、精湛。唐代石雕体态生动，姿势优美，刀法洗练、衣纹流畅，具有丰富的质感（图10-18、图10-19）。第9窟“漫山阁”中的弥勒大佛坐像高约8米，比例和谐，容貌端庄凝重；下层观音立像高约11米，形体丰满，瓔珞富丽，纱罗透体；普贤雕像面带微笑，怡然自得，是石雕中的精品。

窟平面近于方形，室内三面均凿有佛龛及造像，除隋代的第八窟外，均未见塔柱。窟之顶部都做成覆斗形。

北齐皇建元年（公元560年）凿建的第16窟前有面阔三间柱廊。柱断面八角形，上下收分很

图10-18　天龙山石窟佛像1

图10-19　天龙山石窟佛像2

大，下施宝装高莲瓣柱础，柱头置栌斗托枋，枋上用1斗3升柱头铺作，当心间的补间铺作成1斗3升斗栱及2个人字栱，栱弯三瓣卷杀。人字栱已呈曲线，但尖端不似唐代之起翘。天龙山石窟中仿木构的程度进一步增加，这是它的一个重要特点，表明石窟更加接近一般庙宇的大殿，也是佛教石窟在建筑上更加与中国传统建筑融合的表现。

（二）佛教寺庙建筑

我国在南北朝时期大规模兴建寺庙成风，据《洛阳伽蓝记》记载，北魏首都洛阳内外有1000多座寺庙。唐朝诗人杜牧的《江南春》诗中说："南朝四百八十寺，多少楼台烟雨中。"可见南朝寺庙之多。

1. 山西五台佛光寺大殿

唐代是中国建筑的发展高峰，也是佛教建筑大兴盛时代，但由于木结构建筑不易保存，留存至今的唐代木结构建筑也是中国最早的木构殿堂只有两座，都在山西五台山。佛光寺大殿是其中一座，是现存的三座唐代木构建筑中规模最大的，建于大中十一年（公元857年）。

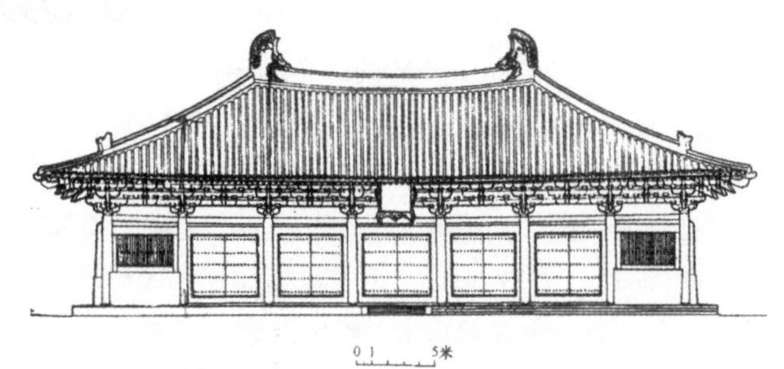

图10-20 佛光寺大殿立面

五台山在唐代已是我国的佛教中心之一，建有许多佛寺。佛光寺位于台南豆村东北约5公里的佛光山腰，依山势自上而下并沿东西向轴线布置。寺内现存主要建筑有落成于晚唐的大殿、金代的文殊殿、唐代的无垢净光禅师墓塔及两座石经幢。

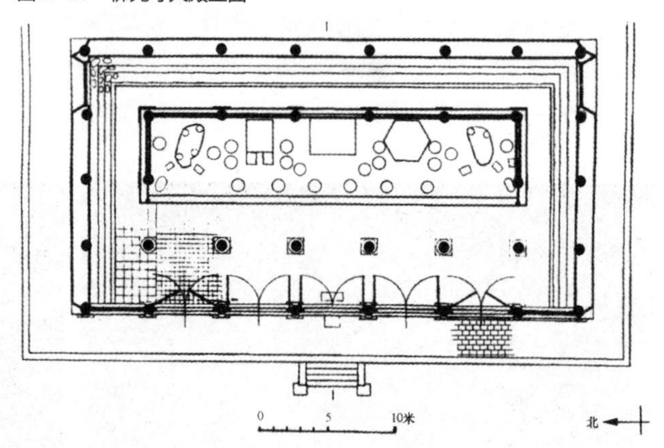

图10-21 佛光寺大殿平面

佛光寺是一座中型寺院，坐东向西，大殿在寺的最后的高地上，高出前部地面十二三米。大殿面阔七间，进深八架椽，单檐庑殿顶（图10–20），由内外两圈柱子形成"回"字形的柱网平面，称为"金厢斗底槽"（图10–21）。内、外柱高相等，但柱径略有差异。柱身都是圆形直柱，仅上端略有卷杀。檐柱有侧脚（平面上各檐柱柱头向内倾斜）及生起（立面上，檐柱自中央当心间向两侧逐渐升高）（图10–22）。整个构架由回字形的柱网、斗拱层和梁架三部分组成，这种水平结构层组合、叠加的做法是唐代殿堂建筑的典型结构

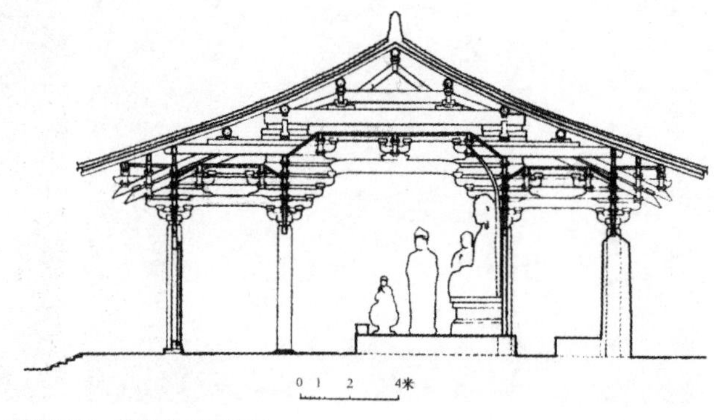

图10-22 佛光寺大殿剖面

做法。虽然经过多次修葺，殿内的木质板门、砖砌佛座和塑造佛像都是唐代原物，仍保持唐代原来面貌（图10–23）。

屋面坡度较平缓，举高（屋顶高度与进深尺度之比）约为1／4.77。正脊及檐口都有生起曲线。屋坡舒缓大度，檐下有雄大而疏朗的斗拱，简洁明朗，体现出一种雍容庄重、气度不凡、健康爽朗的格调，展示了大唐建筑的艺术风采。

图10-23　佛光寺大殿外观

柱高与面阔的比例略呈方形，斗栱高度约为柱高的1／2。粗壮的柱身、宏大的斗栱再加上深远的出檐，都给人以雄健有力的感觉。

图10-24　佛光寺大殿内部

大殿的空间构成也很有特点。一圈内柱把全殿分为“内槽”和“外槽”两部分。内槽空间较高较大，加上扇面墙和佛坛，更突出了它的重要性；外槽较低较窄，是内槽的衬托。但外槽和内槽的细部处理手法一致，一气呵成，有很强的整体感和秩序感。雄壮的梁架和天花的密集方格形成粗细和重量感的对比。佛光寺大殿也很重视建筑与雕塑的默契。佛坛面阔五间，与建筑相应，塑像也分为五组。塑像的高度和体量都经过精密设计，使其与空间相应，不致拥塞和空旷，同时也考虑了瞻礼者的合宜视线，塑像向前倾约10°（图10–24）。

佛光寺大殿作为唐代建筑的典范，形象地体现了结构和艺术的高度统一，简单的平面，却有丰富的室内空间。大大小小、各种形式的上千个木构件通过榫卯紧紧地咬合在一起，构件虽然很多，但是没有多余的。而外观造型则是雄健、沉稳、优美，表现出唐代建筑的典型风格。

2．河北正定隆兴寺

隆兴寺始建于隋开皇六年（公元586年），时称“龙藏寺”，唐改额龙兴寺。宋开宝二年（公元969年），宋太祖赵匡胤巡境按边驻跸真州（正定）到城西大悲寺礼佛，得知寺内所供四丈九尺的铜铸大悲菩萨毁于五代，遂勒令重铸大悲菩萨金身于龙兴寺，并动建大悲宝阁，开宝四年（公元971年）兴工，开宝八年（公元975年）落成，而后以此为主体采用中轴线布局进行扩建，形成了一个南北纵深、规模宏大、气势磅礴的宋代建筑群，龙兴寺遂跃为“河朔名寺”。此后，元、明均有扩建和重修。清康、乾二帝出巡曾多次于此驻驾，拈香礼佛，以祈皇图永固。两度勒修使寺院达到鼎盛时期，被誉为“海内宝刹第一名区”，康熙五十二年（公元1713年）赐额“隆兴寺”。

隆兴寺现有面积85200平方米，主要建筑分布在南北中轴线其总平面至今仍大体保存了宋代风格，呈南北中轴线的狭长方形。南面迎门为一座高大的一字琉璃照壁，自三路单孔石桥向北依次为天王殿、天觉六师殿（遗址）、摩尼殿、牌楼门戒坛（图10-25）、慈氏阁、转轮藏阁、康熙乾隆二御碑亭、大悲阁、御书楼和集庆阁、弥陀殿、龙泉井亭（图10-26），中轴线末端为1959年正定城内崇因寺迁来的毗卢殿。院落南北纵深，重叠有序，殿阁高低错落。由于利用了建筑体量大小和院落空间的变化，轴线虽长而不觉呆板，主次分明，是研究宋代佛教寺院建筑布局的重要实例（图10-27）。由戒坛、慈氏阁、大悲阁和康熙、乾隆御碑亭共同构成的隆兴寺核心建筑群，建筑宏伟，展示了皇家寺院的恢弘气势。

天王殿是隆兴寺的第一重殿，单檐歇山顶，七檩中柱式，是寺内建筑中最古老的一处（图10-28）。

大悲阁是隆兴寺内的主体建筑，阁内供奉一尊北宋开宝四年奉太祖赵匡胤之命修铸的高21.3米的铜质千手观音像，与沧州狮子、定州塔、赵州大石桥并称为“河北四宝”。1992年对大悲阁进行落架修缮，恢复了御书楼、集庆阁。三阁并列，虹桥相连、气魄恢宏、巍峨壮观。

摩尼殿建于北宋皇佑四年（公元1052年），面阔七间（约35米）。进深也是七间（约28米），重檐歇山殿顶（后代重修），四面正中都出龟头屋（图10-29）。外檐檐柱间砌以封闭的砖墙，内部柱网由两圈内柱组成，面阔和进深方向的次间都较梢间为狭，和一般的处理不同。檐柱也有侧脚及生起，阑额上已用普拍枋，阑额端部并伸出柱外作卷云头式样。摩尼殿则是寺内规模最大的一座宋代建筑，平面呈十字形，重檐九脊顶，四面均出山花向前的抱厦，立体布局重叠

图10-25 河北正定隆兴寺戒坛

图10-26 河北正定隆兴寺龙泉井亭

图10-27 河北正定隆兴寺鸟瞰图

图10-28 河北正定隆兴寺天王殿

雄伟，是北宋绘画中此种式样建筑的唯一展现。殿内各壁满绘以佛教故事为题材的明代壁画，面积达500多平方米。四抱厦绘“二十四尊天”，内檐扇面墙外壁绘“西方胜景”、“东方琉璃世界”，檐墙则生动地描绘了释迦牟尼降生、出家、苦行、成道、涅槃等整个过程，声势浩大，线条流畅，色彩艳丽。背壁五彩悬塑倒坐观音以其秀丽恬静的面容、优雅端庄的姿态为世人所倾倒。另外，隋龙藏寺碑、宋代木制转轮藏等也均享誉海内外。

图10-29　河北正定隆兴寺摩尼殿

转轮藏殿内设一可转动的八角亭式藏经橱，因此得名。该殿为建于北宋的两层楼阁式建筑，外形和对面的慈氏阁相仿。平面方形，每面三间，入口处另加雨搭。上用九脊殿顶（图10–30），底层因设八角形的亭状转轮藏，所以将中列内柱向两侧移动，使其与檐柱组成六角形平面。这种改变柱子位置的方式，是宋、金建筑常采用的手法。内、外柱柱径已有区别。由于柱身较高，檐柱与内柱间使用顺栿串（清称穿插枋）以加强联系。上、下层柱交接处大都采用叉柱（上层柱之下端施十字开口，插入下层柱上之斗栱内），但平座檐柱与下层檐柱之交接则采用缠柱（上柱向内收进约半个柱径，其下端不开口，直接置于梁上）。

图10-30　河北正定隆兴寺转轮藏殿

寺内存有隋、宋、金、元、明、清历代碑石30余通。龙藏寺碑为建寺之初所刻，以书法艺术著名于国内。

3. 天津蓟县独乐寺

独乐寺俗称大佛寺，坐落于天津蓟县城西。据文献记载，独乐寺始建于隋唐年间，辽统和二年，即公元984年由蓟州人韩匡嗣主持重建，距今有1000多年的历史，是我国现存最古老、最大的楼阁式木结构建筑之一。

独乐寺占地面积为16500平方米，由山门、观音阁、韦驮亭、乾隆行宫等建筑构成了规模壮观的古代庙宇建筑群。

山门，是独乐寺的大门，庄重高贵，富有生机，山门面阔三间（16.63米），进深二间四椽（8.76米），中间为穿堂道，与观音阁遥相呼应（图10–31）。

山门的屋顶结构为五条脊、四面坡，建筑学称之为庑殿顶。是我国现存最早的庑殿顶式山门，具有浓郁的唐代建筑风格的余韵。檐角形似飞翼，外翻跃起，出檐深远曲缓，雄伟壮观，恬静流畅。屋脊之上的瓦饰更是奇异多彩，造型生动古朴，别具一格。山门正脊两端的鸱吻，张口吞脊，状如雉鸟飞翔，气势威武，生动逼真，为我国现存最早的鸱吻造型实物，此门屋檐伸出深远，斗栱雄大，台基较矮，形成庄严稳固的气氛，在比例和造型上是成功的。

图10-31 天津蓟县独乐寺山门

观音阁位于山门以北，亦重建于辽统和二年，面阔五间（20.23米），进深四间八椽（14.26米）（图10-32）。外观两层，有腰檐、平坐；内部三层（中间有一夹层）。屋顶用九脊殿式样。台基为石建，低矮且前附月台。平面仍为“金厢斗底槽”式样，并在二层形成六边形的井口，以容纳高16米的辽塑十一面观音像。

图10-32 天津蓟县独乐寺观音阁

观音阁，是座楼阁式木结构多层建筑，雄健古朴，设计精巧，工艺简洁高超，顶为九脊歇山式。通高23米，中间有腰檐、围栏环绕。观音阁前上檐鎏金的四个大字“观音之阁”，相传是唐肃中元年李白北游幽州时所书；下檐“具足圆成”为清代咸丰皇帝所题。阁内各层藻井的形状不一，错落有致，不仅显示了建筑的多样性、艺术性，而且能抵御侧向压力，增强建筑的稳固性。观音阁的外观是两层，实际为三层，中间有一暗层，从而起到了装饰与加固的双重作用。柱子仅端部有卷杀，并有侧脚，上、下层柱的交接采用叉柱造的构造方式。由于上层和夹层的檐柱较底层檐柱收进约半个柱径，在外观上形成稳定感。位于底层斗栱以上和平坐楼板以下的夹层在柱间施以斜撑，加强了结构的刚度，这种做法和山西应县佛宫寺释迦塔如出一辙，千年来多次地震的考验，证明其结构是合理的。

图10-33 天津蓟县独乐寺十一面观音

观音阁中间天井上下贯通，错落配置，形成锥形环向放大的空间，顶是八角，上为六角，下为矩形，中设木制须弥座，耸立起通高16米，微向前倾的观音主像站在须弥座上，穿过二、三层平台，直入阁中藻顶，是目前我国国内现存最大的泥塑。该塑像用木料做骨架，再覆盖薄灰泥彩塑，面部慈祥，微带笑容，两眼凝视远方，衣着得体，绚丽端庄，两臂披帛飘逸，仪态优美。因头顶上还有十面小佛头，故称十一面观音（图10-33）。整个结构，排列有序，疏密自如，极富弹性，极富变化，显示出中国古代木结构建筑动而不损、摇而不坠的高超技艺和妙绝天工的设计水平。

独乐寺塔（图10–34）在独乐寺南380米处，塔高30.6米，为八角亭式，由塔基、塔身和塔尖三部分组成。塔基由白色花岗石条砌成，呈须弥式，象征佛位于须弥山之上。塔身雕有仿木结构的斗拱、双重栏杆、仰覆莲花等各种装饰。八个拐角处饰有八个砖雕小塔，设计精巧，造型生动，具有浓郁的唐代遗风。塔尖有十三圈天相轮，攒尖直达于顶，巍然壮观。

图10-34　天津蓟县独乐寺塔

4．西藏拉萨布达拉宫

布达拉宫在西藏拉萨西北的玛布日山上，是达赖喇嘛行政和居住的宫殿，也是一组最大的藏传佛教寺院建筑群，可容僧众两万余人（图10–35）。

布达拉宫始建于公元7世纪松赞干布王时期，是藏王松赞干布为迎嫁西藏的唐朝文成公主而建，后毁于兵燹。清顺治二年（公元1645年）由五世达赖重建，主要工程历时约50年，以后陆续又有增建，前后达300年之久。独特的布达拉宫同时又是神圣的，这座凝结藏族劳动人民智慧又目睹汉藏文化交流的古建筑群，已经以其辉煌的雄姿和藏传佛教圣地的地位绝对地成为藏族的象征。

布达拉宫在拉萨海拔3700多米的红山上依山而建，现占地41万平方米，建筑面积13万平方米，999间房屋，宫体主楼13层，高115米，全部为石木结构。最高佛堂处海拔3767.19米，是世界上海拔最高的古建筑群。5座宫顶覆盖镏金铜瓦，金光灿烂，气势雄伟，是藏族古建筑艺术的精华，被誉为高原圣殿（图10–36）。

布达拉宫拔地高200余米，外观13层，实际只有9层。由于它起建于山腰，巧妙地利用了自然环境，基石深入到山石之中，石墙与山岩融为一体。宫宇叠砌，迂回曲折，同山体有机地融合，大面积的石壁又屹立如削壁，使建筑仿佛与山岗合为一体，自山脚向上，直至山顶，气势十分雄伟。建筑层次栉比，有主有次，重点突出，形成丰富的空间层次，具有韵律和节奏感。

图10-35　西藏布达拉宫

图10-36　西藏布达拉宫金铜瓦

宫中雕柱林立，长廊交错，色泽浓艳，富丽堂皇，宫殿、寺宇与灵塔融于一体，并吸收汉族及印度、尼泊尔寺庙的建筑特色，形成独具一格的藏族建筑风格（图10–37）。在总平面上没有使用中轴线和对称布局，但却在体量上、位置上和色彩上强调红宫与其他建筑的鲜明对比，仍然达到了重点突出、主次分明的效果。布达拉宫在建筑形式上，既使用了汉族建筑的若干形式（金殿屋顶、达赖喇嘛住所的装修……），又保留了藏族建筑的许多传统手法（门、窗、脊饰……）。

图10-37 西藏布达拉宫金灵塔

宫殿的设计和建造根据高原地区阳光照射的规律，墙基宽而坚固，墙基下面有四通八达的地道和通风口。屋内有柱、斗拱、雀替、梁、椽木等组成撑架。铺地和盖屋顶使用的是叫“阿尔嘎”的硬土，各大厅和寝室的顶部都有天窗，便于采光，调节空气。宫内的柱梁上有各种雕刻，墙壁上的彩色壁画面积有2500多平方米（图10–38）。大殿内的壁画既记载着西藏佛教发展历史，又有五世达赖生平和文成公主进藏过程，还有西藏古建筑形象和大量佛像金刚等。

图10-38 西藏布达拉宫室内彩绘

在半山腰上，有一处约1600平方米的平台，这是历代达赖观赏歌舞的场所，名为“德阳厦”。由此扶梯而上经过松格廓廊道，便到了白宫最大的宫殿——东大殿。有史料记载，自1653年清朝顺治皇帝以金册金印敕封五世达赖起，达赖转世都须得到中央政府的正式册封，并由驻藏大臣为其主持坐床、亲政等仪式。此处就是历代达赖举行坐床、亲政大典等重大宗教、政治活动的场所。

红宫是达赖的灵塔殿及各类佛堂，共有灵塔8座，其中五世达赖的是第一座，也是最大的一座。据记载，仅镶包这一灵塔所用的黄金就达11.9万两之多，并且经过处理的达赖遗体就保存在塔体内。西大殿是五世达赖灵塔殿的享堂，它是红宫内最大的宫殿。殿内除乾隆御赐“涌莲初地”匾额外，还保存有康熙皇帝所赐大型锦绣幔帐一对，为布达拉宫内的稀世珍品。

5. 云南傣族佛寺

傣族是一个具有悠久历史和灿烂文化的民族，它不仅有本民族的语言，还有自己的文字。傣族地区信奉的巴利语系佛教带有全民性，因此佛寺遍及傣家村寨，但寺庙多置于村寨附近较高的山岗或台地上，不与村寨相混。佛寺、佛塔建筑典雅精致，充分体现了傣族的宗教信仰。

（1）佛寺。平面多呈矩形，佛寺的傣语称之为“洼”。这些佛寺一般由寺门、佛殿、经堂、佛寺有草房、干阑式建筑等多种形式，常用歇山屋顶，有的屋檐重叠达3层之多。僧舍和鼓房组成整个佛寺的建筑群。此外，还有体量较佛殿小的戒堂，供高级僧侣定期讲经及新僧人受戒之用。又有入口之门屋、走廊及僧人居住之僧舍等。寺外有较大的场地。四周浓荫四盖的大树、竹林，低矮的围墙，衬托着具有高大屋顶、气势雄伟的佛殿，古色古香的牌坊式的大门和引廊，还有高耸挺秀的佛塔（有的佛寺无塔）构成了一个独具民族特色的、充满宗教的环境（图10–39）。

图10-39　云南傣族佛寺

佛寺的墙壁和傣族竹楼一样，和巨大的屋顶比较起来显得低矮，一般高约两米左右，四面通风。有的大屋顶紧接偏厦的屋顶，更把整个台基和墙壁遮盖在内。殿墙一般没有窗子（即使有也很小），墙和屋顶的空隙是主要的采光来源，因此整个佛殿光线稍暗而柔和。由于屋顶高大，殿内的柱子也比较粗。柱子和横梁上都涂以朱红的油漆，并绘以“金水”图案，成为傣族佛寺特有的装饰。这些再结合巨大佛像和傣族信徒们奉献的各种织长幡、剪纸和众多的壁画等，营造了一种庄严、肃穆、宁静的气氛，达到了宗教所要求的艺术效果。

（2）寺门。一般为牌坊式建筑，面朝东方，建于高约1米的矮墙后面，寺门院墙的前后有两道平行的台阶以供越过矮墙出入寺院。这种“牌坊”为三间两层重檐屋顶，造型和佛殿屋顶造型很统一。屋脊上装饰有火焰状、卷叶状和动物模样的陶饰（图10–40）。檐下的木板上绘有壁画，正中为大门，左右两侧两间各有用泥塑造的巨大的龙形支物“啦嘎”，似为守护寺院的神兽，在

图10-40　傣族佛寺屋顶

形象上起到了一种威严震慑的效果。大门后有一段不太长的有顶长廊，这是由寺门到佛殿的过渡空间，既可以起到遮风避雨的作用，又可以使信徒在进入佛寺前做好“净心澄虑”的心理准备。

（3）佛殿。傣语称为“维罕”，是整个佛寺中最主要建筑，是供奉本尊释迦牟尼、念经和进行重要宗教活动的地方。佛殿基本上是按东西方向布置，入口多置于建筑东侧或东南。这与汉族佛殿建筑横向的布置传统完全不同。大殿内只有一尊巨大的佛像置于西端柱子的第二间，佛像面向东方。信徒所奉献的小佛像只能放在这尊大佛的前面和两侧。

（4）佛塔。有的和佛寺在一起，有的单独建塔，它们是为了安放佛的遗骨和遗迹而建造的砖砌实心塔。一般都建筑在村寨突出的景点上，其造型与汉族佛塔及藏式佛塔大相径庭。基座多为折角亚字形或圆形须弥座，塔身由钟座、复钵等组成，浑厚有力，塔颈挺拔直刺蓝天，金属塔刹犹如伞盖，整个造型巍峨秀丽，很有民族特色。有的塔由一座主塔和若干小塔组成一个塔群（德宏州的瑞丽塔由17座塔组成），形成大小、虚实的对比，更是别具特色。

（三）道教宫观

道教宫观在其布局、体量、结构上十分鲜明地继承了中国传统的建筑思想、建筑格局和建筑方法外，同时也注入了道家与道教的审美思想和价值观念，形成了自己独特的风格。道教宫观一般呈层层院落依次递进，形成鳞次栉比的发展势态。道教认为这样可以聚四方之气，迎四方之神，也便于区分神的等级。道教宫观供奉道教尊神的殿堂都设在中轴线上，两边设置配殿供奉诸神。这种对称的布局，体现了“尊者居中”的等级思想。对称的建筑也表现了追求平稳、持重和静穆的审美情趣。

道教的宫观庵庙等建筑既是供奉、祭祀神灵的殿堂，又是道教徒长期修炼、生活和进行斋醮祈禳等仪式的场所。其建筑的门类很多，有宫、观、殿、堂、府、庙、楼、馆、舍、轩、斋、廊、阁、阙、门、坛、台、亭、塔、榭、坊、桥等，这些建筑按其性质和用途可分为供奉祭祀的殿堂、斋醮祈禳的坛台、修炼诵经的静室、生活居住的房舍和供人游览憩息的园林建筑五大部分。

1. 湖北均县武当山道教宫观

武当山在湖北均县（今丹江口市）境内，方圆400余千米，是道教“七十二福地”之一。据道书称，真武大帝在此修炼成功“飞升”，所以武当山历来就是道教的名山胜地。唐代，山中开始建造道教祠宇。明初，明成祖朱棣声称，他起兵南下夺取政权因有北方之神真武大帝阴助而取得成功，为了报答神佑，在武当山大兴土木，建造道教宫观。永乐十年（公元1412年）从南京派遣工部侍郎等官员率领军工民匠二十余万人，历时11年，建太和宫、清微宫、紫霄宫、朝天宫、南岩宫、五龙宫、玉虚宫、净乐宫、遇真宫，及仁威观、回龙观、龙泉观、复真观、元和观等九宫八观，加上庵堂、亭台、桥榭等，在八百里武当山构建了庞大的道教古建筑群，成了八宫、二观、三十六庵等建筑群。其中“宫”的等级最高，规模最大，“观”次之，“庵”又次之。这一大批建筑都沿着溪流峡谷自下而上展开布置，从均县城内开始，到天柱峰最高点，一路都有宫、观、庵、庙，长约60公里，最后到达真武大帝所居的金顶“紫禁城”。

道教的宫观建筑是从中国古代传统的宫殿、神庙、祭坛建筑发展而来的，是道教徒祭神礼拜的场所，也是他们隐居、修炼之处所。武当道教宫观依山势地形，以单个建筑组成的院落为单元，通过明确的轴线关系串联成千变万化的建筑群体，使它在严格的对称布局中又有灵活多样的变化，而且这些变化又不影响整体建筑的风格（图10–41）。

图10-41　湖北均县武当山道教建筑群分布图

武当山道教宫观大殿都采用等级很高的建筑规制，殿檐伸出深远，且向上举折，加上鸱吻、脊饰，形成优美多变的曲线，使本来沉重的大屋顶变得透逸典雅。尤其是在直立厚重的墙壁和殿宇下宽阔的月台，或是在崇台的衬托下，整个建筑显得十分庄重和稳定，形成了一种曲与直、静与动、刚与柔的和谐美。

各宫观中以玉虚宫规模最大，占地6公顷余（370米×170米），由三路院落组成，中路轴线上布置桥、门四重、碑亭、殿二进，层次深远。此宫于清乾隆十年（公元1745年）毁于火灾，现仅残存有部分碑亭、宫门及门、殿基址。武当山保存的明代建筑有石坊“治世玄岳”坊、遇真宫、天津桥、紫霄宫、三天门、太和宫、紫禁城、金殿等。

紫霄宫是武当山上较大的宫观之一。整个建筑群坐落在一片台地上，背倚峻岭，门屋殿宇依山层层向上布置，前有山门龙虎殿，殿内有青龙、白虎两神君像，门内依次是左右碑亭、十方堂、紫霄殿、父母殿等建筑。紫霄殿是宫内正殿，立于二层高台之上，气势开阔挺拔。殿屋面阔五间，重檐歇山顶，下檐用五踩重昂斗拱，上檐用七踩单翘重昂斗拱。殿内供奉玉皇大帝神像（图10–42）。

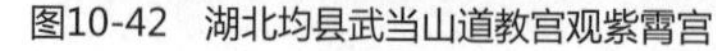

图10-42 湖北均县武当山道教宫观紫霄宫

图10-43 湖北均县武当山道教宫观金殿

武当山主峰天柱峰环山建有1.5公里长的石城墙，四面设门，名为紫禁城，城内峰顶最高处有永乐十四年（公元1416年）所建金殿，是一座仿木构式殿堂，构件用铜铸镏金后拼装而成（图10–43）。殿的通面阔5.8米，三开间，通进深4.2米，下檐斗拱七踩单翘重昂，上檐斗拱九踩重翘重昂，斗拱排列丛密，明间达到九攒，装饰化倾向十分明显。此殿虽小，规格却很高，工艺精致。殿的柱枋、斗拱、彩画、门窗、屋面瓦兽都认真模仿木构建筑式样，可视为明初官式建筑的范本之一。殿内供真武大帝披发跣足铜像，像前有玄武（龟蛇合一）、金童、玉女、水火二将铸像。殿后有父母殿。这组象征真武神居的山顶城堡，掩映于云雾缭绕之中，极具诱人的神秘色彩。

2. 山西芮城永乐宫

永乐宫，原名“大纯阳万寿宫”，位于运城市芮城县城北3公里处，永乐镇彩霞村西100米中条山麓。始建于元代，是为纪念八仙之一的吕洞宾而修建，距今已有600多年。相传吕洞宾在唐贞元十四年（公元789年）四月十四日生于永乐镇，宋末人们即在其故居修建吕公祠以祀之。金代全真道兴起后，奉吕洞宾为祖师之一，遂将吕公祠扩建为道观。元定宗二年（公元1247年）重修，陆续建成四殿，赐名“大纯阳万寿宫”。至正十八年（公元1358年）全部壁画才竣工，历时100多年，工程量可谓巨大。因建在永乐镇，故俗称永乐宫（图10–44）。

图10-44 山西芮城永乐宫三清殿

永乐宫中轴线上有主体建筑五座，以南、北为中轴线，依次排列，即宫门、龙虎殿（又称无极门）、三清殿（又称无极殿）、纯阳殿、重阳殿。宫殿规模宏伟，布局疏朗，殿阁巍峨，气势壮观，为国内现存最大的元代建筑群。各殿都有精美的壁画，总面积达960平方米，宫门至龙虎殿的大院两侧建有宽敞高大的碑廊，陈列着30块历代石碑，记叙永乐宫的修建经过和壁画的内容。四座殿堂都不设窗户，除大门之外都是墙壁，描绘道教壁画，气势宏伟，画艺精湛，总面积1000多平方米，规模之宏大，也是全国少见。其中龙虎殿和三清殿是大型人物画，纯阳殿和重阳殿为连环故事画。

山西芮城永乐宫主殿是三清殿，又称无极殿，是供“太清、玉清、上清元始天尊”的神堂。面阔七间（34米），进深四间（21米），单檐四阿顶。平面中减柱甚多，仅余中央三间中柱和后内柱。檐柱有生起和侧脚，檐口和正脊都呈曲线。殿前有月台二重，踏步两侧仍保持象眼（以砖、石砌作层层内凹式样）做法。殿身除前槽中央五间及后檐当心间开门外，都用实墙封闭。斗栱六铺作，为单抄双下昂（假昂），补间铺作除尽间施一朵外，余皆两朵。殿内四壁，满布壁画，面积达403.34平方米，画面上共有人物286个。这些人物，按对称仪仗形式排列，以南墙的青龙、白虎星君为前导，分别画出天帝、王母等28位主神。围绕主神，28宿、12宫辰等“天兵天将”在画面上徐徐展开。画面上的武将骁勇彪悍，力士威武豪放，玉女天姿端立。整个画面，气势不凡，场面浩大，人物衣饰富于变化而线条流畅精美。这人物繁杂的场面、神彩又都集中在近300个“天神”朝拜元始天尊的道教礼仪中，因此被称为“朝元图”（图10-45）。

图10-45　山西芮城永乐宫壁画局部

（四）伊斯兰教清真寺

1．新疆清真寺

新疆地区的自然环境、地理位置与内地和中原地区有相当大的差别，更加接近中亚地区。新疆的少数民族与中亚地区的民族在血缘上自古以来就有千丝万缕的联系，他们在生活习俗、服饰、文化背景等方面都有许多相同或相近之处。因此，这个地区的建筑，无论是住房还是其他公共建筑，在形制上都与中亚地区相近而与内地汉族地区的传统建筑有明显的差异。新疆地区的清真寺保留了更多的阿拉伯礼拜寺的形制，与当地民族建筑相结合，从而产生了这个地区清真寺的特殊风格。在总体布局上，清真寺不采取中轴对称的规模形式，而是运用了非对称的自由布局。一座清真寺都是以礼拜堂为中心，邦克楼与之可以连在一起，也可以独立，经堂、水房和其他办事及生活用房都布置在礼拜堂四周，没有一定之规，根据寺的大小及所处地盘、地势而定。建筑之间以绿地相连，有时还布置有小水池，使整座清真寺空间显得自由活泼。在建筑形象上普遍采用拱形的门、窗，圆拱形的屋顶和充满了装饰高耸的拜克楼。这种风格也同时比较普遍地表现在新疆的其他类型建筑上。一些没有礼拜寺的名人陵园，也同样采用圆拱顶、尖券门窗和高高的邦克楼。在普通住宅上也喜欢用券窗券门，在一些公共性建筑上也有邦克楼。在这里邦克楼不再有呼唤教徒做礼拜的作用，而成了表现民族风格的一种标志与象征。

喀什艾提卡尔礼拜寺（图10-46）是喀什地区最大的一座清真寺，建于清朝。位于喀什市中心艾提卡尔广场之西，前面是高大的门楼，开着尖券大门，门上安两扇铜制门扇。门楼两侧有不对称的壁龛，左右连着两座高耸的邦克楼。进入门楼为一广阔的庭院，院中绿树、水池相映，隔着庭院就是主体建筑礼拜堂（图10-47）。堂面阔140米，进深20米，分内外两层，圣龛位于内堂的西墙上。因为圣城麦加位于中国的西方，所以教徒都西向做礼拜。大堂由140根木柱组成，除中心的内堂四面有墙外，东向都不设墙而成为开敞性空间，可以供千人礼拜。庭院左右两边为成排房屋，供阿訇学习用，最多时可容400人生活和学习。礼拜寺为砖构筑造，外墙为土黄色，其中用蓝、绿色瓷砖作装饰，在蓝天衬托下，十分醒目，它坐落在广场中，成为喀什市的标志性建筑，也是南疆地区最著名的清真寺。

额敏塔与礼拜寺（图10–48）位于吐鲁番。额敏塔建于1778年，是吐鲁番郡王额敏和卓的长子苏来满为纪念其父而出资修建的。额敏和卓为吐鲁番世袭大阿訇，是当地的宗教与行政领袖，因平定准噶尔贵族叛乱，维护祖国统一有功，被清朝廷封为郡王，并世代相继。所以这座塔实为一座纪念塔，但塔旁建有一座清真寺与塔相连，因此额敏塔又成了寺中的邦克楼，寺塔相连，在当

图10-46 喀什艾提卡尔礼拜寺

图10-47 喀什艾提卡尔礼拜堂

图10-48 额敏塔与礼拜寺

地称为额敏大寺或苏公塔礼拜寺。寺外围呈长方形，东西长约53米，南北约43米。寺门为高起门楼，有尖顶拱形大门；与寺门相连的是直径约6米的圆拱顶门殿；寺西为拱形后殿，内设圣龛；两殿之间为中心大殿，内设木柱32根，上为平顶，大殿的南、北两侧则为连续的10个小拱顶；平顶与拱顶皆由天窗采光，可同时容纳千人礼拜。额敏塔位于寺之东南角，有甬道与寺门厅相连。

塔为圆筒状，底部直径14米，塔高36米，从下到上有明显的收分，至塔顶直径仅2.8米。塔内设梯可登上，各层分段开有14个小窗口，塔表面用砖砌拼出十余种不同的花纹，使单纯的塔体显得几分华丽。整座寺与塔都用当地的土砖筑造，单一的土黄颜色，但是在吐鲁番几乎终日蓝色晴天的衬托下，每当身着鲜艳民族服装的上千教徒齐声礼拜时，那场面也颇为壮观。

图10-49 阿巴和加麻扎

阿巴和加麻扎（图10–49）是喀什另一座著名建筑。麻扎是新疆地区伊斯兰教著名人士的墓地，一般规模都不小，里面还多设有清真寺，所以有的也称为麻扎寺。阿巴和加麻扎是阿巴和加家族的墓地，这个家族出了一位进入清朝皇宫被封为妃的香妃，死后也葬于此，所以也被称为香妃墓。整座麻扎包括一座主墓室、四座礼拜寺和一座教经堂。主墓室为全墓地的中心，它的外观由四角的四个塔楼与中央一座大圆拱顶组成，墙面为白墙上装饰着绿色琉璃的镶面。墓室与墓群位于陵园之东，占据了整座陵园的大部分。陵园之西半部分由四座礼拜寺和一所教经堂组成，其中以大礼拜寺规模最大。高大的前殿由一系列木柱支撑屋顶，殿前有庭院，四周有墙相围。在主墓室的西北与西南的绿顶礼拜寺和低礼拜寺上都有圆形拱顶，它们与主墓室的大穹窿顶棚相互呼应，成为一座规模相当大的宗教建筑群。

图10-50 西安化觉巷清真寺

2. 内地清真寺

（1）西安化觉巷清真寺（图10–50）。这是西北地区很重要的一座清真寺，建于明洪武二十五年（公元1392年），是西安市现存规模最大、保护最完整的明代建筑群，现存主要建筑仍是当时遗物。

全寺占地约1.25万平方米，外围呈长约250米、宽约50米的狭长形。门朝东向，寺内建筑沿东西中轴线整齐排列，组成前后五进院落。

西安化觉巷清真寺的庭院布置可谓中国清真寺的佼佼者。第一、二院内有牌坊及大门；第三院内的主体建筑是省心楼（又叫密那楼或邦克楼，阿訇在此楼上招呼教徒入寺礼拜），其形式为八角重檐攒尖顶的多层楼阁，平面八角形，高3层，两侧有厢房，作浴室、会客室、讲经室等；第四院内有正面朝东的礼拜殿，大殿七开间，宽33米，进深由前廊到后殿底共38米，这样深的大殿是由前后两个卷棚顶勾连在一起组成屋顶。平面作凸字形，面阔七间，前有大月台及前廊，圣龛即设在后殿的底墙上，教徒面对圣龛礼拜正好朝向西方的麦加圣城。礼拜殿的屋顶也分为前廊、礼拜堂和后窑殿（有神龛和宣谕台）三部，相互搭接。其中以礼拜堂屋顶为最大，并做成重檐形式。在其第四进南北厅院心中央，建凤凰亭一座。主亭六角形，两座边亭为三角形，沿袭中国传统木牌楼手法，三亭相连，犹如凤凰展翅，风格轻巧，极富庭园趣味，与那宏伟壮观的礼拜大殿及其月台的严肃宗教气氛，形成鲜明的对比，效果极佳。亭西有登月台的甬道，长约10米，两侧置石栏板，栏板外有海棠形鱼池，池深约2米；池底砌盆座，叠石成峰，高约4米，南峰叫“招云”，北峰叫“邀月”；甬道下有石拱涵洞，贯通鱼池。两峰顶端，泉石涓滴，水声淙淙。伊斯兰教礼拜寺所必需有的礼拜堂、邦克楼、水房、经堂等建筑，加上中国传统的牌坊、石碑等小品组成了这座规模很大的清真寺。

图10-51 北京牛街清真寺

（2）北京牛街清真寺。位于宣武区牛街伊斯兰教徒聚居区，初建于辽圣宗统和十四年（公元996年），经元朝扩建，明成化十年（公元1474年），明宪宗正式赐名为“礼拜寺”。寺内的礼拜堂与邦克楼位于中轴线上，寺内议事聚会的厅堂和水房、教经堂及其他生活用房均安置在两侧。寺的东南跨院内有两座当年西亚传教长老的坟墓，它们是中外伊斯兰教民千百年来友好往来的历史见证（图10–51）。

（五）佛塔

塔是佛教专门的建筑，实际上是埋葬佛骨舍利的纪念物，它作为佛的象征，供信徒们顶礼膜拜。

佛塔与中国传统的楼阁结合产生了楼阁式佛塔，楼阁顶上置放“窣堵波”形式的屋顶，称为刹顶。后来由楼阁式衍生出密檐式塔、单层塔；因佛教教派的不同和地区的特点又出现了喇嘛塔、金刚宝座塔和缅式塔以及小乘佛教的佛塔等。所有这些类别的塔又因地区、民族等因素创造出了不同风格、不同式样的塔形，再加上风水塔、纪念塔等，在中华大地上组成了塔的系列。

1．楼阁式塔

楼阁式塔是中国古塔中出现时间最早、体量最大、数量最多、分布最广的一种。这类古塔多用木、石、砖、铁、铜、琉璃等材料建造。楼阁式塔的主要特征是：同楼阁一样，楼阁式塔的层间距离较大，塔内的楼层数目一般与塔层相等；有的内设暗层，楼层数目多于塔层；每层均有门、窗、立柱、额枋和斗拱，内有楼梯、楼板，外有平座、栏杆；楼阁式塔有台基、基座，具有木结构或砖仿木结构的梁、枋、柱、斗拱等楼阁特点的构件。塔刹安放在塔顶，形制多样。有的楼阁式塔在第一层有外廊（也叫“副阶”），外廊加强了塔的稳定性，也使其更为壮观。除石刻和铜、铁楼阁式塔外，一般均可攀登远眺。

（1）山西应县佛宫寺释迦塔。

佛宫寺在山西省应县城内，原名宝宫寺，约于明代改为现名。释迦塔又称应州塔，建成于辽清宁二年（公元1056年），主体为木结构。自东汉末叶开始有建造木塔的记载以来，是国内现存唯一最古老、最完整的木塔。民间称为应县木塔（图10–52）。释迦塔同山西五台佛光寺大殿、河北蓟县独乐寺观音阁，是现存中国古代建筑中的三颗明珠。1961年定为全国重点文物保护单位。

塔位于寺南北中轴线上的山门与大殿之间，属于“前塔后殿”的布局。塔建在方形及八角形的两层砖台基上，塔身平面也是八角形，底径30米；高9层（外观5层，暗层4层），67.31米。

在结构方面，释迦塔用25.5厘米×17厘米木材（相当于宋《营造法式》中的二等材），第一层外檐用七铺作外跳出双抄双下昂（图10–53），采用中国古代特有的“殿堂结构金箱斗底槽”形式，暗层为结构加强层。据16世纪时的记载，释迦塔建成后的500余年中，已历经大风暴1次和大地震7次，仍完整无损。

释迦塔是一座平面正八边形、立面五层六檐的木结构楼阁式塔。立面外观处理上，最下一层周围有副阶，故为重檐。自第二至第五层檐上均建有平坐，以支承上层塔身。这些檐和平坐的内部实际上是一个暗层，所以从塔内看，有5层塔身和4个暗层，共9层。暗层内只有楼梯间。平坐悬挑出各层塔身外，成为观赏周围景色的眺望台。

图10-52　山西应县佛宫寺释迦塔

图10-53　山西应县佛宫寺释迦塔木结构

在构图方面，全塔造型构图有严格的比例。第三层总面阔（即八边形的边长）约883厘米，大致等于各层的层高，是立面构图的基本数据，全塔各部分是按数字比例设计的。

释迦塔在建筑结构、技术、艺术方面的成就，使得它成为研究中国古代建筑史的重要对象。中国古代建筑史关于铺作结构与井幹式结构的发展关系、殿堂结构形式与厅堂结构形式的区别、建筑各部分和构图的数字比例关系，以及立面整体构图规律等方面的研究和近20多年来所取得的进展，都是从释迦塔这一建筑的研究中取得的。此外，释迦塔底层南面正门的边框和塔内第三层木制佛坛，均为辽代小木作的稀有实例。

（2）江苏苏州虎丘云岩寺塔。

虎丘塔是建于宋代（961年）的平面八角砖塔，塔平面八角形，这是五代、宋、辽、金最流行的式样。塔体可分为外壁、回廊、塔心壁、塔心室数部，底层原有副阶周匝已毁灭（图10–54）。

塔高七层（最上层是明末重建），大部分用砖，仅外檐斗栱中的个别构件用木骨加固。塔身逐层向内收进，塔刹与砖平坐已不存，残高约47米（图10–55）。塔心壁亦八角形。四面开门正对外壁塔门。在我国仿木的楼阁式砖石塔中，用双层塔壁的以此塔为最早。各层内部走道已用砖拱券，使塔外壁与塔心壁联为一体，从而加强了塔身整体的坚固性。

塔内枋上用“七朱八白”（唐、宋时装饰之一），走道天花用菱角牙子、如意头，栱眼壁用套钱纹、写生花等，装饰内容颇为丰富。

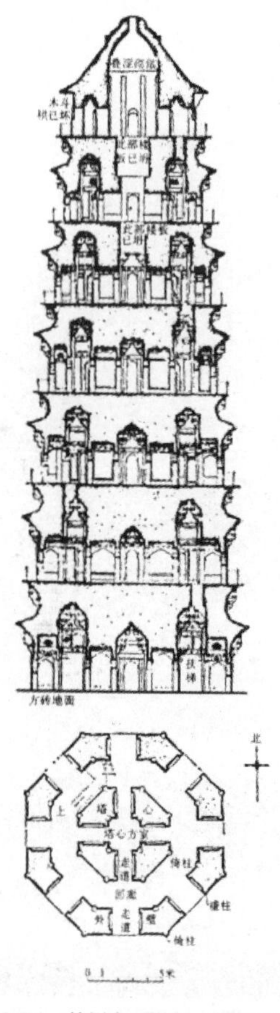
图10-54　苏州虎丘塔平、剖面图

图10-55　苏州虎丘塔

据记载，隋文帝曾在此建塔，但那是座木塔，现虎丘塔即在木塔原址上建筑的。由于从宋代到清末曾遭到多次火灾，因而塔的顶部和木檐都遭到了毁坏，原来的高度已无法知道。据有关专家调查，虎丘塔在明崇祯十一年（1638年）改建第七层时，发现明显倾斜。当时曾将此位置略向相反方向校正，以改变重心，纠正倾斜，也曾起过一定的作用。但近300多年来塔身倾斜还在继续发展中，可能是由于地基出现不均匀沉降的原因所引起的。现在看到的虎丘塔已是座斜塔，据初步测量，塔顶部中心点距塔中心垂直线已达2.34米，斜度为2.48度（已大于意大利比萨斜塔）。

（3）江苏苏州报恩寺塔。苏州报恩寺塔又称北寺塔（图10–56），在苏州市内北部，重建于南宋绍兴年间（公元1131～1162年），八角九层，砖身木檐，是南宋平江（即今苏州）城内重要一景，在《平江图》碑中已经刻出。

塔平面八角形，木外廊砖塔身（又分塔外壁、回廊、塔心壁、塔心室），就其承重结构而言，也是“双套式”式砖砌结构，与释迦塔不同。八角塔心内各层都有方形塔心室，木梯设在双层套筒之间的回廊中；各层有平座栏杆，底层有副阶（围绕塔身的一圈廊道），副阶柱间连接有墙，平面直径30米，与释迦塔相近，但副阶屋檐与第一层塔身的屋檐是一坡而下，没有重檐。

内檐斗栱五铺作出双抄，或以单抄托上昂。《营造法式》已对上昂述及。现存实物则见于此塔及江苏苏州玄妙观三清殿、报恩寺塔、浙江金华天宁寺大殿等处。柱头铺作用圆栌斗，补间用讹角斗，内转角用凹斗都是宋代做法。

（4）福建泉州开元寺双石塔。在开元寺大殿前，东塔名镇国塔（图10–57），高48.24米；西塔称仁寿塔，高44.06米。它们原来都是木构，创建于唐末五代之际，南宋淳祐间（公元1241～1252年）全部改为石建。目前，可以说东西塔已成为泉州的象征（图10–58）。

图10-56 苏州报恩寺塔

图10-57 开元寺双石塔东塔

图10-58 泉州开元寺双石塔

斗栱用五铺作双抄偷心造。补间铺作在一二层，每面二朵，以上各层一朵。各层均设平坐及勾阑。

1）“镇国塔”，咸通六年（公元865年）由倡建者文偁禅师建成五层木塔。前后经过几次毁坏与重修，易木为砖。至嘉熙二年（公元1238年）本洪法师才易砖为石，后由法权法师、天锡法师继造，前后经10年才完工。塔平面为八角形，高5层，下有石阶及勾阑的八边形台座。塔平面分回廊、外壁、塔内回廊和塔心八角柱四部分。正中的塔心柱直贯于各层，是全塔的支撑。各层塔心柱上的八个转角处均架有石梁，搭连于2米厚的塔壁和倚柱，顶柱的护斗出华拱层层托出，缩小石梁跨度。石梁与梁托如同斧凿，榫眼接合，使塔心与塔壁的应力连接相依形成一体，大大加强了塔身的牢固性。塔壁使用加工雕琢的花岗岩，以纵横交错的方法叠砌，计算精确，筑工缜密。稳固的基础，配置着符合力学原理的坚实塔心，使这座重达一万多吨的建筑物虽经历700多年风霜雨露仍巍然不动。

石塔不但坚固无比，而且造型精致。台为须弥座式样，刻有莲瓣、力神、佛教故事等。塔转角都置圆倚柱，柱间有阑额无普拍枋。一二层又出绰幕枋，但很短，仅为跨度的1／10左右。塔檐呈弯弧状向外伸展，檐角高翘，使塔身有凌空欲飞的态势，显得轻盈。每一层各设四个门和四个龛，逐层互换。这样既平均分散重力，又可使塔的外形更加生动和美观。每层塔檐角各系铜铎一枚，微风吹动之时，铃声叮咚，悦耳怡人。塔顶有八条大铁链，连接八个翘角与刹顶。每一层塔壁上还刻有16幅浮雕，分别刻有人天乘、声闻乘、缘觉乘、菩萨乘和佛乘，共计80幅栩栩如生的人物雕像。刀工细腻，线条流畅，巧夺天工。

2）仁寿塔，五代梁贞明三年（公元917年）王审知由福州泛海运木来泉州建此塔，初名“无量寿塔”。政和四年（公元1114年）奏请赐名“仁寿塔”，前后经毁坏与重修多次，易木为砖，至宋绍定元年至嘉熙元年（公元1228～1237年）由自证法师易砖为石，先于东塔10年建成。西塔略低于东塔，其规模与东塔几乎完全相同。

（5）开封铁塔。

铁塔位于开封市东北角开宝寺（现铁塔公园）。该塔系中国北宋时期著名建筑学家喻浩为供奉佛祖释迦牟尼佛舍利而建造的。据说，他经过八年的构思设计和建造，终于在端拱二年（公元989年）把这座塔建成。初建成的塔向北倾斜，有人问他缘由，他说京师地平无山，又多西北风，离此地不远又有大河流过，用不到一百年的时间，塔受风力作用和河水浸岸的影响，就自然会直过来，并预言此铁塔可存七百年不会倒塌。可惜这个木塔在宋仁宗庆历四年（1044年）夏天，便被雷火所焚，仅存五十多年。1049年宋仁宗重修开宝塔，这次重修换了地方，由福盛院改到了上方寺。为了防火，材料由木料改成了砖和琉璃面砖，因塔全部用褐色琉璃砖砌成，远看近似铁色，故人们又俗称铁塔（元代以后叫法）。它以精湛绝妙的建筑艺术和雄伟秀丽的修长身姿而驰名中外，被人们誉为“天下第一塔”（图10–59）。

图10-60　开封铁塔彩色琉璃砖图案

图10-59　开封铁塔外观

图10-61　开封铁塔局部结构

铁塔现高56.88米，为八角13层，是国内现存琉璃塔中最高大的一座，它完全用了中国木质结构的形式，塔身修长，高大雄伟，通体遍砌彩色琉璃砖，砖面蚀以栩栩如生的飞天、佛像、伎乐、花卉等，图案达50多种（图10–60）。令人惊奇的是塔为仿木砖质结构，但塔砖如同斧凿的木料一样，个个有榫有眼，有沟有槽，垒砌起来严密合缝（图10–61）。据统计，塔的外部采用经过精密设计的28种标准砖型加工合成。塔身设窗，一层北、二层南、三层西、四层东，以此类推为明窗，其他为盲窗。环挂在檐下的104个铃铎，每当风度云穿时，悠然而动，像是在合奏一首优美的乐曲。塔内有砖砌蹬道168级，绕塔心柱盘旋而上，游人可沿此道扶壁而上，直达塔顶。登上塔顶极目远望，可见大地如茵，黄河似带，游人至此，顿觉飘然如在天外。

铁塔建成近千年，历尽沧桑，据史料记载，曾遭地震38次，冰雹10次，风灾19次，水患6次，尤其是1938年日军曾用飞机、大炮进行轰炸，但铁塔仍巍然屹立，坚固异常。

2．密檐式塔

密檐式塔，就是把楼阁的底层尺寸加大升高，而将以上各层的高度缩小，塔檐与楼层不一一对应，使各层屋檐呈密叠状，因而称为“密檐式”砖塔。这类佛塔留存至今年代最早的为河南登封的嵩岳寺塔。密檐式塔和楼阁式塔相比具有的特征：密檐式塔的檐层数目多于塔内的楼层数目；塔身的第一层和塔下的须弥座，都比较高大，具有佛教内容的雕刻图案等都集中在这里；第二层以上的塔身比较矮小，塔檐紧密相连，一般不设门窗。有的虽有门窗，但仅作采光、通风之用；塔内一般为实心，不能登临眺望。

（1）河南登封嵩岳寺塔。在登封嵩山南麓，是我国现存最古老的密檐式砖塔（图10–62），建于北魏正光四年（公元523年）。塔顶重修于唐。

嵩岳寺塔坐落在河南省登封县城西北6公里太室山南麓的嵩岳寺内。嵩岳寺原名闲居寺，早先是北魏皇室的一座离宫，后改建为佛寺。此寺的建造年代在北魏永平元年至正光元年（公元508～520年）之间，最少也有1450多年的历史。

嵩岳寺塔平面为十二边形，也是全国古塔中的一个孤例。砖塔由基台、塔身、密檐和塔刹几部分构成，高约40米。

基台随塔身砌作十二边形，台高85厘米，宽160厘米。塔前砌长方形月台，塔后砌南道，与基台同高。

基台以上为塔身，塔身中部砌一周腰檐，把它分为上下两段，塔身外轮廓有缓和收分，呈一略凸之曲线。下段为素壁，各边长为281厘米，四向有门。上部为全塔装饰最好，也是最重要的部位。东、西、南、北四面与腰檐以下通为券门，门额做双伏双券尖拱形，拱尖饰三个莲瓣，券角饰有对称的外券旋纹；拱尖左右的壁面上各嵌入石铭一方。十二转角处，各砌出半隐半露的倚柱，外露部分呈六角形。柱头饰火焰宝珠与覆莲，柱下砌出平台及覆盆式柱础。除壁门的四面外，其余八面倚柱之间各造佛龛一个，呈单层方塔状，略突出于塔壁之外。龛身正面上部嵌石一块。龛有券门，龛室内平面呈长方形。龛内外有彩画痕迹。龛下部有基座，正面两个并列的壶门内各雕一尊狮，全塔共雕16尊狮子，有立有卧，正侧各异，造型雄健。

图10-62　河南登封嵩岳寺塔

塔身之上，是15层叠涩檐，两檐间相距很近。檐间砌矮壁，其上砌出拱形门与棂窗，除几个小门是真的外，绝大多数是雕饰的假门和假窗。

密檐之上即为塔刹，自上向下由宝珠、七重相轮、宝装莲花式覆钵等组成，高约3.5米。全塔外部，原来都敷以白灰皮。塔室内空，由四面券门可至。塔室上层以叠涩内檐分为10层，最下一层内壁仍作十二边形，二层以上，则改为八角形。密檐间距离逐层往上缩短，与外轮廓的收分配合良好，使庞大塔身显得稳重而秀丽。檐下的小窗，既打破了塔身的单调，又产生了对比作用，也是较好的处理手法。

（2）陕西西安荐福寺小雁塔。唐中宗复位的景龙年间（公元707～709年）于荐福寺所在的开化坊之南的安仁坊浮图院中修造了15层的佛塔，即为小雁塔。小雁塔全称荐福寺小雁塔，其高43.3米，底边长11.38米，下未见基座，直接建在砖砌高台上，高与底边的比例是100：26，皆比大雁塔小，故称此塔为小雁塔。

小雁塔的特点是塔形玲珑秀丽，属于密檐式砖结构建筑，塔壁不设柱额，每层砖砌出檐，檐部迭涩砖，间以菱角牙子。塔身宽度自下而上逐渐递减，愈上愈促，全部轮廓呈现出娇媚舒畅的锥形形状，造型优美，比例均匀，原为15级，约45米高，现存13级，约43.3米高。该塔平面为正方形，各层南北两面均开有半圆形拱门，塔内设有木梯，游人由此登上塔顶便可以饱览西安市内风光（图10–63）。

底层壁面简洁，未置倚柱、阑额、斗栱等，仅南、北各开一门，塔室为正方形，以上各层壁面俱设拱门。密檐均以砖叠涩挑出，上再置低矮平座，这种做法与一般密檐塔不同。

其中小雁塔还有一段神奇的传说：1487年地震，该塔从上到下震裂，裂口有一尺宽。而在1521年的一次大地震中，这裂口又震合了。小雁塔历时千余年，经过70余次大小地震，最上两层被震毁，使原有15层的密檐如今只剩下13层了，但仍巍然屹立，这不能不令人叹服我国古代能工巧匠建筑技艺的高超。

3. 单层塔

单层塔又称亭阁式塔，是印度的覆钵式塔与中国古代传统的亭阁建筑相结合的一种古塔形式，也具有悠久的历史。塔身的外表就像一座亭子，都是单层的，有的在顶上还加建一个小阁。在塔身的内部一般设立佛龛，安置佛像。由于这种塔结构简单、费用不大、易于修造，曾经被许多高僧们所采用作为墓塔。

（1）山东历城神通寺四门塔。该塔在历城柳埠，全由石建。它是我国早期单层石塔的代表作，建于隋大业七年（公元611年），是国家首批重点文物保护单位。

塔平面正方形，每面宽7.38米（图10–64），中央各开一圆拱门。塔室中有方形塔心柱，柱四面皆刻佛像，塔檐挑出叠涩5层，然后上收成四角攒尖顶，最上置山花蕉叶托相轮，全高约13米，通身全部用当地青石砌筑而成。塔内现存4尊东魏武定二年（公元544年）的圆雕佛像，造型简洁，刻工精湛，神情端庄自然，是我国现存的佛教雕刻艺术珍品。整座塔除塔刹部分略有装饰外，塔体其他部分无明显的装饰，整体造型浑厚、古朴、简洁。

（2）河南登封会善寺净藏禅师塔。河南登封会善寺净藏禅师塔，在登封西北10公里处的会善寺山门以西，建于唐天宝五年（公元746年），全由砖砌，是最早的也是唐塔中极少见的八角形平面的亭式塔（图10–65）。

净藏塔高约9.5米，下有高大基台和不高的须弥基座，塔身八角各砌角柱一，柱下连以横木，上连阑额，柱头上砌作一斗三升斗拱，阑额上有人字拱。塔正面辟圆券门，背面嵌铭石，两侧面有假门，四斜面浮雕直棂窗，都忠实地模仿了木结构。塔顶原状损毁较重，可以看出在砖砌的下檐上又有一层缩小了的重檐和比例很大的塔刹。

图10-63　陕西西安荐福寺小雁塔

图10-64　山东历城神通寺四门塔

图10-65　河南登封会善寺净藏禅师塔

塔壁南向辟圆拱门，北面嵌铭石一块，东、西面各置假门，其余四面均隐出直棂假窗。塔下有低矮须弥座，塔身转角用五边形倚柱，柱下无柱础，柱头有阑额无曹拍枋。柱头铺作为一斗三升，补间铺作用人字栱，并上承托涩出檐。塔顶残缺较多，但还可看出曾施有须弥座、山花蕉叶、仰莲、覆钵等。

唐塔大多为方形平面，八角的很少。此塔是国内已知最早的八角形塔，所以很珍贵。

4. 喇嘛塔

在藏传佛教地区盛行一种塔。塔的造型下部是须弥座，座上是平面为圆形的塔身，再上是多层相轮，最上为塔顶。这种塔直接来源于印度，大概没有受到汉地楼阁的影响，还比较多地保留有早期“窣堵波”的形式。这种喇嘛塔因元朝统治者重信喇嘛教而开始传入内地，北京妙应寺白塔就是这一时期的产物。

（1）北京妙应寺白塔。位于西城阜成门内，因塔身通体皆白又称白塔，由尼泊尔人阿尼哥设计建造。始建于至元九年（公元1272年），原是元大都圣寿万安寺中的佛塔。该寺规制宏丽，于至元二十五年（公元1288年）竣工。寺内佛像、窗、壁都以黄金装饰，元世祖忽必烈及太子真金的遗像也在寺内神御殿供奉祭祀。至正二十八年（公元1368年）寺毁于火，而白塔得以保存。明代重建庙宇，改称妙应寺。

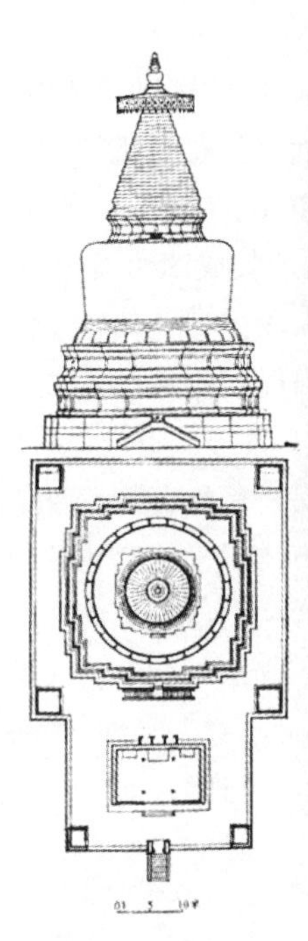

图10-66 北京妙应寺白塔平、立面图

图10-67 北京妙应寺白塔

妙应寺白塔用砖砌成，外抹白灰，总高约51米，砖石结构，白色躯体，塔基是用大城砖垒起，呈T形的高台，高出地面2米，面积为1422平方米。在塔基的中心，筑成多折角方形塔座，面积为810平方米，叠高9米，共3层，下层为护墙，二、三层为须弥座，每层四面各左右对称内收两个折角，因此拥叠出许多角石和立面。须弥座束腰部分，每块立面都被两边角柱及上下枭枋所衬托，整个塔座造型优美，富于层叠变化（图10–66）。

座上的塔身是硕大的白垩色的覆钵体，形状如同葫芦，上半部为圆锥形的长脖子，有13节，称“十三天”，象征佛教十三重天界，顶上花纹铜盘的周围悬挂36个小铜钟。风吹铃铛铎，声音清脆悦耳。铜盘上竖八层铜质塔刹，高五米，重四吨，分为刹座、相轮、宝盖和刹顶几个部分。

妙应寺白塔和北海白塔遥相对峙，比北海白塔高约15米，是北京最大的白塔，也是现存最大的一座喇嘛塔。其规制之巧，建筑技术之奇，古所罕见（图10–67）。

（2）西藏江孜自居寺菩提塔。该塔建于藏历阳铁马年（明洪武二十三年，公元1390年）。因塔内供奉大量佛像，故又被称为“十万佛塔”。塔之形制甚为宏巨，底层占地面积约2200平方米，全高32.5米。外观由塔座、塔身、宝匣、相轮、宝盖、宗瓶等组成。塔基平面呈四隅折角之“亚”字形，其南北长度略大于东西宽度。依高度自下而上逐层收进，共4层（图10-68）。各层檐部均采用藏式平顶做法。塔身圆柱形，直径约20米，四面各辟佛殿一间，殿顶坡度甚平缓。殿门为雕饰繁密之“焰光门”式样，上施汉式斗栱承浅短出檐。宝匣平面亦“亚”字形，四面中央各辟一龛，龛门方形，上绘带白毫之佛眉眼，再上亦为由斗栱承托之短出檐。相轮十三重，下承莲瓣一周。顶置镀金之铜质宝盖及宝瓶。

图10-68　西藏江孜自居寺菩提塔外观

在色彩方面，全塔以白色为基调，唯相轮及以上为金色，对比十分鲜明突出。另辅以木构件之多种彩画及“焰光门”之繁密雕刻，外观甚为雄伟端丽，成功且综合地反映了西藏与内地，以及来自印度、尼泊尔的建筑造型与装饰艺术的手法。

5. 金刚宝座塔

这也是来源于印度的一种佛塔形式，印度佛陀伽耶因释迦牟尼在此得道成佛而建造了一座纪念塔，其形式是塔下面有一巨大宝座，座上建有五座小塔，供奉佛教密宗金刚界五部主佛舍利，所以称为金刚宝座塔。

北京大正觉寺塔是目前发现最早的一座金刚宝座塔，建于明成化九年（公元1473年）。塔的宝座高7.7米，南北长18.6米，东西宽15.7米，四周外壁上下分为六层，下为须弥座。其上五层均为成排的佛龛，上有挑出短檐，宝座砖筑，外表包以石材。宝座之上立五座石造密檐式塔，中央塔高13层，约8米，四角小塔略低，高11层，约7米，塔的表面满是佛教内容的石雕（图10-69）。这种塔的形式虽由印度传入，但其上的小塔形式和细部装饰如须弥座、出檐等却采用的是中国式样。

在内蒙古呼和浩特市也有一座慈灯寺金刚宝座舍利塔，建于清雍正五年（公元1727年）。在高耸的宝座上面立着五座四方形楼阁式塔，在宝座与塔的四壁上密布雕刻，宝座与塔均为砖筑造。在各层短檐与屋顶上均用黄、绿二色琉璃瓦装饰，带有当地的民族风格（图10-70）。

图10-69　北京大正觉寺金刚宝座塔

图10-70　慈灯寺金刚宝座舍利塔

6．缅式塔

云南傣族聚居区信奉的是小乘佛教，这个地区的佛寺与佛殿形式和汉地与藏传佛教地区的佛寺建筑都不相同。它们采取的是缅甸、泰国的佛寺与当地傣族建筑相结合的形式。在这些佛寺中几乎都有佛塔，佛塔的形式来自缅甸佛塔，因而称为缅式塔。其中最著名的是云南景洪曼飞龙塔（图10–71），此塔建于1204年，位于景洪县大勐笼之曼飞龙后山上，为我国云南傣族南传小乘佛教极具代表性之佛塔。

在八角形的须弥座上立有一座主塔和八座小塔，塔身均为圆形，上下分作若干段，粗细相间，很像细长的葫芦，顶上有尖锥状的塔刹，塔身皆白色。塔刹贴金，刹尖有几层铜制的镂空宝盖。由大、小佛塔九座组成，其总体平面之排列呈八瓣莲花形。

座上每边中部建一具两坡顶佛龛，供祭奉。各塔均另有塔座，座上建钟形覆钵，再上置莲瓣、相轮及宝瓶等，组成塔刹。其比例细长，形状高耸，与内地佛塔形制迥异。形体高大之主塔位于中央，高16.29米。其余诸小塔则分置于八隅，各高约9米的八座小塔围簇着中央的主塔，总体造型挺拔而秀丽。当地傣语称此塔为“塔诺”，意思是雨后出土的春笋，比喻形象，十分妥帖。其他有名的还有景洪橄榄坝的曼苏满佛寺塔和曼听佛寺塔，它们有的是群塔，有的是单座塔，但造型不与曼飞龙塔近似，都与缅甸、泰国的佛塔有相似的风格。

在建筑色彩方面，最下之塔基呈灰色；中部之须弥座及佛龛以红、金二色为主；塔身皆刷涂白色，而塔刹则施金色。至于建筑各部之装饰，如莲瓣、檐饰、脊饰等，均采用当地具有浓厚民族传统之形式。

7．花塔及其他

河北正定有一座建于宋金时代的广惠寺花塔，塔平面八角形，塔身三层。塔身上为圆形的塔刹部分，这一部分不仅高，在它的外表四周还布满了由砖雕塑成的小佛塔、仙人、狮、象、莲座等，远观如盛开的花朵，因而称之为“花塔”。这种花塔在河北涞水和北京通县也有发现（图10–72）。

图10-71　云南景洪曼飞龙塔外观

图10-72　广惠寺花塔外观

图10-73　百八塔外观

图10-74　河北料敌塔

在宁夏、西藏等少数民族地区还发现有个别不同于一般的奇异形式的佛塔。宁夏青铜峡的山坡上有一座规模很大的喇嘛塔群，它由108座小型喇嘛塔组成，所以称为百八塔，由最顶上的一座，按1，3，5……直排至最下层的19座，形成一等边三角形（图10–73）。小塔的大小越往上越大，这样可以避免透视上的误差，一眼望去，108座喇嘛塔视觉上保持一样大小。至于为何采用108座塔，可能与佛教密宗教义有关。西藏江孜有一座白居寺菩提塔，建于1414年，塔形甚大，基座为曲折形，做成五层阶梯状，塔身为圆柱形，直径达20米，塔顶13层相轮粗壮敦实，顶上有金属制作的宝盖与塔刹，在基座与塔身内都设有佛殿、经堂等共77间，这是一座将佛殿组合为塔形的特殊的佛塔。

8．佛塔的延伸

塔作为一种建筑类型，逐渐超越佛教的局限，其作用与价值大大延伸。演变归纳起来包括登高远眺、军事瞭望、航海灯标、装点江山、指示津梁、标明大道、美化园林等类型。再加上风水塔、纪念塔等，在中华大地上组成了塔的系列。

（1）河北料敌塔。料敌塔为我国现存最高的古塔，位于河北定县南门内东侧。料敌塔建于北宋咸平四年（1001年）。定州为辽、宋双方接近的军事要地，宋王朝为了防御契丹，利用此塔瞭望敌情，故名“料敌塔”（或“瞭敌塔”）。平面为八角形，砖制，共11层，塔高84.2米。每层塔檐，都用叠涩砖外挑，形成内凹曲线，似振翼欲飞；塔身外壁开设门窗，含虚、玲珑，把佛塔装扮得丰满秀丽。塔顶雕饰忍冬草覆钵，上为铁制承露盘及青铜塔刹，同塔身相配，协调连贯。五台塔壁和塔心之间有走廊环绕，并与四面四门相通，便于四方瞭望。塔内有精细的雕刻花纹和生动的彩画，塔外除檐口、平座、门窗以外全涂为白色，内外对比色差强烈。寺塔建成后，逢节开放，形成定俗。历来游人甚多，登高远望，已成为当地一种引以为豪的活动（图10–74）。

（2）杭州六和塔。六和塔位于钱塘江北岸月轮峰上。此地原为五代吴越国王的南果园。北宋开宝三年（970年），钱弘俶舍园造塔，并建塔院，建塔的目的是为了镇压江潮。时钱塘江上“舟楫辐辏，望之不见其首尾”。

图10-75 杭州六和塔

图10-76 浙江建德新叶村博云塔

六和塔塔身九层，高五十余丈，撑空突起，跨陆俯川。塔顶层装置明灯，为夜航船只指南。现存砖建塔身，外现十三层木檐，重建于清光绪二十六年（1900年），内有六层封闭，七层与塔身内部相通。六和塔自外及里，可分外墙、回廊、内墙和小室四个部分，形成内外两环。内环为塔心室，外环为厚壁，中间夹以回廊，楼梯置于回廊之间。

六和塔所有壶门均线条流畅，是南宋时期典型做法。塔身第七层和塔刹为元代重修。六和塔中须弥座上砖雕约二百处。题材丰富，造型生动。有斗艳争妍的石榴、荷花、宝相；有展翅飞翔的凤凰、孔雀、鹦鹉；有舞腾跳跃的狮子、麒麟、狻猊；还有昂首起舞的飞仙、嫔伽等。这些砖雕，与宋《营造法式》所载如出一辙，是我国建筑史上珍贵的实物资料（图10–75）。

（3）浙江建德新叶村博云塔。该塔为风水塔，六角形，高7层约30余米。据风水学典籍《相宅经纂》中说：“凡都、省、州、县、乡村，文人不利，不发科甲者，可于甲、巽、丙、丁四字方位择其吉地，立一文笔尖峰，只要高过别山，即发科甲，或于山上立文笔，或于甲地建高塔，皆为文笔峰。”新叶村祖先自认为文运不佳，于是选择在村的东南巽位洼地上专门修造了这样一座博云塔，又称“文峰塔”，以求上天保佑，使村中叶氏家族多中科举进入仕途。尽管这种塔在实际的社会生活中并不起作用，但它们都大大美化了环境，往往成为一个村落的重要景观（图10–76）。

（六）经幢

经幢是在八角形石柱上铭刻经文（陀罗尼经），用以宣扬佛法的纪念性建筑。始见于唐至宋，辽时颇为发展，元以后又少见。一般由基座、幢身、幢顶三部分组成。经幢指刻有经文之多角形石柱，又名石幢。有二层、三层、四层、六层之分。形式有四角形、六角形或八角形。其中，以八角形为最多。幢身立于三层基坛之上，隔以莲华座、天盖等，下层柱身刻经文，上层柱身镌题额或愿文。基坛及天盖，各有天人、狮子、罗汉等雕刻。

唐代经幢形体较粗壮，装饰也较简单。以乾符四年（公元877年）所建山西五台佛光寺经幢为例，其全高4.90米，幢身直径约0.60米，下有须弥座（由宝装覆莲一层、刻壶门及佛像的束腰和仰莲组成），承以刻陀罗尼经文的八角形幢身，上覆饰有璎珞的宝盖，再置八角短柱、屋盖、山花蕉叶、仰莲及宝珠（图10–77）。

宋代经幢高度增加，比例较瘦长，幢身分为若干段，装饰也更加华丽。以北宋景祐五年（公元1038年）所建河北赵县陀罗尼经幢为例，其全高15米，幢身亦为八角形，但由下往上面积递减（图10–78）。该幢基座分为三层：底层是边长约6米的方形低平须弥座，由莲瓣、束腰及叠涩两道组成，其束腰以束莲柱将每面划分为三间，中刻火焰式拱门、佛像、力神及妇女掩门等雕饰；第二层八角形基座是上、下各用三层叠涩的须弥座，束腰用间柱和坐在莲瓣上的歌舞伎乐；第三层八角形基座用宝装莲瓣与束腰作成回廊建筑的形式，回廊每面三间，有柱础、收分柱和斗栱，当心间前并刻有踏步，其他各间分刻佛陀本生故事。幢身也分为三段：下段包括宝山、刻有经文的八角幢柱和施璎珞垂帐的宝盖；中段包括有狮象首和仰莲的须弥座、八角幢柱和垂缨宝盖；上段由两层仰莲、八角幢柱、有显著收分的城阙（刻释迦游四门故事）组成。宝顶段有带屋顶的佛龛、蟠龙、八角短柱、仰莲、覆钵和宝珠等。幢各部分比例很匀称，细部雕刻也很精美，在造型和雕刻上都达到很高水平，是国内罕见的石刻佳品。

图10-77　山西五台佛光寺经幢

图10-78　河北赵县陀罗尼经幢

第十一章 学官与书院建筑艺术

一、学宫与书院历史沿革

稷下学宫是战国时期齐国的高等学府，因设于都城临淄稷门附近而得名。当时的儒、法、墨、道、阴阳等各学派都汇集于此，他们兴学论战、评论时政和传授生徒，是战国时期“百家争鸣”的重要园地。它基本与田齐政权相始终，随着秦灭齐而消亡，历时大约150年左右。稷下学宫是一个官办之下有私学、私学之上有官学的官私合营的高层次的培育人才的基地。我们今天无法详尽确切地知道稷下学宫的建筑规模以及其内部基本设施，其地面建筑早已荡然无存，连稷门的具体地理位置也众说纷纭。但稷下学宫完全可以说是世界历史上真正的第一所大学，第一所学术思想自由、学科林立的高等学府。建筑理论领域包含城市规划“因势论”的《管子》既成书于稷下。稷下学宫不仅在战国时期闻名于世，而且一直影响着中国古代文化和教育的发展，成为后世文化、教育发展的重要养料和根基，对后期书院的产生与发展起着决定的作用。

汉代罢黜百家，独尊儒术，教育主要以经学为主，仅设太学（国子监）。唯鸿都门学研究文学艺术，且它招收平民子弟入学，突破贵族、地主阶级对学校的垄断，使平民得到施展才能的机会。鸿都门学的出现，为后来特别是唐代的科举和设立各种专科学校开辟了道路。

唐末至五代期间，战乱频繁，官学衰败，许多读书人避居山林，遂模仿佛教禅林讲经制度创立书院，形成了中国封建社会特有的教育组织形式。书院是实施藏书、教学与研究三结合的高等教育机构。书院制度萌芽于唐，完备于宋，废止于清，前后千余年的历史，对中国封建社会教育与文化的发展产生了重要的影响。

北宋初年，私人讲学的书院大量产生，陆续出现白鹿洞、岳麓、睢阳（应天府）、嵩阳、石鼓、茅山、象山等书院。其中白鹿洞、岳麓、睢阳（应天府）、嵩阳书院并称为中国古代四大书院。到仁宗末年，北宋前期较有影响的书院全部消失。熙宁四年（公元1071年）朝廷直接向州学派出教授，以削弱书院和县学。熙宁七年将有教授的州中书院并入州学。南宋初期，张栻、朱熹、吕祖谦、陆九渊等学者开始修复书院，并成为学派活动的基地及讲学的场所。理宗（公元1224～1264年）即位后，将理学定为正统学说，书院教育成为朱熹等理学大师的遗产被官府继承。景定元年（公元1260年）起，正式通过科举考试或从太学毕业的官员才能成为每个州的书院山长，朝廷借此控制书院。

元朝至元二十八年（公元1291年）元世祖首次下令广设书院，民间有自愿出钱出粮赞助建学的，也立为书院。后多次颁布法令保护书院和庙学，并将书院等视为官学，书院山长也定为学官，这是书院官学化的开始。元代将书院和理学推广到北方地区，缩短了南北文化的差距，并创建书院296所，加上修复唐宋旧院，总数达到408所。但受官方控制甚严，无书院争鸣辩论的讲学特色。

明初时，宋元留存的书院，多被改建为地方学校和社学。成化、弘治以后书院逐渐兴复。嘉靖十六年（公元1537年）明世宗以书院倡邪学，下令毁天下私创书院。嘉靖十七年以书院耗费财物、影响官学教育为由再次禁毁书院。到嘉靖末年，内阁首辅徐阶提倡书院讲学，书院得以恢复。万历七年（公元1579年）张居正掌权，在统一思想的名义下下令禁毁全国书院。其去世后，书院又开始盛行。天启五年（公元1625年）魏忠贤下令拆毁天下书院，造成了“东林书院事件”。崇祯帝即位后书院陆续恢复，期间书院总数达到2000所左右，其中新创建的有1699所，出现了陈献章、王守仁等学派。明朝的书院分为两类：一种是重授课、考试的考课式书院，同于官学；另一种是教学与研究相结合，各学派在此互相讲会、问难、论辩的讲会式书院。后者多为统治者所禁毁。

清初统治者抑制书院发展，使之官学化。顺治九年（公元1652年）明令禁止私创书院。雍正十一年（公元1733年）各省城设置书院，后各府、州、县相继创建书院。乾隆年间，官立书院剧增，绝大多数书院成为以考课为中心的科举预备学校。至光绪二十七年（公元1901年）则令书院改为学堂，书院就此结束。清代书院分为三类：其一为中式义理与经世之学；其二以考科举为主，主要学习八股文制艺；其三以朴学精神倡导学术研究。

二、书院发展规律

1. 由私立到官办

书院分官私两类。私人书院最初为私人读书的书房，唐贞观九年（公元635年）设在遂宁县的张九宗书院，为较早的私人书院。官立书院初为官方修书、校书或偶尔为皇帝讲经的场所。唐玄宗开元六年（公元718年）将乾元院改名为丽正修书院，十三年又改为集贤殿书院。北宋初年，私人讲学的书院大量产生，书院大多是自筹经费建造校舍。元代将书院视为官学，书院山长也定为学官，这是书院官学化的开始。明代的书院官办私立并存，私立受到禁毁。清代官学化达到了极点，大部分书院与官学无异。

2. 数量由少到多

唐代初创，数量较少，北宋有72处，南宋有415处，元代有408所，明代有1200多所，清代有2000多所，数量越来越多。

纵观书院的发展史，两宋期间，江西有170所，浙江有86所，福建有60所，湖南有52所，从其数量上看，长江流域的书院大大多于黄河流域，以宋代六大著名书院为例，除嵩阳书院和应天府书院属河南境内外，其余白鹿洞书院、岳麓书院、茅山书院、石鼓书院全在长江岸边的江西、湖南、浙江境内。

3. 由自由布局到程式化

书院基本规制以讲学、藏书和供祀三个部分组成。

小型的书院只有二进或三进。在中轴线上，二进式的书院，第一进为仪门，第二进为讲堂，讲堂后附设祭堂；三进式的书院，第一进为门厅，第二进多为三到五开间的讲堂，第三进为先贤祠堂、文昌阁或魁星楼、藏书楼等。其余的生活附属性建筑如斋舍、客馆等则分列于中轴线的两侧。大规模的书院则有多达四进、五进的，其布局方式相似。在书院的主体建筑安排上，先贤祠堂（特别是供祀至圣先师孔子的先师堂）等祭祀类建筑一般都安排在大堂和讲堂之后，这样一方面突出了书院以讲学为中心的教育功能，另一方面，沿着中轴线的渐次推进，越往后的建筑地位越尊贵，体现了中国传统的尊师重道的文化精神。有条件的书院把生活实用性建筑与祭祀礼制性建筑分开，采取前庙后学式，或左庙右学式，有些书院则因受到山形地势的限制，无法严守规制。但总的来说，不管书院采用哪种布局方式，其主体建筑仍然会尽量依循着一条中轴线贯穿，使得整个书院建筑群重点突出、主次分明、空间序列流畅，严谨而庄重。

三、书院建筑艺术特征

书院建筑在环境的选择与建设、布局方法、建筑形制、装饰格调等方面有独特的艺术特色和辉煌成就。书院有清凉之人文美景，有幽静之自然环境，有古典之园林建筑，有浓厚之文化氛围。修心养性、感悟人生。唐末五代，由于战争的影响，官学衰废，士子苦无就学之所，于是选择景色优美、清雅静谧的山林名胜之地，作为群居讲学之所，出现了具有学校性质的书院。

（一）注重环境的选择

历代各地书院，无论地处城镇郊外，还是乡野山村，大都选择山清水秀、风景绮丽的地方营建。宋代的“天下四大书院”——白鹿洞书院、岳麓书院、嵩阳书院、睢阳书院，其中前三所都选址在著名的风景区。而且，书院之冠名也多取山水之意。宋代书院兴盛时期，书院的主持人称为“山长”，直到清代始称“院长”。也有一些书院（如睢阳书院）位于城郊平原地带甚至闹市中，缺乏地理位置的优势，既无列嶂群峰，亦无泉涧溪湖，难得自然山水之利。于是便叠石置山，引水开池，造出许多精致小巧的山景水景来，更显匠心独运。

（二）既具学府之精髓，亦有传统民居特色

书院继承了古代私学的传统和特色，同时也汲取佛教寺庙讲经说法和官办学校的一些长处。书院作为由儒家士大夫创办并主持的文化教育机构，成为儒家文化的标志和人文精神的象征。儒家士人把书院看成独立研究学问的安身立命之所。书院从萌芽之日起，就和士人“独善其身”的生活道路联系在一起。

书院建筑多为一组较为庞大严谨规整的建筑群，但由于重视地形的利用，多依山而建，前低后高，层层叠进，错落有致；加以庭院绿化，林木遮掩，以及亭阁点缀，山墙起伏，飞檐翘角，构成生动景象，与自然景色取得有机结合，因而收到“骨色相和，神采互发”之效。书院建筑虽较封闭，而环境的开拓则十分开敞，两者相互映发，构成有机联系，反映了书院教育的特点，成为沟通天人关系的一种显现。

（三）朴实美

古代文人都有反对土木之奢，提倡俭朴之风，强调社会实用功能的美学思想。因而，书院不同于官学建筑强调表现那种所谓“贤关”、“圣域”、“官员下马”的神圣气氛，而更多吸取了民间地方建筑特点，更为朴实庄重，典雅大方。一般以砖木结构为主，构架以穿斗与抬梁结合，

硬山搁檩，砌上明造，简洁清新，突出封火山墙，起伏连续，形成具有节奏变化的轮廓线；一般单层为主，晚期亦多两层，密集组合，突出个别歇山楼阁，形成紧凑的整体造型；装修装饰较少雕饰彩绘，点缀素雅，比较讲求表现材质、色调和体量、虚实的对比效果，显示其朴实自然之美，突出反映了文人的建筑观点。

书院建筑的朴实美，还反映在忠实于材料结构的表现，而不追求雕饰之华。书院外部显露其清水山墙，灰白相间，虚实对比，格外清新明快；内部显露其清水构架，装修简洁，更显素雅大方。远观其势，近取其质。既无官式画栋雕梁之华，也少民间堆塑造作之俗，给人自然淡雅的感受。

（四）注重庭院绿化及建筑小品

庭院花木的经营是院环境营造的重点部分。士大夫因“君子比德”而寄情山水，同样，花草树木也被赋予深刻寓意，在书院的庭院造景中被精心运用。梅花、兰草、修竹和秋菊素有“雪中四友”之称，均以其清新脱俗的品格深得文人喜爱，成为装点书院庭院的主要花木品种。

书院通过建筑小品的巧妙运用，处处体现儒家礼宜乐和、经世致用、治国安邦的理想。历代书院大都保存了许多有关书院历史和教规、堂训等的碑记，还往往使用大量的书画文联做装饰。书院精于环境装饰，处处体现对学子的教化垂范，既暗示其严于律己、洁身自好，又激励其为民请命、报效国家，修身与济世的两大主题得到了充分体现。

四、书院建筑艺术鉴赏

（一）白鹿洞书院

位于江西九江庐山五老峰（图11–1）南麓的后屏山之阳，江西省星子县内。书院傍山而建，一簇楼阁庭园尽在参天古木的掩映之中。南唐升元四年（公元940年），政权在李渤隐居的地方建立学馆，称“庐山国学”，又称“白鹿国学”。北宋初年，江州的乡贤明起等，在白鹿洞办起了书院，“白鹿洞书院”（图11–2）之名从此开始，但不久即废。直到著名理学家朱熹重修书院之后，白鹿洞书院才扬名国内。元代末年，白鹿洞书院被毁于战火。明代最早的一次维修为正统元年（公元1436年），以后还有成化、弘治、嘉靖、万历年间的维修。进入清代，白鹿洞书院仍有

图11-1　庐山五老峰

图11-2　白鹿洞书院

多次维修，办学不断。光绪二十四年（公元1898年）清帝下令变法，改书院为学堂。白鹿洞书院于光绪二十九年停办，洞田归南康府（今星子）中学堂管理。宣统二年（公元1910年），白鹿洞书院改为江西高等林业学堂。国民党时期，蒋介石准备要南昌中正大学接管白鹿洞书院，但未实现。新中国成立后，政府采取一系列措施对白鹿洞书院进行保护和维修。1959年将其列为江西省文物保护单位；1979年成立庐山白鹿洞文物管理所；1988年公布为全国重点文物保护单位和国家二级自然保护区，同年设置作为学术研究机构的白鹿洞书院建置；1990年成立庐山白鹿洞书院管理委员会。现在，白鹿洞书院已形成集文物管理、教学、学术研究、旅游接待、林园建设五位一体的综合管理体制。

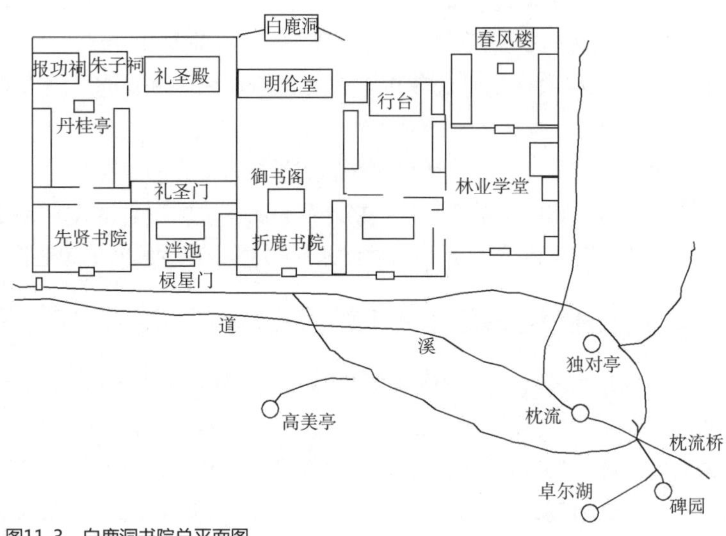

图11-3 白鹿洞书院总平面图

白鹿洞书院全院占地面积为3000亩，建筑面积为3800平方米。书院“始于唐、盛于宋、沿于明清”，至今已有1000多年。白鹿洞书院现存的建筑群沿贯道溪自西向东串联式而筑，由书院门楼、紫阳书院、白鹿书院、延宾馆等建筑群落组成。建筑均座北朝南，石木或砖木结构，屋顶均为人字形硬山顶，颇具清雅淡泊之气。

书院门楼由棂星门、泮池、礼圣门、礼圣殿等主要建筑组成（图11–3）。

门楼（图11–4）高约6米，砖木结构，四坡式二层。檐下为砖砌长墙，装饰有趾形花瓣和菱形图案。第二层与上层同，檐下以砖砌方形砖柱。门楼中镶嵌有明代江西提学副使、文学家李梦阳书“白鹿洞书院”横额。

棂星门（图11–5），它是白鹿洞书院现存最古老的建筑之一。门为牌坊式，六柱五间，二层石梁连接。中梁刻有缠枝牡丹，石抱鼓，饰海波纹，刀法粗犷简练。

棂星门后为泮池（图11–6）。历史上称学宫前的水池为泮池，“泮者教化也”。池呈长方形，池上建有一座拱形石桥，桥两侧装有花岗岩的栏杆和栏板。原名泮桥，现名状元桥（图

图11-4 书院门楼

图11-5 棂星门

11–7）。

礼圣门（图11–8），即书院正门，原称先师庙门，或称大成门。初为宋淳熙九年（公元1182年）朱熹拿钱三十万捐。门十扇，木门廊式，为空心几何形图案，裙板为平面木板，两侧为阁楼，硬山顶，屋脊东西两头饰陶龙。正门四柱五间，全长22.10米，高7.30米。门楣上悬挂着“正学之门”的匾额。

礼圣殿（图11–9），又名大成殿。始建成于宋淳熙九年（公元1182年），是祭祠孔子及其门徒的场所。殿为宫殿式，平面呈长方形，殿平面长20.59米，宽24.44米，砖木结构，以木柱支撑，有大木柱20根，石柱础，浮雕缠枝纹饰，为明代遗物。殿中四柱三间，殿壁大木柱12根，以砖砌壁，周环以廊。屋顶重檐九脊，斗拱交错，灰瓦白墙，巍峨宏伟，气势庄严。殿外重檐正中悬有“礼圣殿”竖额。殿内正中立孔子线雕行教立像，为唐代吴道子所绘。上悬清康熙手书“万世师表”匾额（图11–10）。后壁左右竖有四块由朱熹书“忠、孝、廉、节”四字大石碑。殿中左右安有“四配十二哲”石线雕像。终年香烟迷漫，使儒气中带有几分禅气。

书院门楼的西侧为紫阳书院，主要建筑为朱子祠、报功祠、丹桂亭。

朱子祠（图11–11），始建于明正统三年（公元1438年），是专祀朱熹之祠。祠为砖木结构，硬山顶，灰瓦白墙，平面呈长方形，四柱五开间。

报功祠（图11–12），在朱子祠之西，初祀李渤等历代“有功于洞之学者”。原称先贤祠、三贤祠，祠为砖木结构，建筑样式、规模和朱子祠相同。

图11-6　泮池

图11-7　状元桥

图11-8　礼圣门

图11-9　礼圣殿

图11-10 “万世师表”匾额

图11-11 朱子祠

丹桂亭（图11-13），在院的中部，建于长方形台基上，木结构，歇山顶，四斜坡式，正脊砖砌，四挑檐，四木柱去撑，斗拱上托，花岗岩圆鼓式柱础，素面。中立“紫阳手持丹桂”碑，为岭南曹秉浚书于光绪四年（公元1878年）九月。

书院门楼的东侧是书院的主体，各建筑体均从不同角度体现了它的实用性，其主要建筑有御书阁、明伦堂、白鹿洞、思贤台等。

御书阁（图11–14），始建于淳熙八年（公元1181年），原名圣旨楼，现阁为珍藏康熙御赐《十三经注疏》、《二十一史》、《古文渊鉴》、《朱子全书》等而建。阁为木构建筑，二层，

图11-12 报功祠

图11-13 丹桂亭

图11-14 御书阁

图11-15 明伦堂

平面呈方形，周环走廊。二层正中有“御书阁”竖额。庑殿顶，翘角宏伟。阁外柱有题联：“泉清堪洗砚，山秀可藏书”。

明伦堂（图11–15），又名彝伦堂。砖木结构，白墙灰瓦，人字形硬山顶，四开间，前有走廊。明伦堂系书院授课的地方，故外悬挂有“鹿与游，物我相忘之地；泉峰交映，仁智独得之天”的对联，以鼓励生员用心攻读，以获得“仁智独得之天”。

白鹿洞（图11–16），石鹿竖耳昂首，凝视前方，刀法简练。石鹿后有清顺治十四年（公元1657年）白鹿洞山长熊维典撰《少司马大中丞蔡公重兴白鹿书院记》。洞为花岗岩砌，呈券拱形，高4米，宽4.15米，深6.35米。洞右有石台阶，拾级而上，可登思贤台。

思贤台（图11–17），筑于明嘉靖九年（公元1530年），嘉靖三十年（公元1551年）江西巡按曹汴建亭台上，寓“睹台思贤”之意，故名思贤台。台平面呈正方形，亭为木结构，歇山顶，双层斗拱托檐，中开一门，四边有木制花窗，前护花岗石围栏。

白鹿书院之东为延宾馆（图11–18），寓宴请宾客之意。其主体建筑名为春风楼（图11–19），木结构，歇山顶，翘角，重檐，下檐外伸，由四根圆立柱支撑着，形成外廊。面阔15米，进深8米，上下两层。显得既庄严又宁静。楼两侧建有两排厢房。

在飞阁流丹的古建筑群中，数以百计的历代题咏碑，分东西两碑廊安置其间，为书院凭增了几分古朴的气氛。

书院的建筑群中，主要建筑均对称地布置在中轴线上，如果将此建筑比作“凝固的乐章”，那么，其中的台、堂、阁、殿就是这部乐章中的华彩乐段。凝眸静观书院内那文采纷呈的匾额对

图11-16　白鹿洞

图11-18　延宾馆

图11-17　思贤台

图11-19 春风楼

图11-20 崖石刻

联，那数以百计理念化的古碑，那疏密有致的嘉木芳卉，无不透露出浓郁的文化氛围。

书院前有一条清澈见底的小溪，史贯道溪。贯道溪中的崖石上，题刻有“白鹿洞”、“隐处”、“钓台”、“漱石”、“流杯池”等（图11–20），创造出深厚的文化氛围，使这里真正体现出“泉声松韵点点文心，白石寒云头头是道”的韵味。

“莫问无空庵外事，此心聊与此山同”。白鹿洞书院正是以这样的独立精神和超逸情怀，塑造着她的不朽。

（二）岳麓书院

岳麓书院（图11–21）始于五代后周的僧人办学。宋太祖开宝九年（公元976年）正式创立，初创的书院有“讲堂五间，斋舍五十二间”，其中“讲堂”是老师讲学道的场所，“斋堂”则是学生平时读书学习兼住宿的场所。岳麓书院的这种中开讲堂、东西序列斋舍的格局一直流传至今。宋太宗咸平二年（公元999年），李允则任潭州太守，他一方面继续扩建书院的规模，增设了藏书楼、“礼殿”（又称“孔子堂”），并“塑先师十哲之像，画七十二贤”；一方面积极取得了朝廷对岳麓兴学的支持，以促进书院的更大发展。自明宣德始，经地方官员多次修复扩建，岳麓书院主体建筑每一次都集中在中轴线上，主轴线前延至湘江西岸，后延至岳麓山巅，配以亭台牌坊，于轴线一侧建立文庙，形成了书院历史上亭台相济、楼阁相望、山水相融的壮丽景观。书院的讲学、

图11-21 树木掩映下的岳麓书院

图11-22　头门

藏书、祭祀三大功能得到了全面的恢复和发展，奠定了现存建筑的基本格局。清末相继改为学堂、学校，1926年正式定名为湖南大学。

岳麓书院占地面积21000平方米，书院原址则作为文物被完整保存了下来，现存建筑大部分为明清遗物，主体建筑有头门（图11–22）、二门（图11–23）、讲堂（图11–24）、半学斋（图11–25）、教学斋（图11–26）、百泉轩（图11–27）、御书楼（图11–28）、湘水校经堂（图11–29）、文庙（图11–30）等，这些古建筑互相连接，合为整体，完整地展现了中国古代书院气势恢宏的壮阔景象。而爱晚亭（图11–31）、自卑亭（图11–32）、风雩亭（图11–33）、吹香亭（图11–34）、赫曦台（图11–35）等园林建筑与人文景观，在展示其书院文化博大精深之余，更渲染了它闲情逸致的士人风格。

赫曦台从建筑的形式上来讲，属于湖南地方

图11-23　二门

图11-24　讲堂

图11-25 半学斋

图11-26 教学斋

图11-27 百泉轩

图11-28 御书楼

图11-30 文庙

图11-29 湘水校经堂

图11-31 爱晚亭

图11-32　自卑亭

图11-33　风雩亭

图11-34　吹香亭

图11-35　赫曦台

戏台。平面呈“凸”形，石砌台基，居高开阔。前部单檐歇山与后部三间单层弓形硬山结合，青瓦顶，空花琉璃脊，颇具地方特色。台柱和墙壁上有《老子出关》等戏曲故事的对联和堆塑，最吸引人眼球的是左右内壁上一丈余高，走笔如龙的“福”、“寿”二字。

赫曦台从初建时起，就与休闲娱乐结下不解之缘。清代，这里则成为学子们最重要的课外活动场所，还经常演出戏剧，进行各种各样的娱乐活动，展示过各种文化的祥和与辉煌。

由此看来，古时的高等学府里，人们的读书、求学、生活，也大抵不完全是寒窗苦读。

岳麓书院的园林建筑，具有深刻的湖湘文化内涵，它既不同于官府园林隆重华丽的表现，也不同于私家园林喧闹花哨的追求，而是反映出一种士文化的精神，具有典雅朴实的风格。

（三）嵩阳书院

嵩阳书院（图11–36）在河南省郑州登封市嵩山南麓（图11–37）。创建于北魏孝文帝太和八年（公元484年），时称嵩阳寺，至唐代改为嵩阳观，到五代时周改建为太室书院。宋代理学的“洛学”创始人程颢、程颐兄弟都曾在嵩阳书院讲学，此后，嵩阳书院成为宋代理学的发源地之一。明末书院毁于兵燹，清代康熙时重建。嵩阳书院经历代多次增建修补，规模逐渐形成，布局日趋严整。

嵩阳书院环境幽美，因坐落在嵩山之阳而得名。嵩阳书院基本保持了清代建筑布局，南北长128

米，东西宽78米，占地面积9984平方米。现存殿堂廊房500余间，中轴建筑共分五进院落，由南向北，依次为大门（图11–38）、先圣殿（图11–39）、讲堂、道统祠（图11–40）和藏书楼，中轴线两侧配房原为“程朱祠”、书舍、学斋等，共有建筑106间，多为硬山滚脊灰筒瓦房，古朴大方，雅致不俗，与中原地区众多的红墙绿瓦，雕梁画栋的寺庙建筑截然不同，具有浓厚的地方建筑特色。院内廊房墙壁上镶嵌有历代文人墨客的题字留言，其书法内容各具特色，西偏院有清代嵩阳书院教学考场部分建筑。嵩阳书院历朝并置有学田，以充书院费用。

书院内还保存有《明登封县图碑》等数十通碑刻（图11–41），院外有著名的《大唐嵩阳观纪圣德感应之颂碑》。

（1）稀世珍宝——汉封将军柏。嵩阳书院内原有古柏三株，西汉元封六年（公元前110年），汉武帝刘彻游嵩岳时，见柏树高大茂盛，遂封为“大将军”，“二将军”和“三将军”。

大将军柏树（图11–42）高12米，围粗5.4米，树身斜卧，树冠浓密宽厚，犹如一柄大伞遮掩晴空。二将军柏树（图11–43）高18.2米，围粗12.54米，虽然树皮斑驳，老态龙钟，却生机旺盛，虬枝挺拔。树干下部有一南北相通的洞，好似门庭过道，树洞中可容五、六人。两根弯曲如翼的庞然大枝，左右伸张，形若雄鹰展翅，金鸡欲飞。每当山风吹起，枝叶摇动，如响环佩，犹闻丝竹

图11-36 嵩阳书院牌坊

图11-37 嵩山南麓

图11-38 嵩阳书院大门

图11-39 先圣殿

图11-40　道统祠

图11-42　“大将军”柏树

图11-43　“二将军”柏树

之声。三将军柏树毁于明末。

关于将军柏树的树龄一直是个神秘的话题。该树从受封至今，已有2000多年的历史，赵朴初老先生留有“嵩阳有周柏，阅世三千岁”的赞美诗句。经林学专家鉴定，将军柏为原始柏，树龄有4500年，是我国现存最古老最大的柏树。

（2）嵩山碑王——大唐碑（图11–44）。该碑唐天宝三年（公元744年）刻立，碑高9.02米，宽2.04米，厚1.05米，碑制宏大，雕刻精美，通篇碑文1078字，内容主要叙述嵩阳观道士孙太冲为唐玄宗李隆基炼丹的故事。李林甫撰文，裴迥篆额徐浩的八分隶书。字态端正，刚柔适度，笔法遒雅，是唐代隶书的代表作品。

图11-44　大唐碑

2001年6月25日，嵩阳书院被国务院公布为第五批全国重点文物保护单位。

（四）应天府书院

应天府书院又称睢阳书院（图11–45、图11–46），前身南都学舍，原址位于河南省商丘县城南，由五代后晋杨悫所创，宋初书院多设于山林胜地，唯应天府书院设于繁华闹市，历来人才辈出。靖康国难时（公元1126年），金兵南侵，中原沦陷，应天府书院被毁，学子纷纷南迁，中国书院教育中心随之南移，应天府书院没落。历朝虽有人曾重修书院，但未能成功，今天应天府书院只剩下残存的建筑，供人瞻仰。

1008年，当地人曹诚“请以金三百万建学于先生（杨悫）之庐”，在其旧址建筑院舍150间，藏书1500卷，并愿以学舍入官，并请令戚同文之孙戚舜宾主院，以曹诚为助教，经由应天府知府上报朝廷，受到宋真宗赞赏，翌年将该书院正式赐额为“应天府书院”。

从此，这所书院得到官方承认，成为宋代较早的一所官学化书院。1043年，宋仁宗下旨将应天书院改为南京国子监，成为北宋最高学府之一。后该书院经应天知府、文学家晏殊等人加以扩展。范仲淹曾受教于此，而后曾在书院任教，盛极一时。

图11-45 睢阳书院（2003年重建）

图11-46 睢阳书院大门

（五）东林书院

东林书院（图11–47），位于江苏省无锡市解放东路867号，亦名龟山书院，是我国古代著名书院之一。书院创建于北宋政和元年（公元1111年），是当时知名学者杨时长期讲学的地方。明朝万历三十二年（公元1604年），由东林学者顾宪成等人重新修复并在此聚众讲学，他们倡导“读书、讲学、爱国”的精神，引起全国学者普遍响应。顾宪成撰写的名联“风声雨声读书声声声入耳，家事国事天下事事事关心”更是家喻户晓，曾激励过多少知识分子，对我国传统文化思想的发展促进极大。有“天下言书院者，首东林”之赞誉。东林书院成为江南地区人文荟萃之区和议论国事的主要舆论中心。

明代所建的道南祠为书院祭祀建筑的重要组成部分，分为大门、前堂、享堂三部分。明代东林书院重修后，主要建筑有：大门、石坊、泮池、仪门、丽泽堂、依庸堂、典籍室、祭器室、左右长廊等。各堂室内桌凳案几、图书典籍、钟鼓祭器及匾额楹联等一应俱全。院内遍植松柏梓柳、桂梅桐竹等（图11–48）。常年林木苍翠，群芳吐艳。院左屏峙城垣，西映惠山，东、南河流近绕，整个书院环境静寂，是讲学的理想场所。天启六年（公元1626年），东林书院被限期全部拆毁，讲学亦告中止。崇祯二年（公元1629年），无锡吴桂森应旨捐资修复了丽泽堂、东林精

图11-47　东林书院大门

舍、书院大门、院墙等，并于丽泽堂西营建来复斋三楹，作为自己的读书偃息之地，居中主持继续讲学。“民国”三十六年（公元1947年），由吴稚晖、唐文治等人发起，对书院建筑进行全面修葺。1956年，东林书院被列为江苏省文物保护单位。1982年、1994年，书院两次进行修缮。现存历史纪念建筑有石牌坊（图11–49）、泮池、东林精舍、丽泽堂（图11–50）、依庸堂（图11–51）、燕居庙、三公祠（图11–52）、东西长廊（图11–53）、康熙碑亭、来复斋（图11–54）、晚翠山房、东林报功祠、道南祠（图11–55）等。东林书院旧址以及明清讲学纪念建筑经历代修缮，基本保存较好。室内明清讲学桌椅陈设及主要楹联匾额（图11–56）也得到恢复。1994年以后，东林书院被无锡市与江苏省人民政府分别公布为省、市爱国主义教育基地。2002年全面修复，石牌坊、泮池、东林精舍、丽泽堂、依庸堂、燕居庙、道南祠等建筑均保持明、清时期布局形制与历史风貌。2006年6月，东林书院入选第六批全国重点文物保护单位。

图11-48　书院庭院空间

图11-49　石牌坊

图11-50 丽泽堂内景

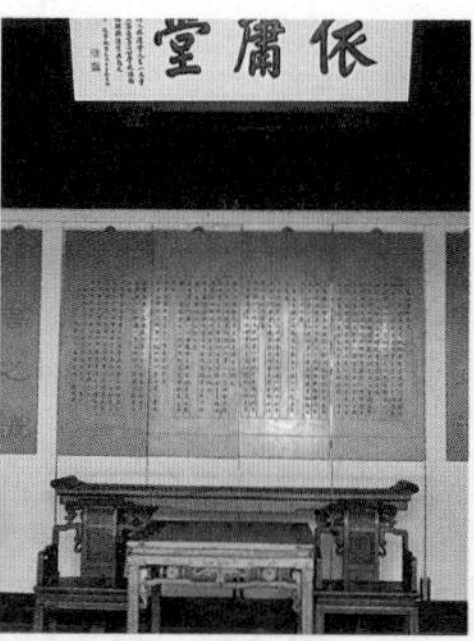

图11-51 依庸堂内景

图11-52 三公祠内景

图11-53 长廊

图11-54 来复斋

图11-55 道南祠

图11-56 室内家具

第十二章

中国古桥建筑艺术

一、中国古桥历史沿革

自然界由于地壳运动或其他自然现象的影响，形成了不少天然的桥梁形式，如浙江天台山横跨瀑布上的石梁桥，江西贵溪因自然侵蚀而成的石拱桥（仙人桥）以及小河边因自然倒下的树干而形成的“独木桥”，或两岸藤萝纠结在一起而构成的天生“悬索桥”等。人类从这些天然桥中得到启示，便在生存过程中，不断仿效自然。开始时大概是利用一根木料在小河上，或氏族聚居群周围的壕沟上搭起一些独木桥（图12–1）（桥之所以始称“梁”，也许便是因这种横梁而过的缘故），或在窄而浅的溪流中，用石块垫起一个接一个略出水面的石蹬，构成一种简陋的“跳墩子”石梁桥（后园林中多仿此原始桥式，称“汀步桥”、“踏步桥”）（图12–2）。这些“独木桥”、“跳墩子桥”便是人类建筑的最原始的桥梁，以后随着社会生产力的发展，不断由低级演进为高级，才逐渐产生各种各样的跨空桥梁。

图12-1　独木桥

图12-2　汀步桥

我国古桥先有梁桥，后有浮桥和索桥，拱桥最晚出现。据史料记载，

图12-3 浮桥

图12-5 索桥

图12-4 石拱桥

中国在周代（公元前11世纪～公元前256年）已建有梁桥和浮桥，如公元前1134年左右，西周在渭水架有浮桥。

根据现有资料，我国古桥由低级演进到比较高级、由简陋到逐步完善的过程，大致可分为四个发展阶段。

第一阶段以西周、春秋为主，包括此前的历史时代，这是古桥的创始时期。此时的桥梁除原始的独木桥和汀步桥外，主要有梁桥和浮桥（图12-3）两种形式。梁桥多数建在地势平坦、河身不宽、水流平缓的地段，也只能是仿木梁式小桥，技术问题较易解决。在水面较宽、水流较急的河道上，则多采用浮桥。

第二阶段以秦、汉为主，包括战国和三国，是古代桥梁的创建发展时期。秦汉是我国建筑史上一个璀璨夺目的发展阶段，这时不仅发明了人造建筑材料的砖，而且还创造了以砖石结构体系为主题的拱券结构，从而为后来拱桥的出现创造了先决条件。战国时铁器的出现，也促进了建筑上对石料的多方面利用，从而使桥梁在原木构梁桥的基础上，增添了石柱、石梁、石桥面等新构件。不仅如此，它的重大意义还在于使石拱桥（图12-4）应运而生。秦汉建筑石料的使用和拱券技术的出现，实际上是桥梁建筑史上的一次重大革命。故从一些文献和考古资料来看，大约在东汉时，梁桥、浮桥、索桥（图12-5）和拱桥这四大基本桥型已全部形成。

第三阶段是以唐宋为主，两晋、南北朝和隋、五代为辅的时期，这是古代桥梁发展的鼎盛时期。这时创造出许多举世瞩目的桥梁，如隋代石匠李春首创的敞肩式石拱桥——赵州桥；“北宋废卒”发明的叠梁式木拱桥——虹桥（图12-6）；北宋创建的用筏形基础、植蛎固墩的泉州万安桥；南宋的石梁桥与开合式浮桥相结合的广东潮州的湘子桥等。这些桥在世界桥梁史上都享有盛誉，尤其是赵州桥，类似的桥在世界别的国家中，晚了七个世纪方才出现。纵观中国桥梁史，几乎所有的重大发明和成就，以及能争世界第一的桥梁，都是此时创建的。

第四阶段为元、明、清三朝，这是桥梁发展的饱和期，几乎没有什么大的创造和技术突破。这时的主要成就是对一些古桥进行了修缮和改造，并留下了许多修建桥梁的施工说明文献，为后人提供了大量文字资料。此外，也建造完成了一些像明代江西南城的万年桥（图12-7）、贵州的盘江桥等艰巨工程。同时，在川滇地区兴建了不少索桥，索桥建造技术也有所提高。到清末，即1881年，随着我国第一条铁路的通车，迎来了我国桥梁史上的又一次技术大革命。

图12-6　虹桥

图12-7　万年桥

二、中国古桥发展规律

（一）从木材到石材

建桥以木料为主要材料，到以石料为主。

木桥是最早的桥梁形式，我国秦汉以前的桥几乎都是木桥。如最早出现的独木桥、木柱梁桥。

早期木桥多为梁桥，如秦代在渭水上建的渭桥，即为多跨梁式桥。木梁桥跨径不大，伸臂木桥可以加大跨径，中国3世纪在甘肃安西与新疆吐鲁番交界处建有伸臂木桥（图12-8），“长一百五十步”。公元405～418年在甘肃临夏附近河宽达40丈处建悬臂木桥，桥高达50丈。八字撑木桥和拱式撑架木桥亦可以加大跨径。

图12-8　伸臂木桥

木拱桥出现较早，中国在河南开封修建的虹桥，净跨约为20米，亦为木拱桥，建于公元1032年。

约商周时出现浮桥，战国前后又出现排柱式木梁桥和伸臂式木梁桥。但因木材本身的特性，如质松易腐以及受材料强度和长度支配影响等，不仅不易在河面较宽的河流上架设桥梁，而且也难以造出牢固耐久的桥梁来，因此，南北朝始遂为木石混合或石构桥梁所取代。

（1）石桥和砖桥。一般是指桥面结构也是用石或砖料来做的桥，但纯砖构造的桥极少见，一般是砖木或砖石混合构建，而石桥则较多见。到春秋战国之际便出现了石墩木梁跨空式桥，西汉进一步发展为石柱式石梁桥，东汉则又出现了单跨石拱桥，隋代创造出世界上第一座敞肩式单孔弧形石拱桥，唐代李昭得造出了船形墩多孔石梁桥。宋代是大型石桥蓬勃发展的时期，创造出像泉州洛阳桥和平安桥那样的长达数里横跨江海交汇处的石梁桥，以及像北京卢沟桥和苏州宝带桥那样的大型石拱桥。

石桥的主要形式是石拱桥。据考证，中国早在东汉时期（公元25～220年）就出现石拱桥，如出土的东汉画像砖，刻有拱桥图形。现在尚存的赵州桥（又名安济桥），建于公元605～617年，净跨径为37米，首创在主拱券上加小腹拱的空腹式（敞肩式）拱。中国古代石拱桥拱券和墩一般都比较薄，比较轻巧，如建于公元816～819年的宝带桥，全长317米，薄墩扁拱，结构精巧。

石梁桥是石桥的又一形式。中国陕西省西安附近的灞桥原为石梁桥，建于汉代，距今已有2000多年。公元11～12世纪南宋泉州地区先后建造了几十座较大型石梁桥，其中有洛阳桥、安平桥。

（2）竹桥和藤桥。主要见于南方，尤其是西南地区。一般只用于河面较狭的河流上，或作为临时性架渡之用。早期的主要是一种索桥，南北朝时称竹质的溜索桥为“笮桥”，后来出现了竹索桥、竹浮桥和竹板桥等。

铁桥，在古代包括铁索桥和铁柱桥两种。前者属于索桥类，较多见，约在唐代便出现；后者属于梁桥类，实为木铁混合桥，极少见，在江西见一例。

图12-9 珠浦桥

（3）盐桥和冰桥。主要见于特殊的自然环境中。前者主要见于青海盐湖地区，后者主要见于北方寒冷地区。

中国西南地区有竹索桥。著名的竹索桥是四川灌县珠浦桥（图12–9），桥为8孔，最大跨径约60米，总长330余米，建于宋代以前。

（二）从单一的梁桥到多元类型

按结构及外观分为梁桥、浮桥、索桥和拱桥这四种基本类型。

（1）梁桥。又称平桥、跨空梁桥，是以桥墩做水平距离承托，然后架梁并平铺桥面的桥。这是应用最为普遍的一种桥，在历史上也较其他桥形出现为早。它有木、石或木石混合等形式。先秦时梁桥都是用木柱做桥墩，但这种木柱木梁结构，很早就显出其弱点，不能适应形势的发展。因此，取而代之的是石柱木梁桥，如秦汉时建成的多跨长桥：渭桥、灞桥等。约在汉代时桩基技术发明，于是出现了石桥墩，标志着木石组合的桥梁能够跨越较宽大的河道，能经受住汹涌洪浪的冲击。但由于石墩上的木梁不耐风雨侵蚀，于是便在桥上建起了桥屋，保护桥身，此桥型（廊桥）（图12-10）后多见于南方，但最早都见于黄河流域。中小型的石梁或石板桥，构造方便，材料耐久，维修省力，是民间最为喜用的一种桥形，尤其是南宋后，在福建泉州地区十分盛行，创造了许多长大的石梁桥。梁桥若中间无桥墩者，称单跨梁桥；若水中有一桥墩，使桥身形成两孔者，便称双跨梁桥；若两墩以上者，便称多跨梁桥。

（2）浮桥（图12-11）。又称舟桥、浮航、浮桁，因其架设便易，常用于军事上，故也称“战桥”——一种将数十、百艘木船（也有用木筏或竹筏连横于水上的）连锁起来并列于水面，船上铺木板供人马往来通行的桥。若按严格意义上的桥是以跨空和有柱墩为标志的话，那它还不是十足意义上的桥。浮桥主要建于河面过宽及河水过深或涨落起伏大，非一般木石柱梁桥所能济事的地方。浮桥两岸多设柱桩或铁牛、铁山、石囷、石狮等以系缆。隋大业元年在洛阳洛水上建成的天津桥，是第一次用铁链连接船只的浮桥。浮桥目前在我国南方如江西、浙江、广西等地方仍常见用。

图12-10　泰顺廊桥

图12-11　浮桥

浮桥的优点：一是施工快，清咸丰二年（公元1852年），太平军围攻武昌，只用一夜时间就建成两座横跨长江的浮桥。二是造价低廉，明代邹守益在《修凤林浮桥记》中，曾对石桥与浮桥做过比较：“若用石梁桥，要费千金，而用浮桥，则费五百金便可，可根据需要而定。”三是开合随意，拆除和架设都很方便。

浮桥的缺点：载重量小，随波上下动荡不定，且抵御洪水能力弱，常需及时拆撤，并要人照看，管理繁琐，舟船、桥板与系船的缆绳要经常修葺和更换，维护费用昂贵。因此，很多浮桥的最后归宿，都是向木梁桥、石梁桥或石拱桥发展。

（3）索桥。也称吊桥、绳桥、悬索桥等，是用竹索或藤索、铁索等为骨干相拼悬吊起的大桥。多建于水流急、不易做桥墩的陡岸险谷，主要见于西南地区。其做法是在两岸建屋，屋内各设系绳的立柱和绞绳的转柱，然后以粗绳索若干根平铺系紧，再在绳索上横铺木板，有的在两侧还加一至两根绳索作为扶栏。始见于秦汉，如秦李冰曾在四川益州（今成都）城西南建成一座笮桥，又名“夷里桥”，便是座竹索桥。现存著名的有建于明清时的泸定铁索桥（图12-12）、灌县竹索桥等。过索桥感觉非常惊险，正如古人形容过索桥的那样：“人悬半空，度彼决壑，顷刻不

图12-12 泸定铁索桥

图12-13 栈道

戒，陨无底谷。”唐代和尚智猛称：“窥不见底，影战影栗。”其实真正渡之还是安全的，正如《徐霞客游记》对贵州盘江桥评价的那样：“望之飘然，践之则屹然不动。”

（4）拱桥。在我国桥梁史上出现较晚，但拱桥结构一经采用，便迅猛发展，成为古桥中最富有生命力的一种桥型，即使在今天，它也仍有继续发展的广阔前景。拱桥有石拱、砖拱和木拱之分，其中砖拱桥极少见，只在庙宇或园林里偶见使用。一般常见的是石拱桥，它又有单拱、双拱、多拱之分，拱的多少视河的宽度来定。一般正中的拱要特别高大，两边的拱要略小。依拱的形状，又有五边、半圆、尖拱等之分。桥面一般铺石板，桥边做石栏杆。拱桥的形象最早见于东汉画像砖上，是由伸臂木石梁桥在发展过程中又受墓拱、水管等形状影响而产生的。文献记载见于南北朝时的《水经注》中，现存最早的实物和最具代表性的是隋代李春设计建造的赵州桥。石拱桥的发券，明以后，尤其在清代，则盛行用整券，即“桶状发券”。

此外还有飞阁和栈道、渠道桥和纤道桥，以及曲桥、鱼沼飞梁和风水桥。

“飞阁”，又称阁道、复道，即天桥。古代宫殿楼阁间的跨通道。《三辅黄图》：“乃于宫（指汉未央宫）西跨城池作飞阁通建章宫，构辇道以上下。”秦汉皇宫楼殿间联以阁道通行，因上下有道，故称复道。秦始皇筑阁道由阿房宫通骊山，人行桥上，车行桥下，堪称中国最早的立交桥。“栈道”（图12–13），又称栈阁、桥阁，单臂式木梁桥。在山区陡峭的地方，架木铺成的道路。

“渠道桥”，是既作引水渠道又作行人用的桥梁。也即在桥上砌水渠以引水。如建于金代的山西洪洞县惠远桥。故今山西民间尚有“水上桥、桥上水”的俚语。“纤道桥”（图12–14），一种为便于拉纤而建造的、与河流平行的带状长桥。多见于浙江境内的运河地区。有的长达一二公里乃至五六公里，如绍兴阮社有一座“百孔官塘”纤道桥，建于清同治年间，桥长380余米，115个跨，桥面用三块条石拼成，底平接水面。

“曲桥”，园林中特有的桥式，故也称园林桥。桥与径、廊均为园林中游人赏景的通道。“景莫妙于曲”，故园林中桥多做成折角者，如九曲桥（图12–15），以形成一条来回摆动，左顾右盼的折线，达到延长风景线，扩大景观画面的效果。曲桥一般由石板、栏板构成，石板略高出水面，栏杆低矮，造成与水面似分非分、与空间似隔非隔的效果，尤有含蓄无尽之意。

图12-14　纤道桥

图12-15　九曲桥

三、中国古桥建筑艺术特征

我国桥梁的艺术性，主要表现在两方面，即造型风格和装饰工艺。造型风格主要体现在曲线柔和、韵律协调和雄伟壮观上。而江南水乡的一些小梁细桥，则更使人联想到“小桥流水人家”的诗情画意。

桥梁装饰，在我国总的来说不算很发达，主要体现在石构桥梁中，其部位大致在人们易于驻足观瞻的地方。如常见的有螭龙、凤、狮、象、犀牛，并间有兔、猴、马、狗、云朵、莲花、芳草等图案，也有少数浮雕的河神像、武士像和人物故事形象。如河北赵县永通桥山花墙上浮雕的河神头像、赵州桥栏板上浮雕的螭龙和望柱上的狮首像、北京卢沟桥望柱上的石狮子等。这些石雕，工艺精细，并往往还与民间风情、神话传说有密切的联系。如治水的蛟龙、分水的犀、降伏水怪的神兽等，从而形成我国桥梁艺术的独特风格。

此外，我国许多桥梁，往往在桥上或桥头上构建有许多附属建筑物。桥上构筑建筑物，起着防腐和压基的作用，后成为桥与建筑的结合物。桥头构筑建筑物，是作为桥梁出入口的标志，并兼有衬托、拱卫和装饰桥梁的作用。

四、中国古桥建筑艺术鉴赏

（一）河北赵州桥

赵州桥（图12–16），又名安济桥，桥长64.40米，跨径37.02米，顶高7.23米，是当今世界上跨径最大、建造最早的单孔敞肩型石拱桥。赵州桥坐落在河北省南部的洨河上，洨河流经赵县。建于隋代（公元581～618年）大业年间（公元605～618年），由著名匠师李春设计和建造，距今已有1400年的历史，是当今世界上现存最早、

图12-16　河北赵州桥

保存最完善的古代敞肩石拱桥。赵州桥1961年被国务院列为第一批全国重点文物保护单位。1991年，美国土木工程师学会将安济桥选定为第12个“国际历史土木工程的里程碑”，并在桥北端东侧建造了“国际历史土木工程古迹”铜牌纪念碑。

2. 设计创新

（1）采用圆弧拱形式。赵州桥改变了我国大石桥多为半圆形拱的传统。桥面过渡平稳，车辆行人非常方便，而且还具有用料省、施工方便等优点。当然，圆弧形拱（图12–17）对两端桥基的推力相应增大，需要对桥基的施工提出更高的要求。

图12-17 河北赵州桥圆弧形拱

（2）采用敞肩。这是李春对拱肩进行的重大改进，把以往桥梁建筑中采用的实肩拱改为敞肩拱，即在大拱两端各设两个小拱，靠近大拱脚的小拱净跨为3.8米，另一拱的净跨为2.8米。这种大拱加小拱的敞肩拱（图12–18 ~ 图12–20）增加了泄洪能力，节省了大量的土石材料，使造型更加优美，也提高了桥梁的承载力和稳定性。

（3）单孔。我国古代的传统建筑方法，一般比较长的桥梁往往采用多孔形式，这样每孔的跨度小、坡度平缓，便于修建。但是多孔桥桥墩多，既不利于舟船航行，也妨碍泄洪；桥墩长期受水流冲击、侵蚀，天长日久容易塌毁。因此，李春在设计大桥的时候，采取了单孔长跨的形式（图12–21），河心不立桥墩，使石拱跨径长达37米之多。这是我国桥梁史上的空前创举。

图12-18 河北赵州桥小拱

图12-19 河北赵州桥拱洞

图12-20　河北赵州桥拱洞

图12-21　河北赵州桥仰视图

3．建造技术创造性

（1）桥址选择比较合理，使桥基稳固牢靠。选择了洨河两岸较为平直的地方，地层由河水冲积而成，地层表面是久经水流冲刷的粗砂层，以下是细石、粗石、细砂和黏土层，能够满足大桥的承载要求。选定桥址后在上面建造地基和桥台，自建桥到现在，桥基仅下沉了5厘米。

（2）桥的砌置方法新颖、施工修理方便。李春就地取材，选用附近州县生产的质地坚硬的青灰色砂石。均采用了纵向（顺桥方向）砌置石拱，就是整个大桥由28道各自独立的拱券沿宽度方向并列组合，拱厚皆为1.03米。每券各自独立，砌完合龙后就成一道独立拼券，砌完一道拱券，再砌另一道相邻拱。一道拱券的石块损坏了，只要嵌入新石，进行局部修整就行了。

（3）在保持大桥稳定性方面采取了许多严密措施。这些措施的采取使整个大桥连成一个紧密整体，增强了整个大桥的稳定性和可靠性。为了加强各道拱券间的横向联系，使28道拱组成一个有机整体，连接紧密牢固，李春采取了一系列技术措施：

1）每一拱券采用了下宽上窄、略有"收分"的方法，使每个拱券向里倾斜，相互挤靠，增强其横向联系，以防止拱石向外倾倒；在桥的宽度上也采用了少量"收分"的办法，就是从桥的两端到桥顶逐渐收缩宽度，从最宽9.6米收缩到9米，以加强大桥的稳定性。

2）在主券上均匀沿桥宽方向设置了5个铁拉杆，穿过28道拱券，每个拉杆的两端有半圆形杆头露在石外，以夹住28道拱券，增强其横向联系。在4个小拱上也各有一根铁拉杆起同样作用。

3）在靠外侧的几道拱石上和两端小拱上盖有护拱石一层，以保护拱石；在护拱石的两侧设有勾石6块，勾住主拱石使其连接牢固。

4）为了使相邻拱石紧紧贴合在一起，在两侧外券相邻拱石之间都穿有起连接作用的"腰铁"，各道券之间的相邻石块也都在拱背穿有"腰铁"，把拱石连锁起来。而且每块拱石的侧面都凿有细密斜纹，以增大摩擦力，加强各券横向联系。

（4）赵州桥的桥台独具特色。桥台是整座大桥的基础，必须能承受大桥主拱券（桥身主体）轴向力分解而成的巨大水平推力和垂直压力。赵州桥的桥台具有下述特点：

1）低拱脚：拱脚在河床下仅0.5米左右；

2）浅桥基：桥基底面在拱脚下1.7米左右；

3）短桥台：由上至下，采用逐渐、略有加厚的石条砌成5米长、6.7米宽、9.6米高的桥台。

这是一个既经济又简单实用的桥台。为了保障桥台的可靠性，李春采取了许多相应的固基措施。为了减少桥台的垂直位移（即由大桥主体的垂直压力造成的下沉），李春采取了在桥台边打入许多木桩的措施，以此来加强桥台的基础；这种方法在今天的厂房、桥梁的建造上也经常采用。为了减少桥台的水平移动（即由大桥主体的水平推力造成的桥台后移），李春采用了延伸桥台后座的办法，以抵消水平推力的作用。为了保护桥台和桥基，李春还在沿河一侧设置了一道金刚墙，一方面可以防止水流的冲蚀作用，另一方面金刚墙和桥基、桥台连成一体，增加了桥台的稳定性。由以上措施保证了大桥具有坚固的桥台，提高了大桥的坚实程度。

像赵州桥这样古老的大型敞肩石拱桥，在世界上相当长的时间里是独一无二的。在欧洲，公元14世纪时，法国泰克河上才出现类似的敞肩形的赛雷桥，比赵州桥晚了700多年，而且早在1809年这座桥就毁坏了。隋代著名石匠李春的重大贡献在世界桥梁建筑史上永放光辉。

图12-22 北京卢沟桥

图12-23 北京卢沟桥桥墩

图12-24 北京卢沟桥孔洞

图12-25 北京卢沟桥石雕护栏

（二）北京卢沟桥

卢沟桥（图12–22），亦作芦沟桥，在北京市西南约15公里的丰台区永定河上，是北京市现存最古老的石造联拱桥。永定河旧称卢沟河，桥亦以卢沟命名。始建于金大定二十九年（公元1189年），明正统九年（公元1444年）重修。清康熙时毁于洪水，康熙三十七年（公元1698年）重建，如今永定河上已经没有水了。卢沟桥全长267米，宽7.6米，最宽处可达9.5米。有桥墩十座（图12–23），共11孔（图12–24），整个桥体都是石结构，关键部位均有银锭铁榫连接，为华北最长的古代石桥。

卢沟桥两侧石雕护栏（图12–25）各有140条望柱，柱头上均雕有石狮（图12–26～图12–36），形态各异，据记载，原有627个，现存501个。石狮多为明清之物，也有少量的金元遗存。“卢沟晓月”从金章宗年间就被列为“燕京八景”之一。

卢沟桥公元1444年重修。由于清康熙年间永定河洪水，桥受损严重，不能再用，大量古迹在洪水中销声匿迹。1698年重修，康熙命在桥西头立碑（图12–37），记述重修卢沟桥之事。桥东

图12-26　北京卢沟桥石狮1

图12-27　北京卢沟桥石狮2

图12-28　北京卢沟桥石狮3

图12-29　北京卢沟桥石狮4

图12-30　北京卢沟桥石狮5

图12-31　北京卢沟桥石狮6

图12-32　北京卢沟桥石狮7

图12-33　北京卢沟桥石狮8

图12-34　北京卢沟桥石狮9

图12-35　北京卢沟桥石狮10

图12-36　北京卢沟桥石狮11

图12-37　北京卢沟桥桥头石碑

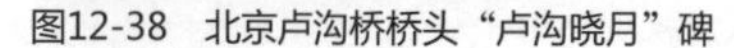
图12-38 北京卢沟桥桥头“卢沟晓月”碑

图12-39 北京卢沟桥桥面1

图12-40 北京卢沟桥桥面2

头则立有乾隆题写的“卢沟晓月”碑（图12–38）。公元1908年，清光绪帝死后，葬于河北省易县清西陵，须通过卢沟桥，由于桥面窄，只得将桥边石栏拆除，添搭木桥，事后，又将石栏照原样恢复。

1937年7月7日在卢沟桥发生的“七七卢沟桥事变”，成为中国展开对日八年抗战的起点。中华人民共和国建立后，在桥面（图12–39、图12–40）加铺柏油，并加宽了步道，同时对石狮、碑亭作了修缮。1961年，卢沟桥和附近的宛平县城被公布为第一批国家重点文物保护单位。1971年，为保护卢沟桥、减少其运输量而建立的卢沟新桥完工，但卢沟桥仍然继续承担交通运输任务。1986年卢沟桥历史文物修复委员会成立，目的在于恢复卢沟桥原貌，工程拆除了1949年后铺设的柏油和1967年加宽的步道，恢复了古桥的原貌，同时将机动车的通行移至紧邻的卢沟新桥与之后修建的京石高速公路。

图12-41 福建泉州洛阳桥

图12-42　福建泉州洛阳桥桥墩1

图12-43　福建泉州洛阳桥桥墩2

图12-44　福建泉州洛阳桥石塔

图12-45　福建泉州洛阳桥桥头石刻人像

（三）福建泉州洛阳桥

洛阳桥（图12-41）位于泉州东北洛阳江上，宋皇祐五年（公元1053年）兴建，嘉祐四年（公元1059年）建成。历时六年。桥长834米，宽7米，有桥墩（图12-42、图12-43）46座，全部用巨大石块砌成。

因建桥处海潮汹涌，江宽流急，建桥工程非常艰巨。为此，采用了一种新型建桥方法，即在江底随桥的中线铺满大石头，筑起一条20多米宽，随桥长的水下长堤。然后在石堤上用条石横直垒砌桥墩，成为现代桥梁工程中“筏形基础”的先驱。这种技术，直到19世纪，欧洲人才开始采用。

为了使桥墩更为牢固，建桥时巧妙地利用繁殖“蛎房”的方法，来联结胶固石块。这种用生物加固桥梁的方法，古今中外，绝无仅有。当时，大桥建成后，桥上还装饰有许多精美的石狮子、石塔（图12-44）、石亭，桥两端立有石刻人像（图12-45）。

（四）广东潮州广济桥

广济桥（图12-46）位于潮州城东门外，横卧在滚滚的韩江之上，东临笔架山，西接东门闹市，南眺凤凰洲，北仰金城山，景色壮丽迷人。

广济桥以其“十八梭船二十四洲”（图12-47～图12-57）的独特风格与赵州桥、洛阳桥、卢沟桥并称中国四大古桥，曾被著名桥梁专家茅以升誉为“世界上最早的启闭式桥梁”。

图12-46　广东潮州广济桥景观1

图12-47　广东潮州广济桥景观2

图12-48　广东潮州广济桥景观3

图12-49　广东潮州广济桥景观4

图12-50　广东潮州广济桥景观5

图12-51　广东潮州广济桥景观6

图12-52　广东潮州广济桥景观7

图12-53　广东潮州广济桥景观8

图12-54　广东潮州广济桥景观9

图12-55　广东潮州广济桥景观10

图12-56　广东潮州广济桥景观11

图12-57　广东潮州广济桥景观12

（五）山西晋祠鱼沼飞梁

鱼沼飞梁（图12–58）位于山西省太原市区西南的晋祠圣母殿（图12–59）前的水池上，是一座精致的古桥建筑，四周有勾栏围护可凭依（图12–60）。该桥始建于北魏时期，与圣母殿同建，距今已有1500多年的历史，现整个梁架都是宋代的遗物。这种十字形桥也是我国现存古桥梁中的孤例。

桥面作十字形，东西长19.6米，宽5米，高出地面1.3米，前后与献殿和圣母殿相接，南北桥（图12–61）面长19.5米，宽3.8米，左右下斜连到沼岸。由于桥面东西宽广，南北下斜如翼，与地面相平，整个造型犹如一只欲展翅飞舞的大鸟，故称飞梁。

图12-58　山西晋祠鱼沼飞梁

图12-59　晋祠圣母殿

沼上架十字形板，桥沼内立34根约30厘米见方的小八角形石柱，柱头卷杀，柱顶架斗拱与横梁，承托着十字形桥面，就是飞梁（图12–62）。

飞梁南北桥面的东西两侧，原来也有石质卧狮（图12–63）一对，但现在只留下东北和东南端的两个。造型生动，均作与幼狮嬉戏状，似与飞梁为同时遗物。

图12-60 山西晋祠鱼沼飞梁四周勾栏

图12-61 山西晋祠鱼沼飞梁南北桥

图12-62 飞梁俯视图

图12-63 山西晋祠鱼沼飞梁入口石狮

（六）河南临颍小商桥

小商桥（图12–64）位于河南省临颍县黄帝庙乡的小商河（颍河故道）上，为敞肩单孔石拱桥（图12–65）。始建于隋开皇四年（公元584年），但现桥主体结构属北宋建筑风格，元、明、清历代均有修葺。小商桥长20.87米，宽6.67米。大拱净跨11.6米，矢高2.13米，小拱净跨2.13米，矢高1.2米，两岸小拱脚间距20.2米，主拱和小拱均由20道拱石并列砌筑而成，主孔的每块拱石间均由咬铁连接。券面石浮雕有天马、狮子、莲花和几何图案（图12–66），拱之上端置有兽，伸出桥身。

图12-64 河南临颍小商桥春景

图12-65 河南临颍小商桥夏景

图12-66 河南临颍小商桥券面石浮雕

桥墩下部四角有高浮雕金刚力士像，双肩扛拱，双手上托，大小一尺左右。小商桥是一座时代较早的古石桥，是研究建筑和交通史的重要资料。现为全国重点文物保护单位。

（七）江苏扬州五亭桥

五亭桥（图12-67）是瘦西湖的标志，其最大的特点是：阴柔阳刚的完美结合，南秀北雄的有机融合。该桥受北海五龙亭的影响很深，但五亭桥无北海开阔水面，当然无法把五龙亭照搬。而是将亭、桥结合，形成亭桥，分之为五亭，群聚于一桥，亭与亭之间以短廊相接，形成完整的屋面。桥亭秀，桥基雄，两者如何配置和谐呢？这里关键是如何把桥基建得纤巧，与桥亭比例适当，配置和谐。造桥者把桥身建成拱券形（图12-68），由三种不同的券洞联系（图12-69），桥孔共有15个，中心桥孔最大（图12-70），跨度为7.13米，呈大的半圆形，直贯东西，旁边12个桥孔布置在桥础三面，可通南北，亦呈小的半圆形，桥阶洞则为扇形，可通东西。正面望去，连同倒影，形成五孔（图12-71），大小不一，形状各殊，这样就在厚重的桥基上，安排了空灵的拱券，在直线的拼缝转角中安置了曲线的桥洞，与桥亭自然就配置和谐了。难怪后人把桥基比作北方威武的勇士，而把桥亭比作南方秀美的少女，这是力与美的结合，壮与秀的和谐。空灵的拱顶券洞配上敦实的桥基，桥基的直线配上桥洞的曲线，加上自然流畅的比例，就取得了和谐统一的视觉效果。难怪中国著名桥梁专家茅以升这样评价：中国最古老的桥是赵州桥，最壮美的桥是卢沟桥，最具艺术美的桥就是扬州的五亭桥（图12-72）。

图12-67　江苏扬州五亭桥

图12-68　江苏扬州五亭桥

图12-69　江苏扬州五亭桥桥础孔洞

图12-70　江苏扬州五亭桥半圆孔洞

图12-71　江苏扬州五亭桥正视

图12-72　江苏扬州五亭桥落日美景

（八）安平桥

安平桥（图12–73、图12–74）位于中国福建省晋江市安海镇和南安市水头镇之间的海湾上，因安海镇古称安平道，由此得名；又因桥长约5华里，俗称五里桥。安平桥属于中国古代连梁式石板平桥，始建于南宋绍兴八年（公元1138年），历时14年告成。明清两代曾多次重修。该桥是中古时代世界上最长的梁式石桥，也是我国现存最长的海港大石桥。享有“天下无桥长此桥”之誉。1961年，安平桥成为国家第一批公布的全国重点文物保护单位之一。

图12-74　安平桥侧视

图12-73　安平桥

图12-75　安平桥桥墩1

图12-76　安平桥桥墩1

安平桥全长2255米，桥面宽3～3.8米，共361墩。桥墩（图12-75、图12-76）用花岗岩条石横直交错叠砌而成，有三种不同形式：长方形、单边船形、双边船形。单边船形墩，一端成尖状，另一端为方形，设于较缓的港道地方；双边船形墩，两端成尖状，便于排水，设在水流较急而较宽的主要港道。桥面用5～8条大石板铺架（图12-77）。石板长5～11米，宽0.6～1米，厚0.5～1米，重4～5吨，最大者重25吨。

图12-77　安平桥桥面

（九）泸州龙脑桥

龙脑桥（图12-78）位于泸县县城福集镇以北的龙脑桥镇境内，横跨于蜿蜒曲折的九曲河上。该桥始建于明代洪武（公元1368～1398年）年间，至今已有600多年的历史。1996年11月，被国务院定为全国重点文物保护单位。

龙脑桥是一座集建筑造型和石雕艺术于一体的古石桥。桥为石墩石梁式平板石桥（图12-79），全长55米，高约2米，宽1.9米，整桥共15跨（含桥头堡各一跨在内），桥墩14座，桥墩由四层灰沙岩石条垒砌而成。龙脑桥为东西走向，东西两面各有3座桥墩，均为素面无雕刻，中部跨河水面的8座桥墩首部（朝向上游一端），分别雕刻古代民间传说的吉祥走兽，有四条龙、两个麒麟、一只青狮和一只白象（图12-80），其眼、耳、鼻、眉韵态十足（图12-81），鳞翅流云栩栩如生，这样的布局是全国罕见的。该桥建造工程浩大，雕刻十分精美，造型生动别致，工艺精湛，艺术品位高，排列构思好，悦目自然，给人以气宇轩昂之感。继承和发扬了秦、汉和唐、宋石刻传统，是至今保存完好的、全国罕见的古桥。

图12-78　泸州龙脑桥

图12-79　泸州龙脑桥桥板走兽

图12-80　泸州龙脑桥走兽侧视

图12-81　泸州龙脑桥走兽

参考文献

【1】王振复．中国建筑的文化历程．上海：上海人民出版社，2000.
【2】王世仁．中国建筑美学论文集　理性与浪漫的交织．北京：中国建筑工业出版社，1987.
【3】徐跃东．民居建筑　纤巧神韵古民居．北京：中国建筑工业出版社，2007.
【4】刘致平．中国建筑类型及结构．北京：中国建筑工业出版社，2000.
【5】刘敦桢．中国古代建筑史．北京：中国建筑工业出版社，1980.
【6】贺业钜．中国古代城市规划史．北京：中国建筑工业出版社，1996.
【7】杨宽．中国古代都城制度史研究．上海：上海古籍出版社，1993.
【8】张驭寰．中国古代建筑技术史．北京：科学出版社，1985.
【9】萧默．萧默建筑艺术论集．北京：机械工业出版社，2003.
【10】杨鸿勋．宫殿考古通论．北京：紫禁城出版社，2001.
【11】周维权．中国古典园林史．北京：清华大学出版社，1990.
【12】孙宗文．中国建筑与哲学．江苏：江苏科学技术出版社，2000.
【13】李允鉌．华夏意匠．香港：香港六合出版社，1978.
【14】张良皋．匠学七说．北京：中国建筑工业出版社，2002.
【15】吴庆洲．建筑哲理、意匠与文化．北京：中国建筑工业出版社，2005.
【16】罗杰·斯克鲁顿著．建筑美学．刘先觉译．北京：中国建筑工业出版社，2003.
【17】侯幼彬．中国建筑美学．黑龙江：黑龙江科技出版社，1997.
【18】王其亨．风水理论研究．天津：天津大学出版社，1996.
【19】何晓昕．风水探源．江苏：东南大学出版社，1990.
【20】一丁，等．中国古代风水与建筑选址．河北：河北科技出版社，1996.
【21】沈福煦．中国古代建筑文化史．上海：上海古籍出版社，2001.
【22】罗哲文．中国古代建筑精华．河南：大象出版社，2005.
【23】刘新静．世界遗产教程．上海：上海交通大学出版社，2010.
【24】计成（明）．园冶．胡天寿译．重庆：重庆出版社，2009.
【25】吴加焕．20世纪西方建筑史．河南：河南科学技术出版社，1998.
【26】安藤忠雄（日）．安藤忠雄论建筑．白林译．北京：中国建筑工业出版社，2003.
【27】张爵（明）．京师五城坊巷胡同集．北京：线装书局，2002.
【28】梁思成．中国建筑史．天津：百花文艺出版社，1998.
【29】郭湖生．中华古都．台湾：台湾空间出版社，1997.
【30】刘致平．中国居住建筑简史——城市、住宅、园林．北京：中国建筑工业出版社，1990.
【31】汪之力，张祖刚．中国传统民居建筑．山东：山东科学技术出版社，1994.
【32】陆元鼎，杨谷生．中国美术全集　民居建筑．北京：中国建筑工业出版社，1988.
【33】严大椿．新疆民居．北京：中国建筑工业出版社，1995.

【34】张驭寰．吉林民居．北京：中国建筑工业出版社，1985.
【35】陆元鼎，魏彦钧．广东民居．北京：中国建筑工业出版社，1990.
【36】叶启燊．四川藏族民居．四川：四川民族出版社，1992.
【37】中国建筑技术发展中心建筑历史研究所．浙江民居．北京：中国建筑工业出版社，1984.
【38】侯继尧，等．窑洞民居．北京：中国建筑工业出版社，1989.
【39】于倬云，楼庆西．中国美术全集　宫殿建筑．北京：中国建筑工业出版社，1988.
【40】白佐民，邵俊仪．中国美术全集　坛庙建筑．北京：中国建筑工业出版社，1988.
【41】潘谷西，等．曲阜孔庙建筑．北京：中国建筑工业出版社，1987.
【42】王其亨．中国建筑艺术全集　明代陵墓建筑．北京：中国建筑工业出版社，2000.
【43】孙大章，喻维国．中国美术全集　宗教建筑．北京：中国建筑工业出版社，1988.
【44】丁承朴．中国建筑艺术全集　佛教建筑（南方）．北京：中国建筑工业出版社，1999.
【45】张胜仪．新疆传统建筑艺术　佛教建筑与伊斯兰建筑部分．新疆：新疆科技卫生出版社，1999.
【46】陈植．园冶注释．北京：中国建筑工业出版社，1988.
【47】童寯．江南园林志．北京：中国建筑工业出版社，1984.
【48】刘敦桢．苏州古典园林．北京：中国建筑工业出版社，1979.
【49】陈植．中国历代名园记选注．安徽：安徽科学技术出版社，1983.
【50】清华大学建筑学院．颐和园．台湾：台北市建筑师学会出版社，1990.
【51】周维权．中国古典园林史．北京：清华大学出版社，1990.
【52】天津大学．承德古建筑　避暑山庄部分．北京：中国建筑工业出版社，1982.
【53】陈从周．扬州园林．上海：上海科技出版社，1983.
【54】潘谷西．中国美术全集　园林建筑．北京：中国建筑工业出版社，1988.
【55】潘谷西．江南理景艺术．南京：东南大学出版社，2001.
【56】李泽厚．美学三书．安徽：安徽文艺出版社，1999.
【57】楼庆西．中国古建筑二十讲．北京：中国出版集团，生活·读书·新知三联书店，2004.
【58】冯骥才．古风中国古代建筑艺术（古风中国古代建筑艺术）　老书院．北京：人民美术出版社，2003.
【59】王贵祥．古风中国古代建筑艺术（古风中国古代建筑艺术）　老会馆．北京：人民美术出版社，2003.
【60】江堤．书院中国．湖南：湖南人民出版社，2003.
【61】李国均．中国书院史．湖南：湖南教育出版社，1998.
【62】李晓杰．解读中国古桥　终归历史地理．吉林：长春出版社，2007.
【63】潘洪萱．古代桥梁史话．北京：中华书局，1982.
【64】茅以升．中国古桥技术史．北京：北京出版社，1986.
【65】樊凡．桥梁美学．北京：人民交通出版社，1987.
【66】罗哲文，刘文渊，刘春英．中国名桥．天津：百花文艺出版社，2009.